"十四五"时期国家重点出版物出版专项规划项目

智慧养殖系列

# 奶牛行为体征管理实施案例

◎刘 娜 段卫军 著

中国农业科学技术出版社

**图书在版编目（CIP）数据**

奶牛行为体征管理实施案例 / 刘娜，段卫军著. 北京：中国农业科学技术出版社，2025.6. -- ISBN 978-7-5116-7419-7

Ⅰ．S823.9

中国国家版本馆CIP数据核字第2025Q4F982号

| | |
|---|---|
| **责任编辑** | 施睿佳　姚　欢 |
| **责任校对** | 王　彦 |
| **责任印制** | 姜义伟　王思文 |

| | |
|---|---|
| 出 版 者 | 中国农业科学技术出版社 |
| | 北京市中关村南大街12号　邮编：100081 |
| 电　　话 | （010）82106631（编辑室）　（010）82106624（发行部） |
| | （010）82109709（读者服务部） |
| 网　　址 | https://castp.caas.cn |
| 经 销 者 | 各地新华书店 |
| 印 刷 者 | 北京建宏印刷有限公司 |
| 开　　本 | 185 mm×260 mm　1/16 |
| 印　　张 | 16.75 |
| 字　　数 | 380千字 |
| 版　　次 | 2025年6月第1版　2025年6月第1次印刷 |
| 定　　价 | 78.00元 |

◁◁◁ 版权所有·侵权必究 ▷▷▷

# 《奶牛行为体征管理实施案例》著作委员会

主　著：刘　娜　段卫军

副主著：李　霞　扎拉嘎　木其尔
　　　　范晓黎

参　著：齐景伟　安晓萍　王步钰
　　　　王　园　郭　焘

# 前　　言

　　我国奶业正处于规模化、智能化、高质量转型的关键阶段，在政策支持、消费升级和技术创新的驱动下，产量、质量和效益稳步提升。将物联网、大数据、人工智能等信息技术应用到奶牛养殖过程中，可以实时监测牛只的个体体征和行为变化，实现健康监测、精准饲喂、精准营养调控和精准环境控制等，降低养殖成本，提高养殖效益，全方位多角度地提高牧场的现代化管理水平。

　　为了适应我国奶牛数智化转型的需要，笔者团队基于内蒙古农业大学云畜牧创新平台，其涵盖有奶牛智慧养殖子系统、奶牛智慧养殖全业务虚拟仿真系统等，组织编写了《奶牛行为体征管理实施案例》。本书详细介绍了12个奶牛日常行为体征管理系统和9个围产期奶牛行为体征管理系统，涉及奶牛个体体征数据的采集，体况的评估，日常行为、采食行为、饮水行为、反刍行为、分娩行为的实时监测，冷热应激评定以及健康状况的监测等多方面内容，具有较强的实用性和可操作性。

　　本书既可作为新农科建设背景下高等农林院校和高职院校奶牛智慧养殖专业教材，也可作为现代化牧场的培训资料，对奶牛智能化管理水平的提高具有重要意义。

著　者

2025年5月

# 目　　录

第一章　绪论 ·········································································· 1
  1.1　奶牛个体识别 ································································ 1
  1.2　奶牛体况评估 ································································ 3
  1.3　奶牛智能饲喂 ································································ 4
  1.4　环境智能调控 ································································ 5
  1.5　奶牛行为监测 ································································ 5

第二章　奶牛日常行为体征管理 ················································ 7
  2.1　无应激体征性能数据自动采集系统 ·································· 7
    2.1.1　系统总览 ································································ 7
    2.1.2　称重模式设置 ························································· 7
    2.1.3　数据展示 ································································ 8
    2.1.4　称重历史记录 ························································· 9
    2.1.5　图像显示 ································································ 9
    2.1.6　通道门与分群门控制 ·············································· 10
    2.1.7　系统设置 ······························································ 10
    2.1.8　体征性能数据测定结果 ··········································· 14
  2.2　基于深度学习的奶牛体况评分系统 ································ 15
    2.2.1　牧场管理 ······························································ 15
    2.2.2　奶牛管理 ······························································ 15
    2.2.3　测定装备管理 ······················································· 16
    2.2.4　测定数据管理 ······················································· 16
    2.2.5　体况评分系统 ······················································· 17
    2.2.6　日志管理 ······························································ 18
    2.2.7　用户管理 ······························································ 18
    2.2.8　设置 ···································································· 20
  2.3　奶牛采食行为异常智能分析系统 ··································· 21
    2.3.1　系统登录 ······························································ 21

    2.3.2 奶牛养殖记录 ········································································ 22
    2.3.3 采食行为数据 ········································································ 25
    2.3.4 奶牛进食健康情况分析 ···························································· 26
    2.3.5 解决方案 ··············································································· 28
    2.3.6 数据统计 ··············································································· 29
    2.3.7 系统用户管理 ········································································ 29
    2.3.8 系统设置 ··············································································· 32
    2.3.9 系统退出 ··············································································· 33
2.4 主动停配期奶牛体征信息智能采集分析系统 ········································ 33
    2.4.1 系统登录 ··············································································· 33
    2.4.2 特征信息采集 ········································································ 34
    2.4.3 数据采集 ··············································································· 34
    2.4.4 数据记录与存储 ····································································· 36
    2.4.5 实时监测与报警 ····································································· 38
    2.4.6 饲料管理 ··············································································· 39
    2.4.7 数据对比与分析 ····································································· 40
2.5 主动停配期奶牛体况恢复程度评定系统 ·············································· 41
    2.5.1 系统登录和退出 ····································································· 41
    2.5.2 饲养员管理 ··········································································· 43
    2.5.3 奶牛场环境管理 ····································································· 44
    2.5.4 奶牛资料管理 ········································································ 45
    2.5.5 饲养记录管理 ········································································ 47
    2.5.6 奶牛体重监测管理 ·································································· 47
    2.5.7 泌乳力评价分析 ····································································· 48
    2.5.8 奶牛营养要值 ········································································ 48
    2.5.9 管理员管理 ··········································································· 49
    2.5.10 系统管理 ············································································· 53
2.6 基于行为—生理—生产性能的奶牛冷应激程度评定系统 ······················ 54
    2.6.1 系统登录 ··············································································· 54
    2.6.2 环境监测 ··············································································· 54
    2.6.3 行为监测 ··············································································· 56
    2.6.4 生理监测 ··············································································· 59
    2.6.5 废弃物管理 ··········································································· 61

|     |       |                           |     |
| --- | ----- | ------------------------- | --- |
|     | 2.6.6 | 饲料管理                  | 63  |
|     | 2.6.7 | 系统退出                  | 65  |
| 2.7 | 泌乳期奶牛冷热应激程度判识系统 |            | 65  |
|     | 2.7.1 | 系统登录与注册            | 66  |
|     | 2.7.2 | 体温监测                  | 67  |
|     | 2.7.3 | 产奶量监测                | 69  |
|     | 2.7.4 | 饲料配给                  | 72  |
|     | 2.7.5 | 健康监测                  | 75  |
|     | 2.7.6 | 环境保持                  | 78  |
|     | 2.7.7 | 系统退出                  | 81  |
| 2.8 | 奶牛冷热应激采食特征智能分析系统 |          | 82  |
|     | 2.8.1 | 系统登录                  | 82  |
|     | 2.8.2 | 采食特征数据模块          | 82  |
|     | 2.8.3 | 应激状态检测模块          | 85  |
|     | 2.8.4 | 采食行为分析模块          | 87  |
|     | 2.8.5 | 预测和预警模块            | 89  |
|     | 2.8.6 | 报告生成模块              | 90  |
|     | 2.8.7 | 系统退出                  | 93  |
| 2.9 | 奶牛冷热应激反刍特征智能分析系统 |          | 94  |
|     | 2.9.1 | 系统登录                  | 94  |
|     | 2.9.2 | 温度监测管理              | 95  |
|     | 2.9.3 | 饲养环境控制              | 98  |
|     | 2.9.4 | 奶牛健康管理              | 102 |
|     | 2.9.5 | 数据分析                  | 104 |
|     | 2.9.6 | 个人中心                  | 104 |
|     | 2.9.7 | 权限管理                  | 106 |
|     | 2.9.8 | 系统退出                  | 107 |
| 2.10 | 奶牛冷热应激日常行为采集分析系统 |         | 108 |
|     | 2.10.1 | 系统登录                 | 108 |
|     | 2.10.2 | 应激行为数据管理         | 109 |
|     | 2.10.3 | 系统用户管理             | 114 |
|     | 2.10.4 | 行为数据分析             | 117 |
|     | 2.10.5 | 数据分析结果             | 118 |

|     |        | 2.10.6 | 奶牛应激报警 | 120 |
| --- | --- | --- | --- | --- |
|     |        | 2.10.7 | 系统退出 | 120 |
|     | 2.11 | 热应激奶牛呼吸频率监测分析系统 | | 121 |
|     |     | 2.11.1 | 系统登录 | 121 |
|     |     | 2.11.2 | 传感器 | 121 |
|     |     | 2.11.3 | 数据共享 | 124 |
|     |     | 2.11.4 | 报警模块 | 127 |
|     |     | 2.11.5 | 管理评估 | 129 |
|     |     | 2.11.6 | 数据分析 | 132 |
|     |     | 2.11.7 | 系统退出 | 134 |
|     | 2.12 | 热应激期奶牛饮水特征智能分析系统 | | 135 |
|     |     | 2.12.1 | 系统登录 | 135 |
|     |     | 2.12.2 | 热应激分析 | 136 |
|     |     | 2.12.3 | 饮水统计 | 139 |
|     |     | 2.12.4 | 健康状况 | 141 |
|     |     | 2.12.5 | 抗热应激营养方案 | 143 |
|     |     | 2.12.6 | 角色权限 | 145 |
|     |     | 2.12.7 | 系统退出 | 145 |

## 第三章　围产期奶牛行为体征管理　146

| 3.1 | 奶牛围产期典型行为采集分析系统 | | 146 |
| --- | --- | --- | --- |
|     | 3.1.1 | 系统登录 | 146 |
|     | 3.1.2 | 实时行为采集 | 146 |
|     | 3.1.3 | 行为异常监测 | 149 |
|     | 3.1.4 | 预警通知系统 | 151 |
|     | 3.1.5 | 行为趋势分析 | 153 |
|     | 3.1.6 | 养殖环境监测 | 155 |
|     | 3.1.7 | 系统退出 | 156 |
| 3.2 | 围产期奶牛步态监测分析系统 | | 157 |
|     | 3.2.1 | 系统登录 | 157 |
|     | 3.2.2 | 奶牛步态数据采集 | 158 |
|     | 3.2.3 | 数据预处理 | 160 |
|     | 3.2.4 | 围产期监测 | 162 |
|     | 3.2.5 | 健康评估与建议 | 164 |

  3.2.6 奶牛档案管理 ……………………………………………………… 166
  3.2.7 系统退出 …………………………………………………………… 168
 3.3 围产期奶牛体况智能分析系统 ………………………………………… 168
  3.3.1 系统登录 …………………………………………………………… 168
  3.3.2 奶牛信息管理模块 ………………………………………………… 169
  3.3.3 数据处理模块 ……………………………………………………… 172
  3.3.4 体况评估模块 ……………………………………………………… 174
  3.3.5 健康监测模块 ……………………………………………………… 177
  3.3.6 数据展示与报告模块 ……………………………………………… 179
  3.3.7 系统退出 …………………………………………………………… 182
 3.4 奶牛产前日常行为异常预警系统 ……………………………………… 182
  3.4.1 系统登录 …………………………………………………………… 182
  3.4.2 传感器数据采集 …………………………………………………… 183
  3.4.3 数据处理模块 ……………………………………………………… 186
  3.4.4 异常检测模块 ……………………………………………………… 188
  3.4.5 数据存储模块 ……………………………………………………… 191
  3.4.6 用户报告模块 ……………………………………………………… 193
  3.4.7 系统退出 …………………………………………………………… 196
 3.5 奶牛产犊行为智能采集与分析系统 …………………………………… 196
  3.5.1 系统登录 …………………………………………………………… 197
  3.5.2 视频监控模块 ……………………………………………………… 197
  3.5.3 数据采集模块 ……………………………………………………… 200
  3.5.4 数据分析模块 ……………………………………………………… 202
  3.5.5 报警提示模块 ……………………………………………………… 204
  3.5.6 数据存储模块 ……………………………………………………… 205
  3.5.7 系统退出 …………………………………………………………… 208
 3.6 奶牛分娩行为监测分析系统 …………………………………………… 208
  3.6.1 系统登录 …………………………………………………………… 208
  3.6.2 实时监测 …………………………………………………………… 209
  3.6.3 分娩预测 …………………………………………………………… 211
  3.6.4 胎儿监控监测 ……………………………………………………… 213
  3.6.5 报警系统 …………………………………………………………… 215
  3.6.6 繁殖管理建议 ……………………………………………………… 217

  3.6.7　系统退出 219

### 3.7　躺卧分娩奶牛头部姿态识别分析系统 220
  3.7.1　系统登录 220
  3.7.2　数据采集 220
  3.7.3　姿态识别 223
  3.7.4　分析报告 227
  3.7.5　个人中心 229
  3.7.6　权限管理 231
  3.7.7　系统退出 232

### 3.8　躺卧分娩奶牛腿部姿态识别分析系统 233
  3.8.1　系统登录 233
  3.8.2　腿部姿态识别 234
  3.8.3　生理指标 236
  3.8.4　分娩记录 238
  3.8.5　繁殖分析 240
  3.8.6　角色权限 242
  3.8.7　系统退出 242

### 3.9　奶牛产后代谢异常多维度智能分析系统 243
  3.9.1　系统登录 243
  3.9.2　奶牛产前体检—信息管理 243
  3.9.3　分娩处理分析—信息管理 246
  3.9.4　影响产仔因素—信息管理 248
  3.9.5　奶牛病理数据—信息管理 250
  3.9.6　系统管理信息—信息管理 252

## 参考文献 254

# 第一章　绪论

近年来，我国奶业加快培育新质生产力，从创新、科技、数智化等方面追求新动能，奶业规模化、标准化、机械化、组织化水平大幅提升。荷斯坦奶牛的平均年产奶量从2008年的4.8 t/头显著增长至2022年的9.2 t/头，增幅为91.7%。2023年，我国牛奶产量达到4 197万t，比2022年增加6.7%，荷斯坦奶牛平均单产增长至9.4 t/头。2023年，全国奶牛存栏百头以上规模养殖比例达到76%，同比提高4个百分点。规模牧场99%以上配备全混合日粮搅拌车，原料奶生产100%实现机械化挤奶。全国规模以上乳品企业654家，主营业务销售总额4 621亿元，同比增长2.57%，高于食品制造业平均2.55%的增速。根据国家奶牛产业技术体系监测规模牧场的调查数据，2023年分别有83.7%和79.1%的牧场实现精准饲喂、产奶量自动记录。这些数据不仅证明了中国奶牛养殖技术的不断进步，也体现了国内奶业生产能力的显著增强。

目前，国内大多数奶牛养殖场建立了完善的奶牛养殖信息化管理系统，基本实现了由粗放式饲养模式向精细化、信息化养殖模式的升级。数智化转型是推动奶业高质量发展的核心驱动力。数智化转型主要是将物联网、大数据、人工智能（Artificial Intelligence，AI）等信息技术应用到奶牛养殖过程中，实时监控奶牛群体或个体的健康状况，实现精准饲喂、精准营养调控和精准环境控制等，降低养殖成本，提高养殖效益，全方位多角度地提高牧场的现代化管理水平。

## 1.1　奶牛个体识别

对于规模化牧场来说，奶牛的个体识别是奶牛行为识别、健康监测和饲养管理的基础。传统的奶牛识别方法是人工标记奶牛，后来发展为射频识别（Radio Frequency Identification，RFID）电子标签。RFID是一种准确、方便、快速识别奶牛身份的方法，已广泛应用于奶牛养殖中。借助RFID技术，建立奶牛的自动识别和追踪管理系统，不仅能够监测牛只的运动、位置、体温等信息，还可以实时监测奶牛的健康状况，有效提高牧场的管理水平。RFID技术虽然解决了人工识别所需时间长的问题，但侵入式的佩戴方式对奶牛的福利有一定的影响，而且电子耳标容易丢失或者损坏，存在一定的局限性。基于机器视觉的奶牛个体识别具有非接触、不易引起应激、成本较低等优点，可利用牛的面部信息、口鼻纹特征、身体轮廓特征等对奶牛的个体身份进行识别，目前基于机器视觉技术的奶牛个体识别研究已取得了一定的成果。

由表1-1可以看出，Kumar等（2018）提出了一种基于CNN的方法，利用鼻纹图像来识别个体牛，准确率达98.99%。Sian等（2020）将鼻纹作为生物识别特征，基于韦伯局部描述符算法和SVM对牛头进行融合特征识别,该方法的识别准确率为96.5%。基于面部特征的奶牛个体识别也有大量报道,杨蜀秦等(2021)利用融合坐标信息改进的YOLO v4模型提取奶牛的面部特征,识别奶牛面部的平均精度均值达93.68%。Weng等(2022)则采用改进的CNN(ResNet)方法自建牛脸数据库,基于数据库对奶牛个体的识别准确率为94.53%。基于面部和鼻子特征进行个体识别可以提供较高的识别性能,但在奶牛低头的情况下,自动记录奶牛的面部图像并不容易(Hu等,2020)。Zhao等(2019)提出了一种用于荷斯坦奶牛身体图像提取和识别的视觉系统,该系统利用奶牛侧面行走的视频,将身体区域定位为个体身份信息,对目标奶牛进行检测,发现FAST+SIFT+FLANN模型分别用于特征提取、描述符提取和匹配时,奶牛个体的识别准确率最高,达到96.72%。类似地,Shen等(2020)利用YOLO模型对侧视图像中的奶牛目标进行检测,通过卷积神经网络CNN模型进行微调,对奶牛个体分类后得到的识别准确率达到96.65%。为实现在真实圈舍环境中奶牛的个体识别,Xiao等(2022)使用改进的Mask R-CNN对奶牛在自由栏中的俯视图图像进行分割,提取背部的形状特征后使用SVM分类器识别奶牛个体,改进的Mask R-CNN模型的平均精度为97.39%,该方法对奶牛个体识别的准确率达98.67%。基于目标检测、图像识别的深度学习算法既不会对奶牛造成任何伤害,同时还能减少人工成本,具有广泛的推广应用前景(李昊玥,2021)。

表1-1 基于机器视觉技术的奶牛个体识别的主要研究成果

| 方法 | 数据集类型及大小 | 研究结果 | 参考文献 |
| --- | --- | --- | --- |
| CNN | 500张图像(500头牛) | 奶牛个体的识别准确率达98.99% | Kumar等 |
| 韦伯局部描述符+SVM | 900张图像(45头牛) | 奶牛个体识别准确率为96.5% | Sian等 |
| YOLO v4 | 6 486张图像(71头牛) | 改进YOLO v4模型识别奶牛面部的平均精度均值达93.68% | 杨蜀秦等 |
| 改进的CNN(ResNet) | 4 548张图像(50头牛) | 在自建牛脸数据库中,奶牛个体的识别准确率达94.53% | Weng等 |
| YOLO+CNN+SVM | 4 353张图像(93头牛) | 奶牛个体识别准确率达98.36% | Hu等 |
| FAST+SIFT+FLANN | 528个视频(66头牛) | 奶牛个体的识别准确率为96.72% | Zhao等 |
| YOLO+CNN | 1 433张图像(105头牛) | 奶牛个体识别准确率为96.65% | Shen等 |
| 改进的Mask R-CNN+SVM | 105张图像 | 改进的Mask R-CNN模型的平均精度为97.39%,该方法的奶牛个体识别准确率达98.67% | Xiao等 |
| YOLO | 11 754张图像(80头牛) | 奶牛个体识别的平均精度在0.64~0.66 | Tassinari等 |
| 改进的Mask R-CNN | 3 000张图像 | 改进的Mask R-CNN在奶牛图像集上的平均精确度达100% | 李昊玥等 |

（续表）

| 方法 | 数据集类型及大小 | 研究结果 | 参考文献 |
|---|---|---|---|
| 改进的单步多框目标检测（SSD）算法 | 940张图像 | 与传统SSD算法相比，改进的SSD算法的平均准确率提高4.32% | 邢永鑫等 |
| Multi-Light模型 | 3 772张图像（13头牛） | 对奶牛个体识别的精度达98.51% | 付丽丽等 |

注：CNN为卷积神经网络（Convolutional Neural Networks），SVM为支持向量机（Support Vector Machine），YOLO为You Only Look Once模型，YOLO v4为You Only Look Once version 4，FAST+SIFT+FLANN为加速分段试验特征（Features from Accelerated Segment Test）+尺度不变特征转换（Scale-Invariant Feature Transform）+快速最邻近库（Fast Library for Approximate Nearest Neighbors）模型，Mask R-CNN为Mask Region-based Convolutional Neural Network。

## 1.2 奶牛体况评估

体况是一项重要的福利评价指标和牛群管理指标，与奶牛的健康和代谢状态高度相关（Huang等，2019）。体况评分（Body Condition Scoring，BCS）能够客观地反映出动物个体的营养状况、产奶能力、繁殖育种能力及健康水平（黄小平，2020），也反映了牧场的营养管理水平和牛群福利，通过评分情况可以及时调整奶牛营养配方（Whay等，2003；Daros等，2022）。传统的体况评分主要依靠人工完成，存在人力成本高、评价主观性强、耗费时间和效率低下等问题，且单纯地依靠肉眼识别和触摸按压牛体，不能全面精确地判断奶牛的身体状况信息，容易对奶牛造成应激反应。近年来，利用图像分析和深度学习算法开发的奶牛体况评分估计模型已广泛报道。表1-2显示了目前基于机器视觉技术的奶牛体况评估的主要研究成果。Huang等（2019）通过网络摄像机采集奶牛的背视图像，在图像中手动标注出奶牛的尾巴、脚和臀部等关键身体部位后使用SSD方法检测奶牛的尾巴并评估BCS。Yukun等（2019）使用深度学习框架开发了一个用于奶牛体况评估的自动系统，该系统的BCS准确度在0.25和0.5个单位内分别为0.77和0.98。Rodríguez等（2019）提出了一种通过迁移学习和集成建模技术来估计奶牛BCS的自动系统。黄小平等（2023）通过2D摄像机采集挤奶通道处奶牛尾部的图像并构建奶牛BCS数据集，利用改进的YOLO v5s模型对奶牛体况进行评估，其模型的检测精度为93.4%。

此外，低成本的3D相机由于具有高图像分辨率（640像素×480像素）和易用兼容软件的特点，已经逐步应用到奶牛体况评估中（Spoliansky等，2016）。Martins等（2020）采用3D相机采集泌乳奶牛和荷斯坦未成年母牛侧面和背面的图像，通过SAS软件中的GLMSELECT LASSO和PROC MIXED回归分析程序拟合模型并预测奶牛的体重和体况评分，基于侧面和背面3D图像预测的奶牛体重模型的$R^2$分别为0.89和0.96，而BCS预测模型的$R^2$则分别为0.63和0.61。随着机器学习技术的发展，自动化BCS评分的准确性得到提高。赵凯旋等（2021）用3D摄像机采集奶牛的背部深度图像，提出了一种基于EfficientNet网络和凸包特征的体况自动评分方法，该方法获得的BCS识别误差在0.25和0.5以内的图像占比分别为98.6%和99.31%。Shi等（2023）提出的基于三维点云特征的奶牛体况自动评分方法获得了较好的BCS估计结果，在0.25和0.5个单位偏差范围内的准确率分别达0.80和0.96。

表1-2 基于机器视觉技术的奶牛体况评估的主要研究成果

| 方法 | 数据集类型及大小 | 研究结果 | 参考文献 |
| --- | --- | --- | --- |
| SSD | 8 972张图像 | 奶牛体况评估平均准确率为98.46% | Huang等 |
| 线性回归模型，CNN | 3 430张图像（686头牛） | BCS估计的总体精度在0.25和0.5个单位内分别为0.77和0.98 | Yukun等 |
| CNN，迁移学习和模型集成技术 | 1 661张图像 | BCS估算值在0.25和0.5个单位内的总体精度分别为82%和97% | Rodríguez等 |
| 改进的YOLO v5s | 8 972张图像（300头牛） | 基于改进的YOLO v5s模型的奶牛体况评分检测精度为93.4% | 黄小平等 |
| GLMSELECT LASSO和PROC MIXED回归分析 | 2 300张图像（23头牛） | BCS预测模型在侧位和背位图像上的$R^2$分别为0.63和0.61 | Martins等 |
| EfficientNet模型 | 5 119张图像（77头牛） | BCS识别误差在0.25和0.5以内的图像占比分别为98.6%和99.31% | 赵凯旋等 |
| 三维点云特征提取模型 | 3 660张图像（512头牛） | BCS评估模型在0.25和0.5个单位偏差范围内的准确率分别达0.80和0.96 | Shi等 |
| 基于倒残差结构的轻量级卷积神经网络模型（MobileNetV2） | 56 408张图像（524头牛） | BCS模型在0、0.25和0.5误差内的平均精度分别为77%、85%和91% | 孙佳 |
| Shuffle-ECANet模型 | 8 972张图像（300头牛） | BCS模型（等级为3.25~4.25）在0.25和0.5误差范围内的精准率达到了99% | 程灿等 |

## 1.3 奶牛智能饲喂

奶牛养殖业正面临饲料成本上涨、劳动力短缺、环保压力增大等挑战，传统粗放式饲喂模式难以满足现代奶业高质量的发展需求。饲料成本占奶牛养殖总成本的60%以上，饲喂管理的科学与否对牧场效益至关重要。传统的人工饲喂模式存在配方固定化、饲料浪费、劳动强度大、记录碎片化等问题。目前，基于物联网和人工智能技术，国内外多家科研院所和企业已开发出了各种智能饲喂装备和系统。这些装备和系统可以基于奶牛生产性能测定数据，通过算法优化日粮配方，实现不同群体的精准饲喂。喂料机器人是一种可以替代养殖工人，实现牧场智能喂料的设备。例如，加拿大Rovibec公司研制的轨道式喂料机器人，在不需要任何人工的干预下，可以实现自动装入饲料、混合饲料、分配饲料的功能，还可以设定投喂的饲料配方、饲喂次数、饲喂时间等基本参数（杨亮等，2022）。张勤等（2022）提出了一种饲喂辅助机器人的智能推料方法，通过二维码标牌和牛头的检测框区域，进行实时识别与跟踪，实现个性化推料，以满足奶牛个体自由采食需求。剡立军等（2024）设计了一套奶牛养殖智能饲喂系统，可实现粗/精饲料的自动化配料及饲喂过程的全自动化。智能饲喂技术通过精准调控日粮配比、自动化投喂执行，可提升饲料的利用效率，降低碳排放，减少饲料浪费和奶牛代谢疾病发生率。

## 1.4 环境智能调控

奶牛对环境温湿度、空气质量、光照等参数极为敏感。牛舍环境条件直接影响奶牛健康、生产性能和福利水平。传统的牛舍环境调控主要依靠人工经验进行判断，存在监测不连续、调节滞后性、执行偏差大和效率低下等问题。随着奶牛养殖业规模化、集约化程度的不断提高，高密度的舍内集中饲养方式已成为养殖场的普遍选择，智能化的养殖环境监控装备及系统也逐渐应用于生产实际中。刻宁等（2024）利用物联网技术、多传感器技术设计了一款基于物联网的智慧牛舍养殖系统，实现了养殖环境数据的实时采集和远程监控。将采集到的环境数据与牛只的饲养管理、疫病防控等数据有效整合，建立牛舍自动化环境监测及控制系统，可以实现对牛舍小气候环境的自动监测与调节，提高奶牛舒适度与动物福利（邓军等，2024）。Umega等（2017）将Wi-Fi与RFID技术相结合，开发了一种用于获取牛舍内温度、相对湿度以及奶牛心率等参数的畜舍监控系统，结合奶牛热应激指数实现了对奶牛的健康监测与管控。精准的环境控制可以显著改善牛舍内的环境，提高奶牛的生产性能。

## 1.5 奶牛行为监测

动物的行为反映了它们的身体状况，监测奶牛的基本行为变化（如采食、反刍、躺卧等）有助于评估奶牛的生理健康状态，及时发现问题并预警，可提高牛场的管理决策水平，进而提升养殖场的生产效益。因此，监测奶牛的行为对优化动物生产性能、福利和及时管理至关重要。传统的行为识别与监测往往通过直接个体观察或延时录像来完成，存在着工作强度大、人力成本高、耗费时间、效率低下的问题。接触式传感器，包括加速度计、惯性测量单元（Inertial Measurement Units，IMU）、计步器和磁力计等通常被用来识别和跟踪动物的不同行为运动。Alsaaod等（2015）通过计步器收集奶牛的运动信息，并开发一种新的Rumi Watch算法判断奶牛行为，用于改善奶牛自动饲养管理系统。王俊等（2018）建立了一种基于无线传感器网络的运动行为实时监测系统，提出一种模糊聚类算法，对奶牛的进食、慢行、快走、平躺等行为进行识别，平均准确度达到83.82%。毛燕如等（2021）提出了一种基于嘴部区域跟踪的多目标奶牛反刍行为智能监测方法，利用YOLO v4模型对奶牛嘴部上颚、下颚区域的识别准确率分别为93.92%

和92.46%。此外，机器视觉技术作为一种非接触、无压力、经济高效的方法，可在不惊扰奶牛的情况下识别奶牛的行为。Yu等（2022）采集了奶牛采食的图像，提出了一种深度学习方法实现了奶牛采食行为的监测，该模型对奶牛采食行为检测的准确率达97.16%。谷家旭等（2025）采集了奶牛分娩时的图像，基于Faster R-CNN算法对分娩奶牛头部姿态进行识别，该模型对奶牛分娩过程中重度回仰头识别的准确率达98.73%。运用这些技术对奶牛的行为进行实时监测，不仅可以降低人力成本，而且能提高牧场的数字化、智能化管理水平，进而提升牧场的整体经济效益。

# 第二章　奶牛日常行为体征管理

## 2.1　无应激体征性能数据自动采集系统

无应激体征性能数据自动采集系统是一套无接触式的奶牛个体体征数据采集系统，主要由电子秤、称重通道、可见光摄像头、红外测温摄像头、RFID超高频读写设备、光栅感应设备、控制终端及远程AI识别服务等模块组成。控制终端通过光栅感应器检测奶牛进入称重通道，然后利用电子秤采集体重信息，可见光摄像头采集奶牛的侧面图像，由远程AI估算其体高、体长信息，红外测温摄像头采集体温信息，然后通过RFID超高频读写设备获取奶牛的耳标并上传或记录其个体体征数据。

无应激体征性能数据自动采集系统将AI视觉识别和奶牛体征数据结合，只需要奶牛经过通道就可以完成数据的采集和分群管理，极大地提升了奶牛场的工作效率，为奶牛场了解奶牛的个体体征信息提供帮助。本节主要介绍系统总览、称重模式设置、数据展示、称重历史记录、图像显示、通道门与分群门控制、系统设置、体征性能数据测定结果等内容。

### 2.1.1　系统总览

无应激体征性能数据自动采集系统的初始状态如图2-1所示，主要展示模式、体重、体温、耳号、体高、日龄、体长、品种、鬐甲高、腰高、臀端高等信息。

### 2.1.2　称重模式设置

称重模式包括自动和手动两种模式。自动称重模式是指称重过程完全由系统自行完成，人工可干预称重通道出入口。系统默认为自动

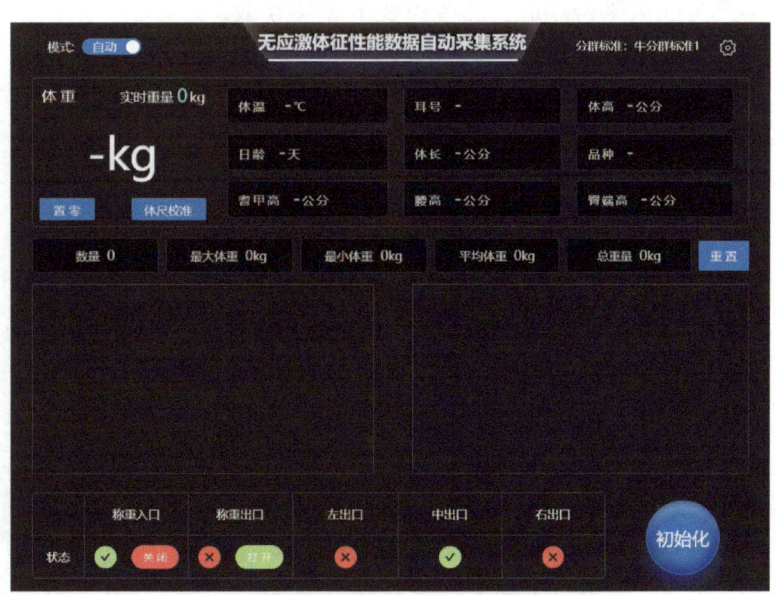

图2-1　无应激体征性能数据自动采集系统总览

模式，如图2-1所示。手动称重模式是指称重过程完全由人工进行，如图2-2所示。

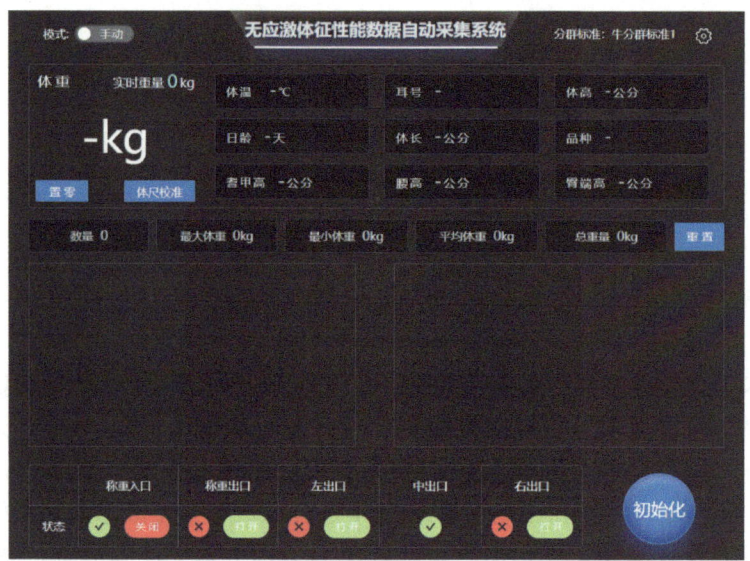

图2-2 无应激体征性能数据自动采集系统手动称重模式

### 2.1.3 数据展示

系统展示的数据主要有秤的实时重量、体重、体温、体高、体长、耳号、日龄、品种等信息（图2-3）。当称重通道没有奶牛经过时，"置零"按钮可将体重数据重置为零。"体尺校准"按钮用于校准AI识别系统测量的精准度。"日龄"与"品种"数据根据奶牛耳号向云平台获取，离线模式下无法获取。

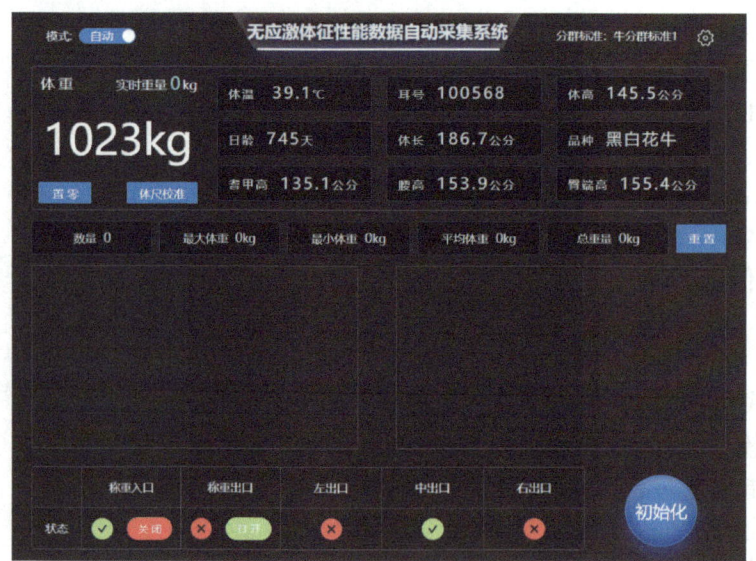

图2-3 无应激体征性能数据自动采集系统数据展示

## 2.1.4　称重历史记录

称重历史记录显示奶牛称重总数量，以及这些奶牛中的最大体重、最小体重、平均体重和总重量（图2-4）。重置按钮可以清空历史记录。

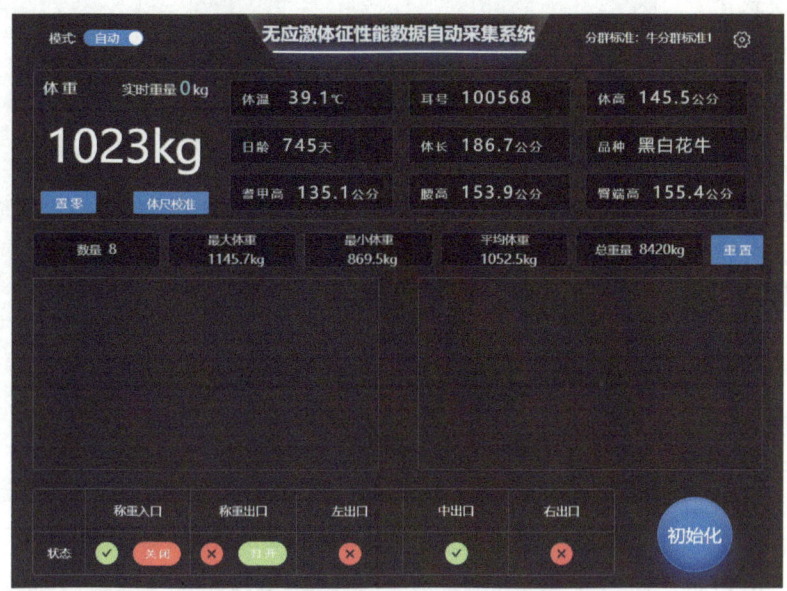

图2-4　无应激体征性能数据自动采集系统称重历史记录

## 2.1.5　图像显示

图像显示区域左侧为可见光快照，右侧为热成像快照（图2-5）。

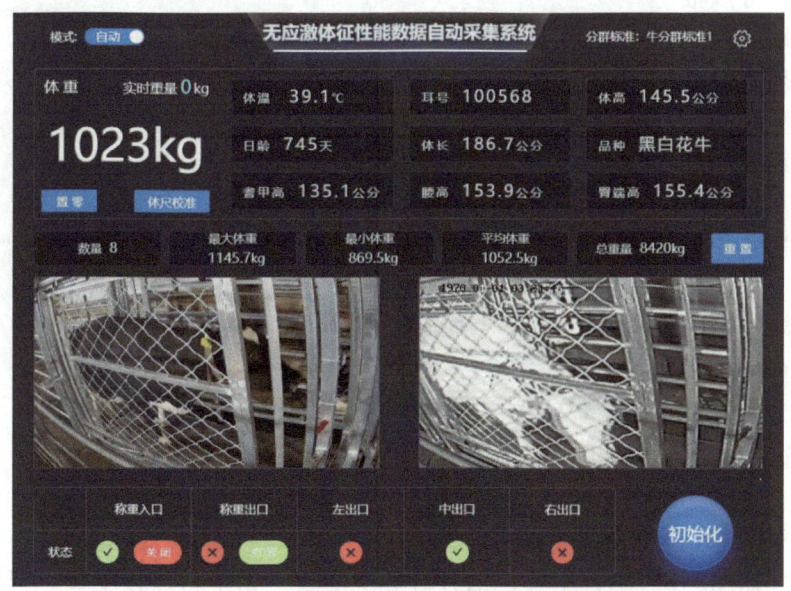

图2-5　无应激体征性能数据自动采集系统图像显示

## 2.1.6 通道门与分群门控制

### 2.1.6.1 自动模式

在自动模式下，系统只能控制通道的出入口（图2-6）。系统会根据预设的规则和条件自动打开或关闭通道的出入口。这种模式下，分群门无法手动控制。

### 2.1.6.2 手动模式

在手动模式下，用户可以手动控制通道的出入口以及分群门的打开状态（图2-7）。用户可以通过系统界面或控制面板上的按钮，手动打开或关闭通道的出入口门和分群门。这种模式下，用户可以根据需要自由地控制门的状态，无须依赖系统的自动化规则。

另外，系统还提供了一个"初始化"按钮，用于初始化所有门的状态。初始化操作可以将所有门的状态重置为预设的初始状态，以确保系统在启动或重置后处于一致的状态。

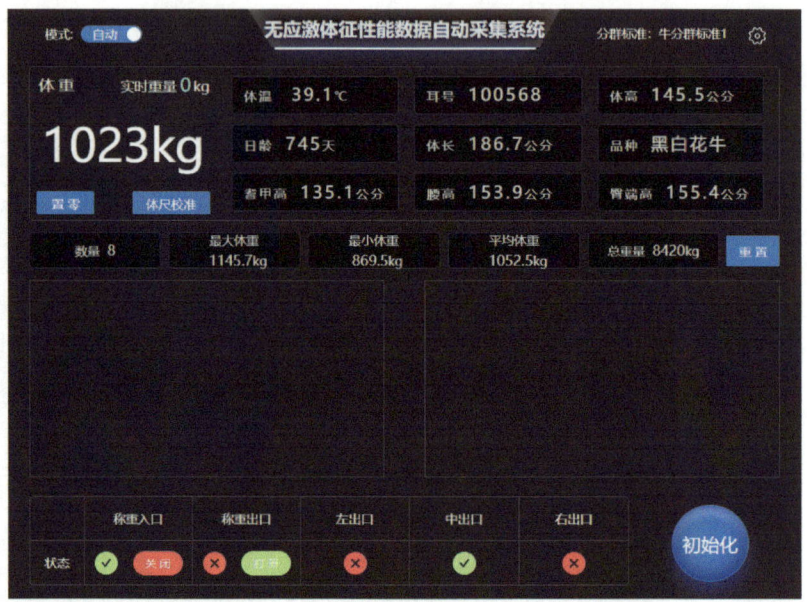

图2-6　无应激体征性能数据自动采集系统通道门与分群门自动控制

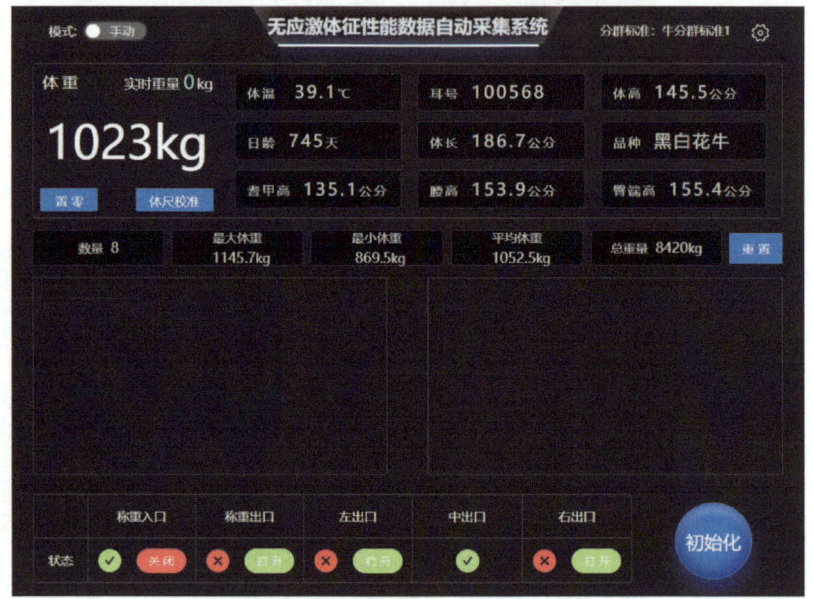

图2-7　无应激体征性能数据自动采集系统通道门与分群门手动控制

## 2.1.7 系统设置

系统设置如图2-8所示，主要包括分群标准配置、云平台连接配置、密码修改、连接Wi-Fi、退出系统和测温设备校准等。

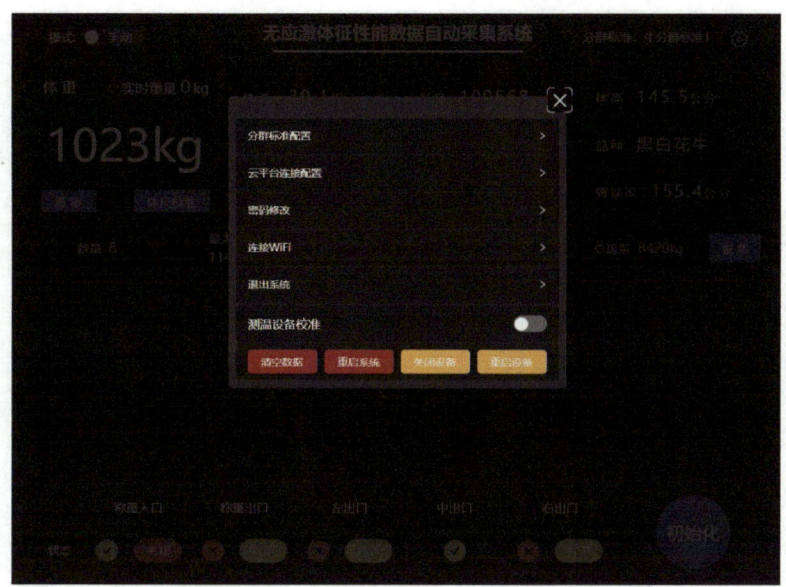

图2-8 无应激体征性能数据自动采集系统设置总览

### 2.1.7.1 分群标准配置

在设置总览界面,点击"分群标准配置",可以选择要启用的分群标准(图2-9)。

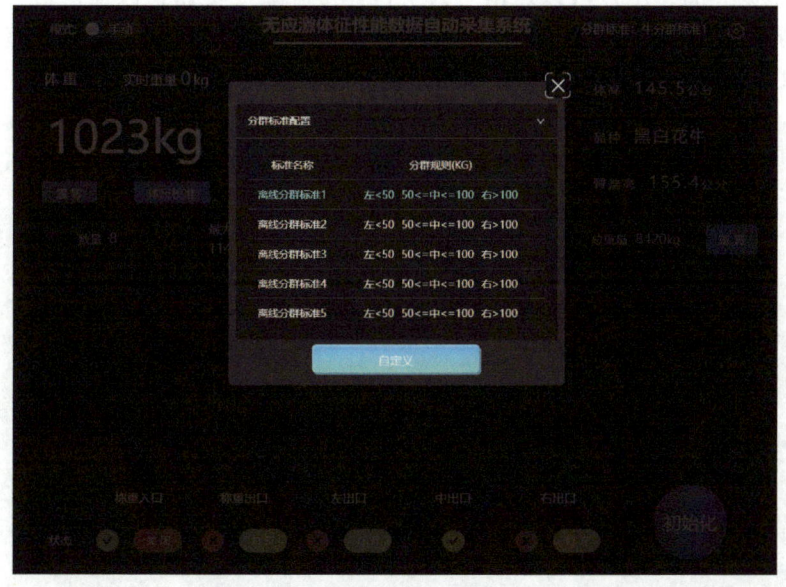

图2-9 无应激体征性能数据自动采集系统分群标准启用

点击"自定义"按钮,可以自定义离线分群标准,离线分群标准有5条,点击"标准名称"可切换到要编辑的标准,拖动左右门滑动条即可修改分群标准,点击"保存"即可保存修改后的标准(图2-10)。

图2-10　无应激体征性能数据自动采集系统分群标准自定义

### 2.1.7.2　云平台连接配置

在设置总览界面，用户可以点击"云平台连接配置"按钮，以便进行云平台的连接设置。在该界面中，用户需要输入从云平台获取到的appkey、appsecret、服务器地址等信息（图2-11）。

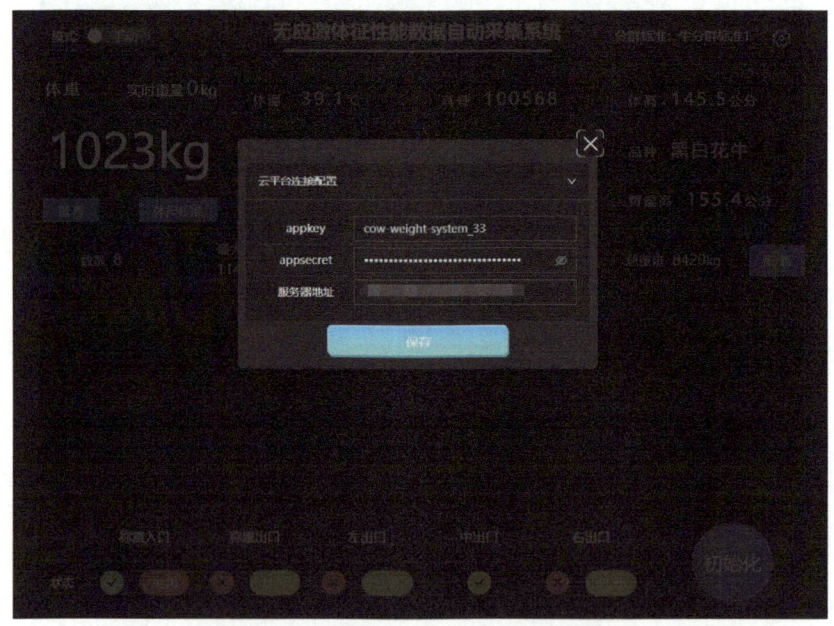

图2-11　无应激体征性能数据自动采集系统云平台连接配置

### 2.1.7.3 密码修改

在设置总览界面点击"密码修改"选项,系统会自动弹出一个修改密码对话框(图2-12)。输入原密码、新密码、确认新密码后点击"保存"按钮即可完成密码修改。

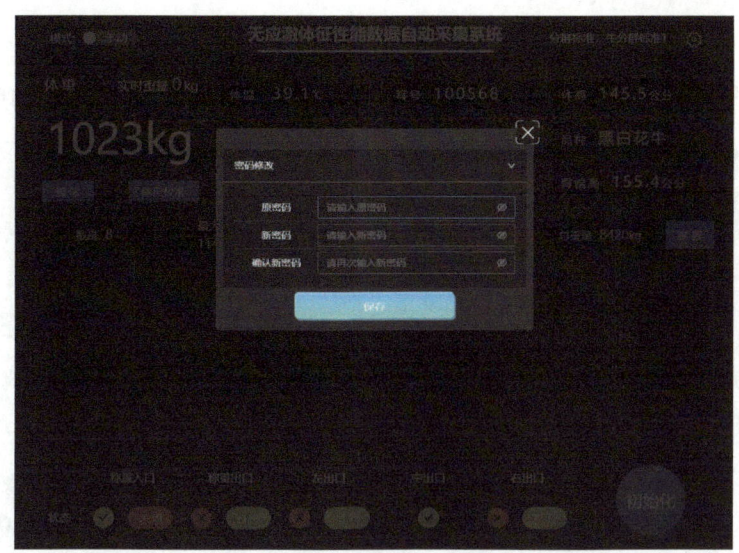

图2-12 无应激体征性能数据自动采集系统密码修改

### 2.1.7.4 测温设备校准

点击设置总览界面中的"测温设备校准"选项,开启测温设备校准后,图像显示区域将接入可见光摄像头与热成像测温摄像头实时视频画面,操作人员可手动校准摄像头角度。

### 2.1.7.5 数据导出

数据导出功能需要将可移动硬盘或U盘插入控制终端,用于导出未上传到云平台的奶牛个体体征数据。

### 2.1.7.6 清空数据

点击设置总览界面中的"清空数据"选项,可将本地缓存的奶牛个体体征数据清空。

### 2.1.7.7 重启系统

点击设置总览界面中的"重启系统"按钮,可将无应激体征性能数据自动采集系统重启。

### 2.1.7.8 关闭设备

点击设置总览界面中的"关闭设备"按钮,会将控制终端设备关机。

### 2.1.7.9 重启设备

点击设置总览界面中的"重启设备"按钮,会将控制终端设备重新启动。

### 2.1.8 体征性能数据测定结果

离线模式下采集的奶牛体征性能数据结果如图2-13所示。离线模式下无法连接云平台获取日龄与耳号。在线模式下采集的奶牛体征性能数据结果如图2-14所示。

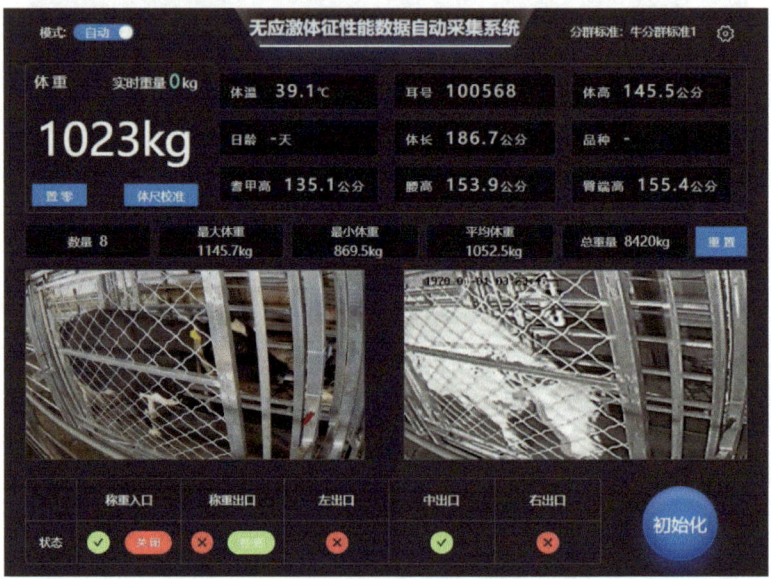

图2-13 无应激体征性能数据自动采集系统离线体征测定结果

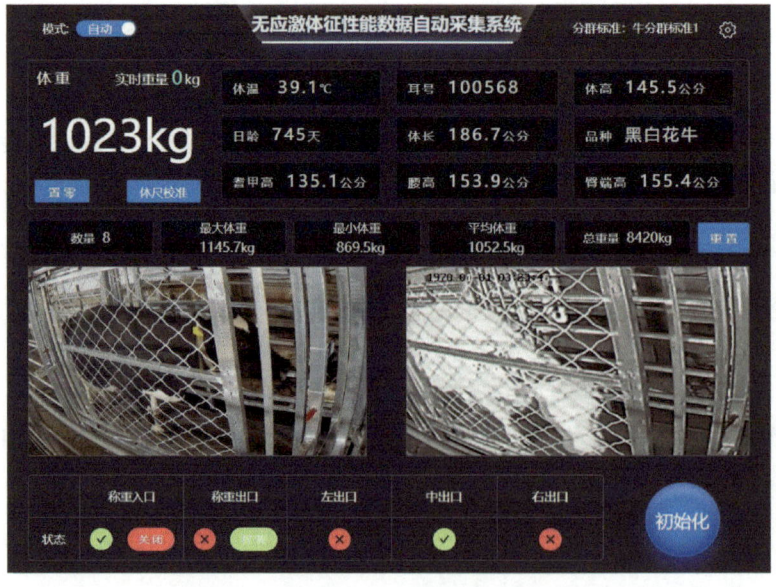

图2-14 无应激体征性能数据自动采集系统在线体征测定结果

## 2.2 基于深度学习的奶牛体况评分系统

基于深度学习的奶牛体况评分系统是一套结合了深度学习技术、计算机视觉技术和大数据分析的系统，能够对牧场、奶牛、测定装备、测定数据、体况评分进行采集记录，高效运行，极大地减轻了当前人工体况评分的负担，提高奶牛体况评分的效率和准确性，为奶牛养殖提供有力支持。

本节主要介绍牧场管理、奶牛管理、测定装备管理、测定数据管理、体况评分系统、日志管理、用户管理、设置等内容。

### 2.2.1 牧场管理

登录基于深度学习的奶牛体况评分系统后，点击主页左侧菜单栏中的"牧场管理"，进入牧场管理页面（图2-15）。该页面显示牧场编号、牧场名称、牧场状态等信息，还可对牧场管理数据进行"添加""编辑""删除"等操作。

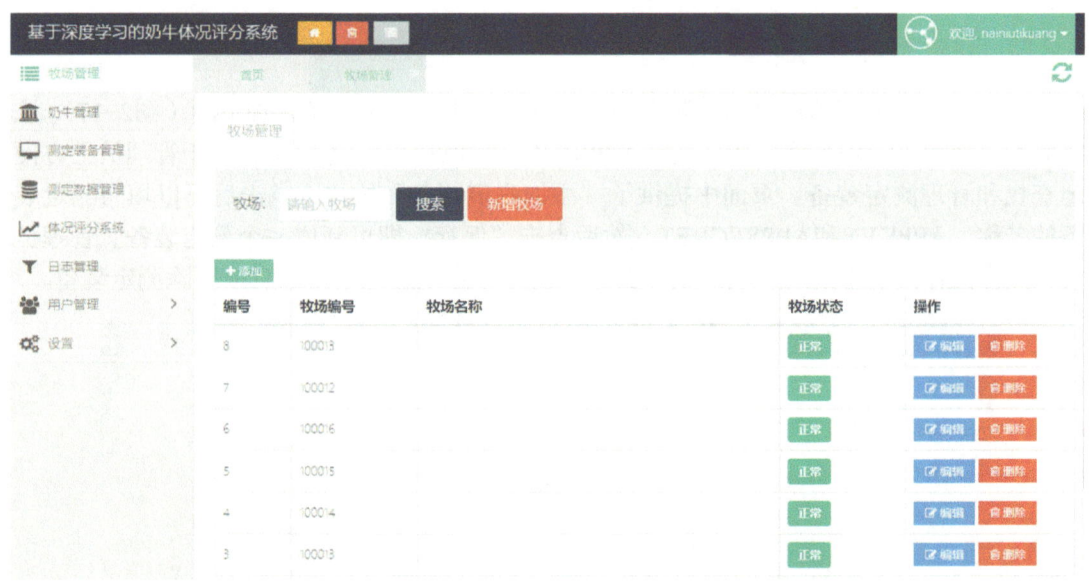

图2-15 基于深度学习的奶牛体况评分系统牧场管理页面

### 2.2.2 奶牛管理

点击主页左侧菜单栏中的"奶牛管理"，进入奶牛管理页面（图2-16）。该页面主要展示了耳号、场、性别、入群来源、入群时间、注册号、出生时间、初生重（kg）、身高（cm）、月龄、毛色、栋舍、品种、状态、健康状态、周期、胎次、总产仔数等信息。在奶牛管理页面中，可以点击"牛只录入"按钮将新增牛只录入系统中，还可以点击"牛只信息导入"按钮批量导入牛只信息。同时，还可以点击操作列表中的"编辑"或"删除"按钮，对已录入系统的牛只信息进行修改和删除的操作。

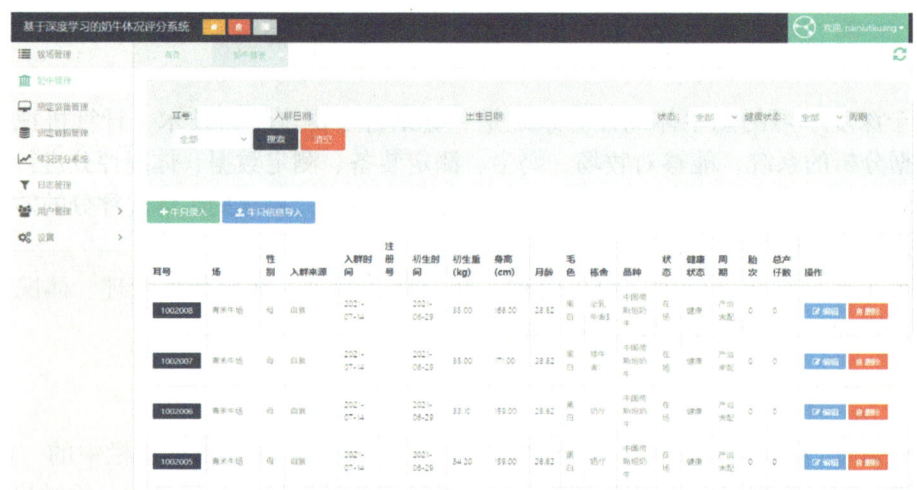

图2-16 基于深度学习的奶牛体况评分系统奶牛管理页面

### 2.2.3 测定装备管理

点击主页左侧菜单栏中的"测定装备管理",进入测定装备管理页面(图2-17)。该页面主要展示了设备名称、所属场、APPKEY、APPSECRET等信息,用于管理员更方便地查找和管理测定装备。页面中提供了"添加测定装备"按钮,点击后可以填写测定装备的名称、APPKEY和APPSECRET,然后点击"保存"即可新增一个测定装备。管理员可以点击操作列表中的"编辑"或"删除"按钮,修改测定装备信息或删除测定装备。

图2-17 基于深度学习的奶牛体况评分系统测定装备管理页面

### 2.2.4 测定数据管理

点击主页左侧菜单栏中的"测定数据管理",进入测定数据管理页面(图2-18)。该页面主要展示了牛耳号、测定日期、体长、体高、体温、体重、髻甲高、腰高、臀端高、体斜长等信息。管理员可以根据测定时间段来进行筛选,以便更方便地查找和管理测定数据。页面中还提供了"添加"按钮,点击后可以填写相关测定数据信息,然后点击"保存",即可新增一组测定数据。管理员可以点击操作列表中的"编辑"或"删除"按钮,实现对已有测定数据的修改或删除操作。

图2-18　基于深度学习的奶牛体况评分系统测定数据管理页面

## 2.2.5　体况评分系统

点击主页左侧菜单栏中的"体况评分系统",进入体况评分系统页面(图2-19)。该页面主要展示了耳号、评分时间、评分、评分类型、操作人等信息。该页面可根据耳号、体况评分时间来进行数据的筛选。点击"添加"按钮可以新增体况评分数据。点击操作列表中的"编辑"或"删除"按钮,可对体况评分数据进行修改或删除操作。

图2-19　基于深度学习的奶牛体况评分系统体况评分系统页面

## 2.2.6　日志管理

点击主页左侧菜单栏中的"日志管理",进入日志管理页面(图2-20)。该页面主要展示了用户ID、操作类型、操作详情、操作时间、IP地址等信息。通过分析日志信息,系统管理员和安全团队可以及时发现异常操作、监测潜在的安全威胁,并采取相应的措施进行响应和调查。

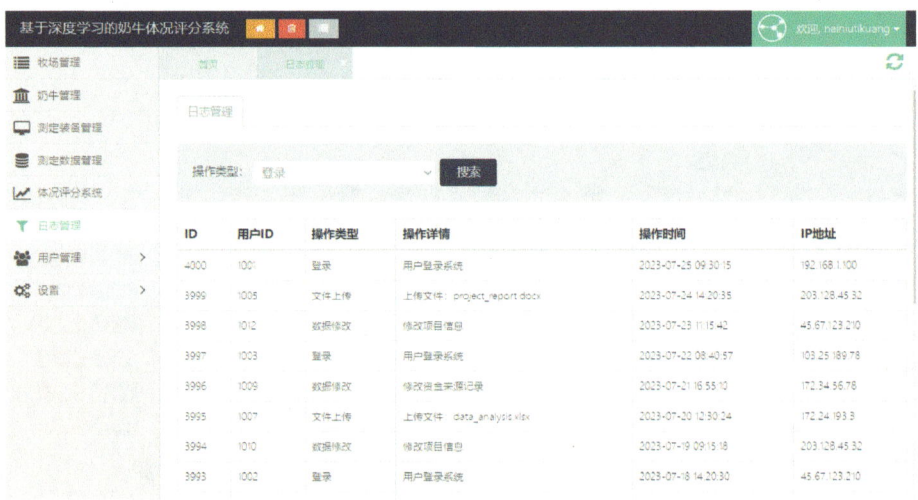

图2-20　基于深度学习的奶牛体况评分系统日志管理页面

## 2.2.7　用户管理

### 2.2.7.1　角色管理

点击主页左侧菜单栏中"用户管理"下的"角色管理",进入角色管理页面(图2-21)。该页面展示了角色名称、角色描述、状态等信息。在该页面,管理员可以执行"添加角色""权限设置""添加用户""编辑用户""删除用户"等操作。

图2-21　基于深度学习的奶牛体况评分系统角色管理页面

#### 2.2.7.1.1 添加角色

点击角色管理页面中的"添加角色"按钮，填写角色名称、角色描述等信息，点击"添加"按钮即可完成角色添加（图2-22）。

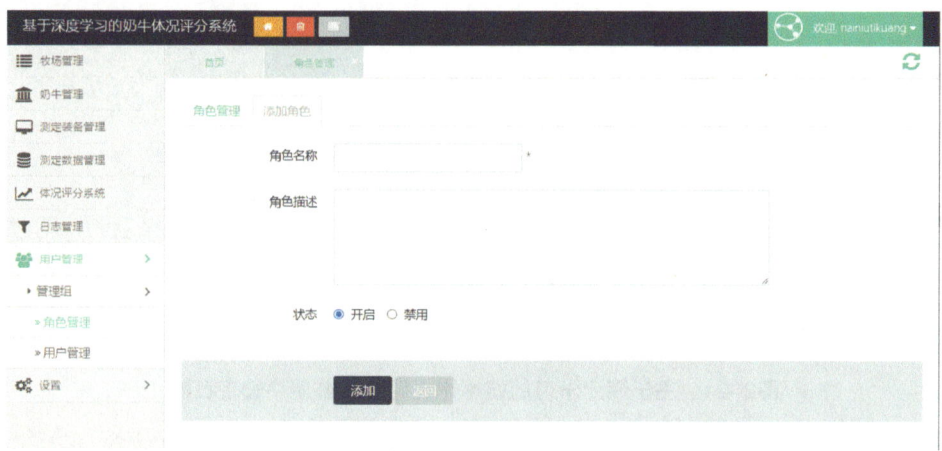

图2-22　基于深度学习的奶牛体况评分系统添加角色页面

#### 2.2.7.1.2 权限设置

在角色管理页面中，点击角色对应的"权限设置"按钮后，进入权限设置页面（图2-23）。点击选择角色对应的权限后，保存即可完成对角色的权限设置。

图2-23　基于深度学习的奶牛体况评分系统权限设置页面

### 2.2.7.2 用户管理

点击主页左侧菜单栏中的"用户管理"，进入用户管理页面（图2-24）。该页面展示了用户名、最后登录IP、最后登录时间、邮箱、状态等信息，还可以根据用户名和邮箱来进行用户搜索，并可在列表页中进行"编辑""拉黑"或"删除"用户的操作。

图2-24　基于深度学习的奶牛体况评分系统用户管理页面

### 2.2.8　设置

#### 2.2.8.1　修改信息

点击主页左侧菜单栏中"设置"下的"修改信息"，进入修改信息页面（图2-25）。该页面可以修改用户的昵称、性别、生日、个性签名等信息。

图2-25　基于深度学习的奶牛体况评分系统修改信息页面

#### 2.2.8.2　修改密码

点击主页左侧菜单栏中"设置"下的"修改密码"，进入修改密码页面（图2-26）。该页面可以修改账号对应的密码，输入原始密码、新密码以及重复新密码后，点击"保存"即可修改账号对应的密码。

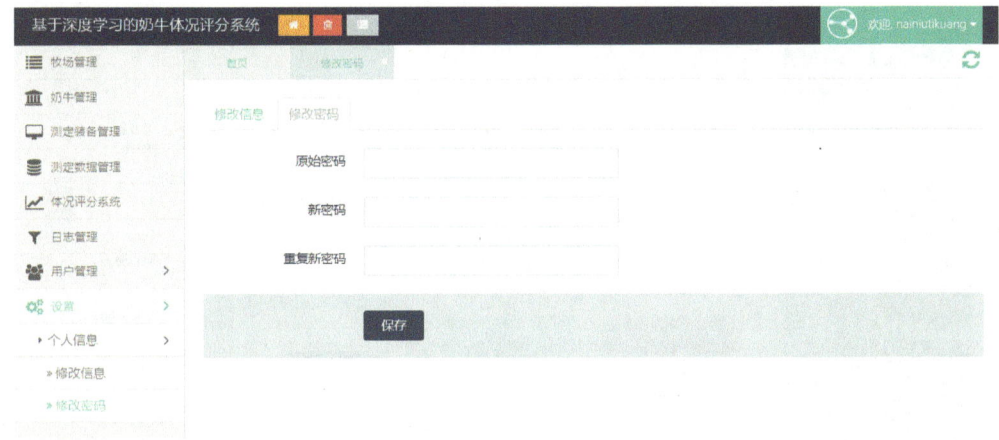

图2-26　基于深度学习的奶牛体况评分系统修改密码页面

## 2.3　奶牛采食行为异常智能分析系统

奶牛采食行为异常智能分析系统主要的业务方向是记录管理奶牛采食行为异常分析诊断等信息，通过一系列的系统需求方式，方便用户查询。本节主要介绍系统登录、奶牛养殖记录、采食行为数据、奶牛进食健康情况分析、解决方案、数据统计、系统用户管理、系统设置、系统退出等内容。

### 2.3.1　系统登录

奶牛采食行为异常智能分析系统登录页面如图2-27所示。输入对应正确的用户名和密码后，点击"登录"按钮，验证成功后可以登录进入系统。系统首页如图2-28所示。首页左侧显示系统各模块功能的导航菜单，点击菜单可进入各模块界面。

图2-27　奶牛采食行为异常智能分析系统登录页面

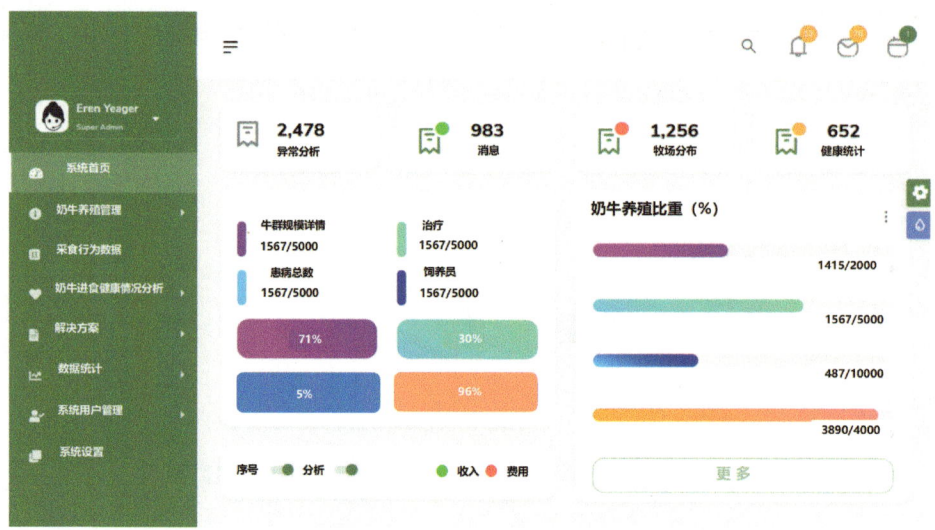

图2-28 奶牛采食行为异常智能分析系统首页

### 2.3.2 奶牛养殖记录

点击主页左侧菜单栏中"奶牛养殖管理"下的"奶牛养殖记录",可进入奶牛养殖记录页面(图2-29)。该页面展示的奶牛养殖记录信息主要有编号、品种、性别、所在牧舍和状态等。用户可通过操作按钮对列表内容的每条数据进行"添加""修改"或"删除"操作。

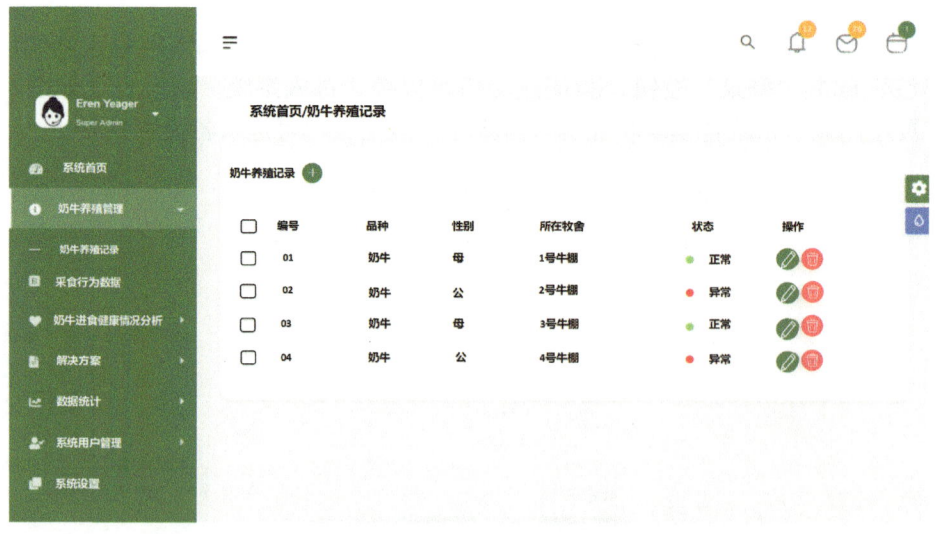

图2-29 奶牛采食行为异常智能分析系统奶牛养殖记录页面

#### 2.3.2.1 添加

点击奶牛养殖记录页面的"添加"按钮,可直接弹出一个奶牛养殖记录添加页面

（图2-30），分别填写奶牛养殖记录的编号、品种、性别、所在牧舍及状态等信息后，点击"添加"按钮，则完成数据添加并提示添加成功。

图2-30　奶牛采食行为异常智能分析系统奶牛养殖记录添加页面

### 2.3.2.2　修改

点击奶牛养殖记录页面操作列表的"修改"按钮，就会弹框显示奶牛养殖记录修改页面（图2-31），分别填写奶牛养殖记录的编号、品种、性别、所在牧舍及状态信息，点击"修改"按钮即可完成对奶牛养殖记录的修改，并提示修改成功。

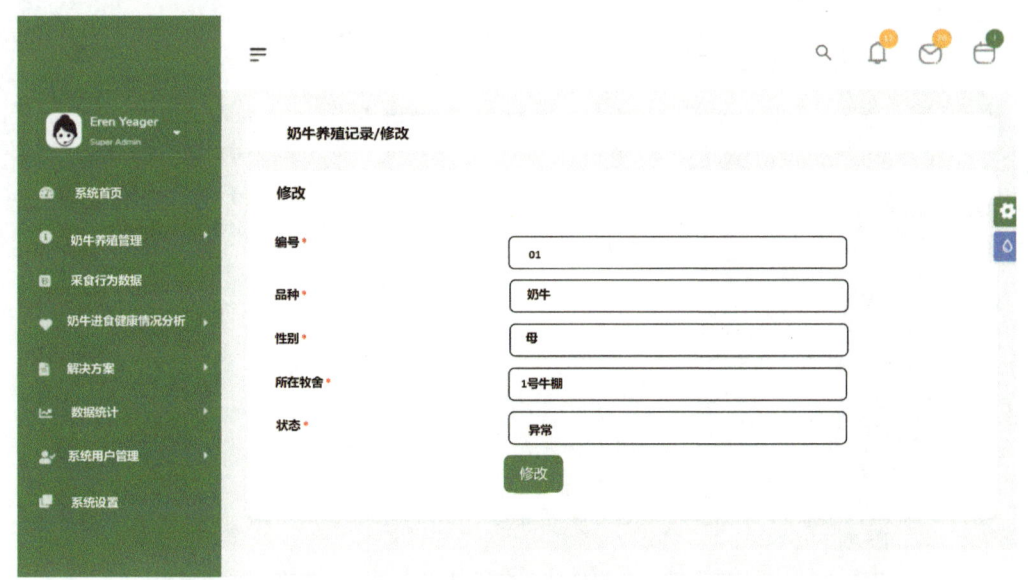

图2-31　奶牛采食行为异常智能分析系统奶牛养殖记录修改页面

### 2.3.2.3 删除

点击奶牛养殖记录页面操作列表的"删除"按钮，就会弹框提示是否确认删除奶牛养殖记录（图2-32）。点击"确定"按钮即可删除对应的信息，并会给出提示已删除成功（图2-33）。

图2-32 奶牛采食行为异常智能分析系统奶牛养殖记录删除页面

图2-33 奶牛采食行为异常智能分析系统奶牛养殖记录删除成功页面

## 2.3.3 采食行为数据

点击主页左侧菜单栏中的"采食行为数据",进入采食行为数据页面(图2-34)。该页面主要展示行为变化、前一天、第一天、第六天等内容,还可通过操作列表对采食行为数据进行"修改"或"删除"操作。

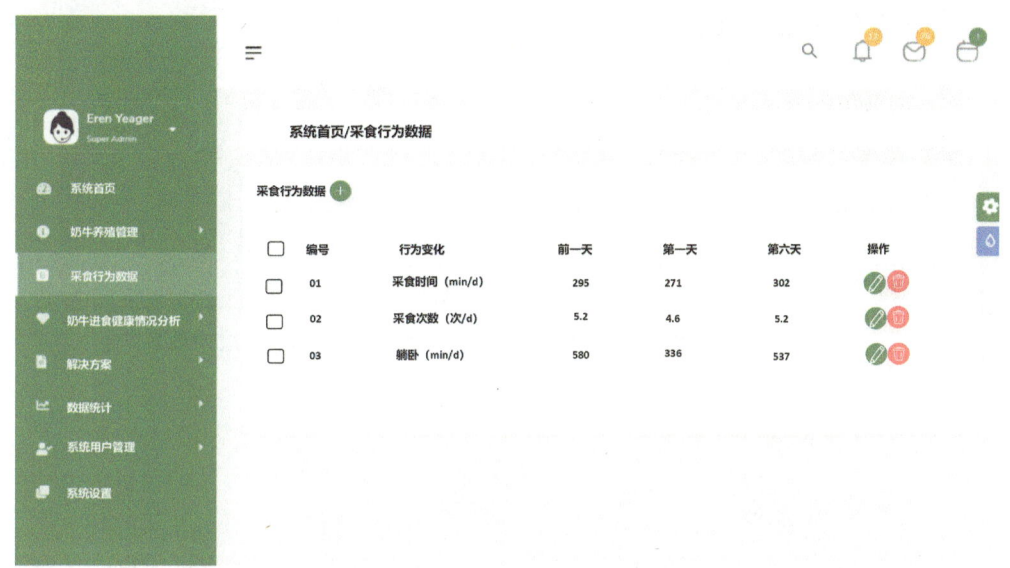

图2-34 奶牛采食行为异常智能分析系统采食行为数据页面

点击采食行为数据页面操作列表的"删除"按钮,就会弹框提示是否选择删除采食行为数据(图2-35)。点击"确定"按钮即可删除对应的信息,并会给出提示已删除成功(图2-36)。

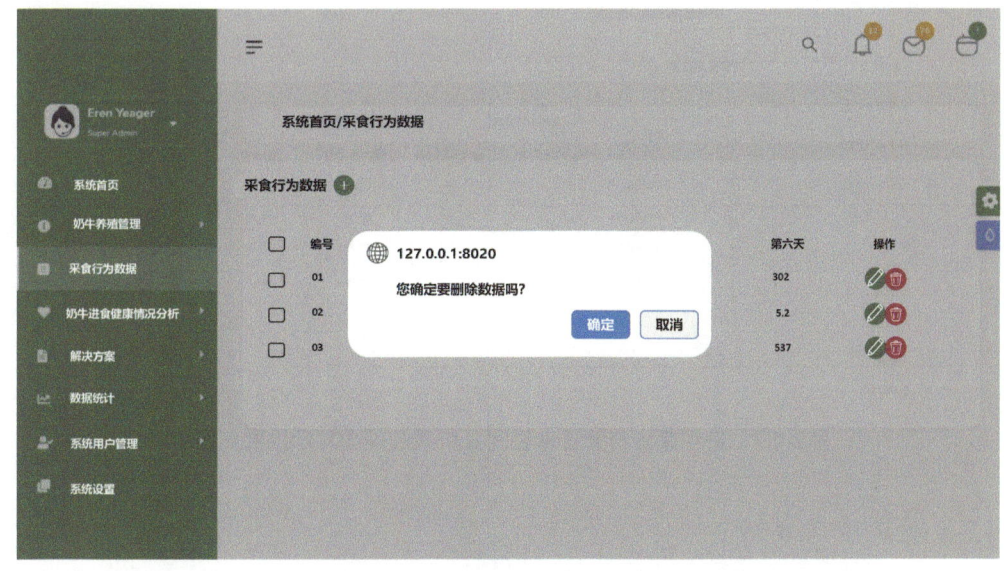

图2-35 奶牛采食行为异常智能分析系统采食行为数据删除提示页面

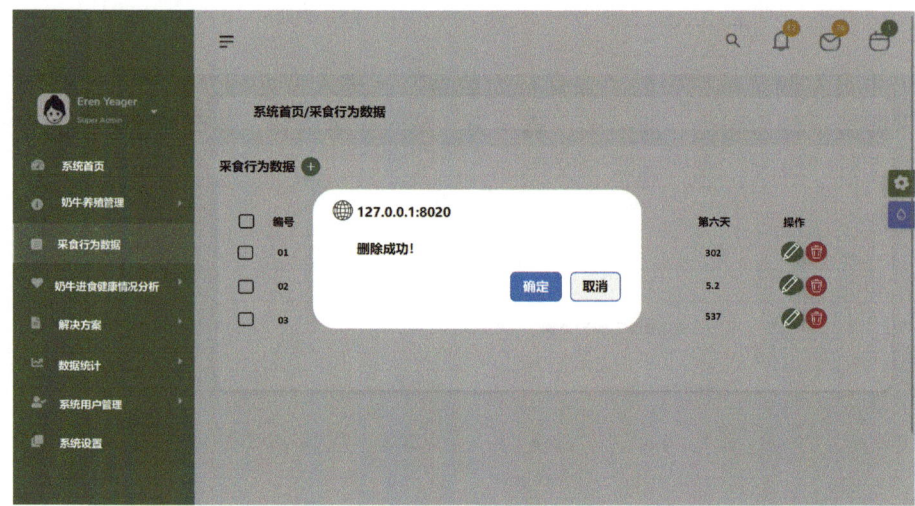

图2-36 奶牛采食行为异常智能分析系统采食行为数据删除成功页面

### 2.3.4 奶牛进食健康情况分析

#### 2.3.4.1 进食异常报警

点击主页左侧菜单栏中"奶牛进食健康情况分析"下的"进食异常报警",进入进食异常报警页面(图2-37)。该页面主要展示项目、低uNDF240和高uNDF240等进食异常信息,还可以对每条信息进行"修改"或"删除"操作。

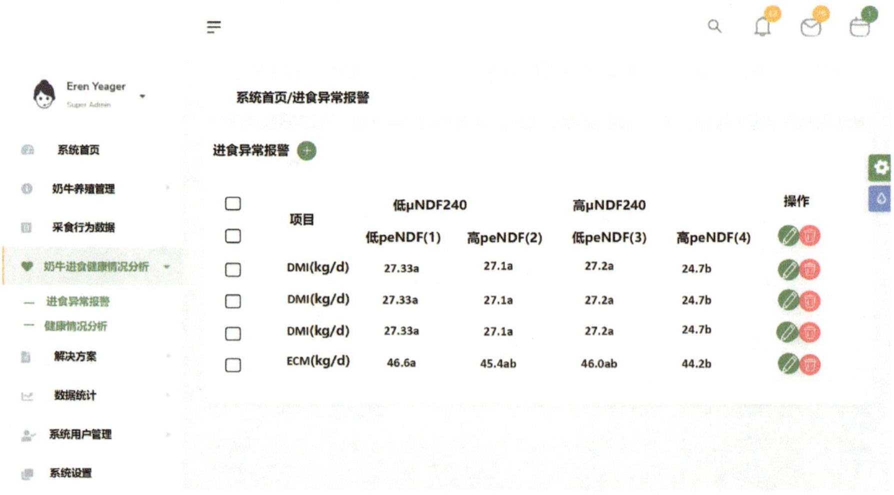

图2-37 奶牛采食行为异常智能分析系统进食异常报警页面

#### 2.3.4.2 健康情况分析

点击主页左侧菜单栏中"奶牛进食健康情况分析"下的"健康情况分析",进入健康情况分析页面。该页面主要展示了疾病种类、牛群数和变化率等信息。

#### 2.3.4.2.1 修改

点击健康情况分析页面操作列表的"修改"按钮，就会弹框显示健康情况分析修改页面（图2-38），分别填写疾病种类、牛群数和变化率等信息后，点击"修改"按钮即可对健康情况进行修改，并提示修改成功信息。

图2-38　奶牛采食行为异常智能分析系统健康情况分析修改页面

#### 2.3.4.2.2 删除

点击健康情况分析页面操作列表的"删除"按钮，就会弹框显示是否选择删除健康情况分析数据的提示（图2-39）。点击"确定"按钮则完成该数据的删除工作并提示删除成功。

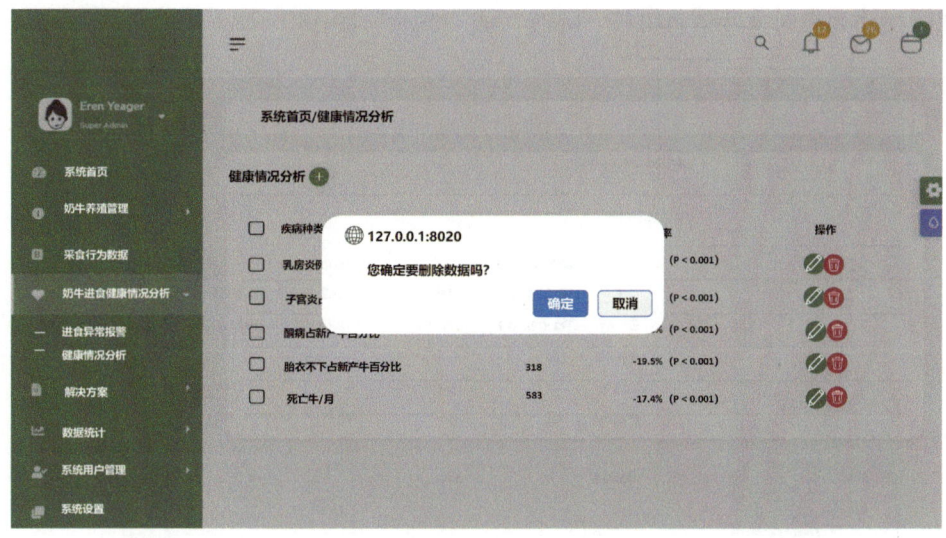

图2-39　奶牛采食行为异常智能分析系统健康情况分析删除页面

## 2.3.5 解决方案

### 2.3.5.1 饮食管理

点击主页左侧菜单栏中"解决方案"下的"饮食管理",进入饮食管理页面(图2-40)。该页面主要展示了筛层、泌乳牛TMR、干奶牛TMR、玉米青贮、干草青贮和干草等信息,还可通过操作列表对这些信息进行"修改"或"删除"操作。

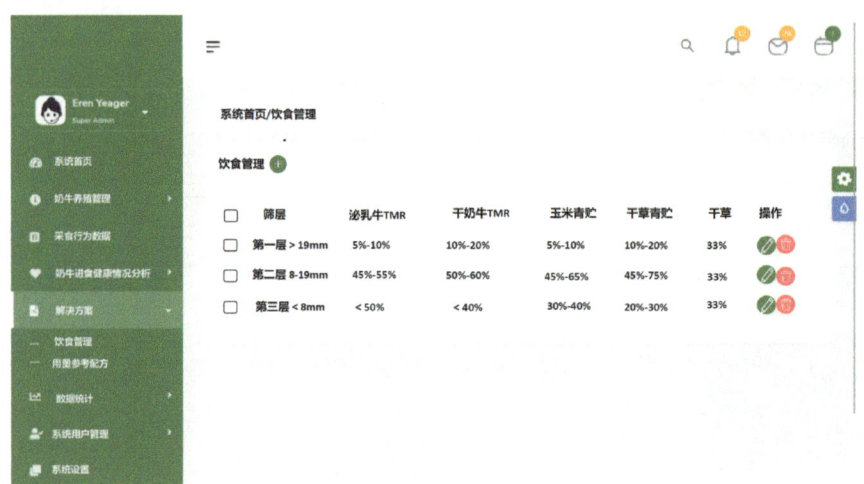

图2-40 奶牛采食行为异常智能分析系统饮食管理页面

### 2.3.5.2 用量参考配方

点击主页左侧菜单栏中"解决方案"下的"用量参考配方",进入用量参考配方页面(图2-41)。该页面主要展示了饲料原料、牧场原日粮配方、牧场优化日粮配方等信息,还可通过操作列表对这些信息进行"修改"或"删除"操作。

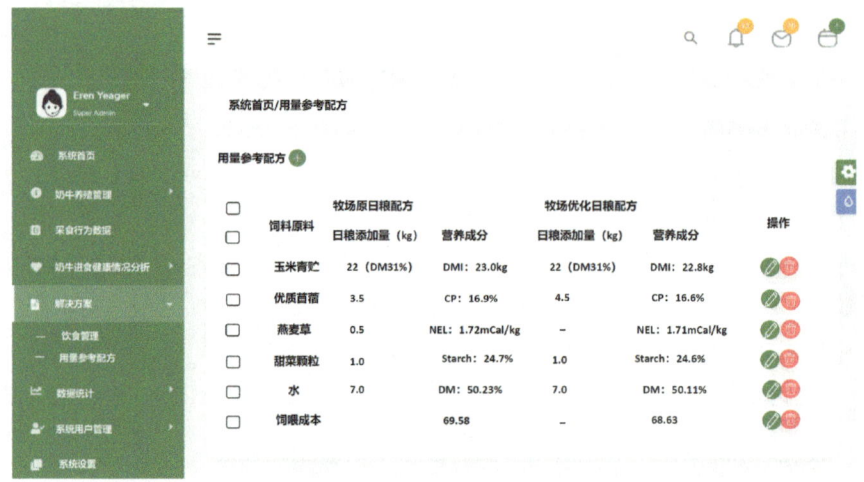

图2-41 奶牛采食行为异常智能分析系统用量参考配方页面

## 2.3.6 数据统计

点击主页左侧菜单栏中的"数据统计",进入数据统计页面(图2-42)。该页面展示了奶牛健康监测和治疗诊断统计的数据统计图表。

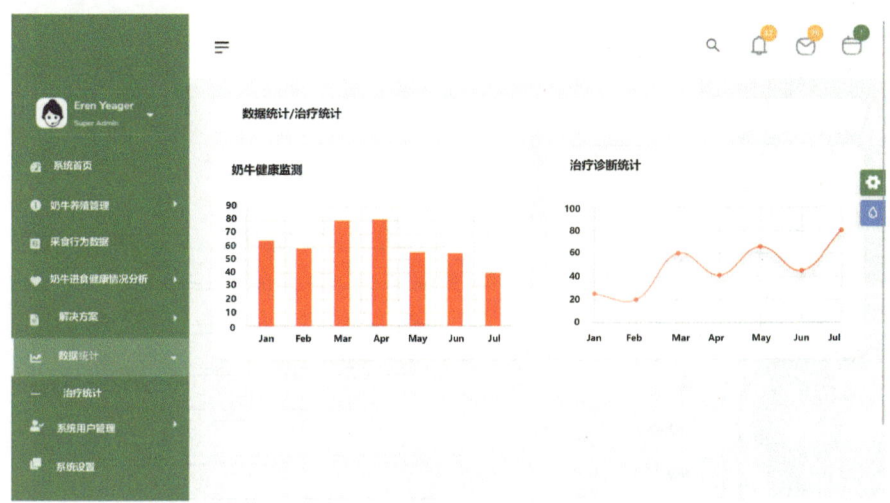

图2-42　奶牛采食行为异常智能分析系统数据统计页面

## 2.3.7 系统用户管理

### 2.3.7.1 管理员列表

点击主页左侧菜单栏中"系统用户管理"下的"管理员列表",进入管理员列表页面(图2-43)。该页面展示了登录名、手机、邮箱、角色、加入时间和状态等信息,还可通过操作列表对这些信息进行"修改"或"删除"操作。

图2-43　奶牛采食行为异常智能分析系统管理员列表页面

#### 2.3.7.1.1 添加

点击管理员列表页面的"添加"按钮，可直接跳转到管理员列表添加页面（图2-44），分别填写编号、登录名、手机、邮箱、加入时间和状态等信息后，点击下方"添加"按钮，会完成添加并提示操作成功。

图2-44 奶牛采食行为异常智能分析系统管理员列表添加页面

#### 2.3.7.1.2 修改

点击管理员列表页面操作列表的"修改"按钮，就会弹框显示管理员列表修改页面（图2-45）。分别修改编号、登录名、手机、邮箱、加入时间和状态等信息后，点击"修改"按钮即可完成对管理员列表的修改，并提示修改成功信息。

图2-45 奶牛采食行为异常智能分析系统管理员列表修改页面

#### 2.3.7.1.3 删除

点击管理员列表页面操作列表的"删除"按钮,就会弹框显示是否选择删除管理员列表(图2-46)。在弹出页面中点击"确定"按钮即可删除对应的信息,并会给出提示已删除成功。

图2-46 奶牛采食行为异常智能分析系统管理员删除页面

### 2.3.7.2 角色信息

点击主页左侧菜单栏中"系统用户管理"下的"角色信息",进入角色信息页面(图2-47)。该页面主要展示了角色名、拥有权限规则、描述和状态等信息,还可通过操作列表对这些信息进行"修改"或"删除"操作。

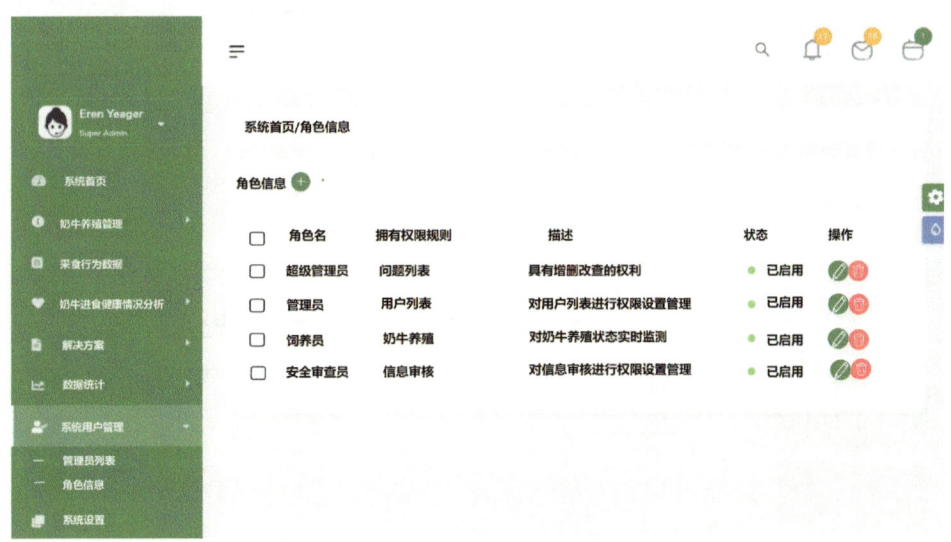

图2-47 奶牛采食行为异常智能分析系统角色信息页面

点击角色信息页面操作列表的"删除"按钮,就会弹框显示是否选择删除角色信息(图2-48)。在弹出页面中点击"确定"按钮即可删除对应的信息,并会给出已删除成功提示。

图2-48　奶牛采食行为异常智能分析系统角色信息删除页面

### 2.3.8　系统设置

点击主页左侧菜单栏中的"系统设置",进入系统设置页面(图2-49)。该页面可进行网站名称、关键词、描述、上传目录配置及css、js、images路径配置等设置。

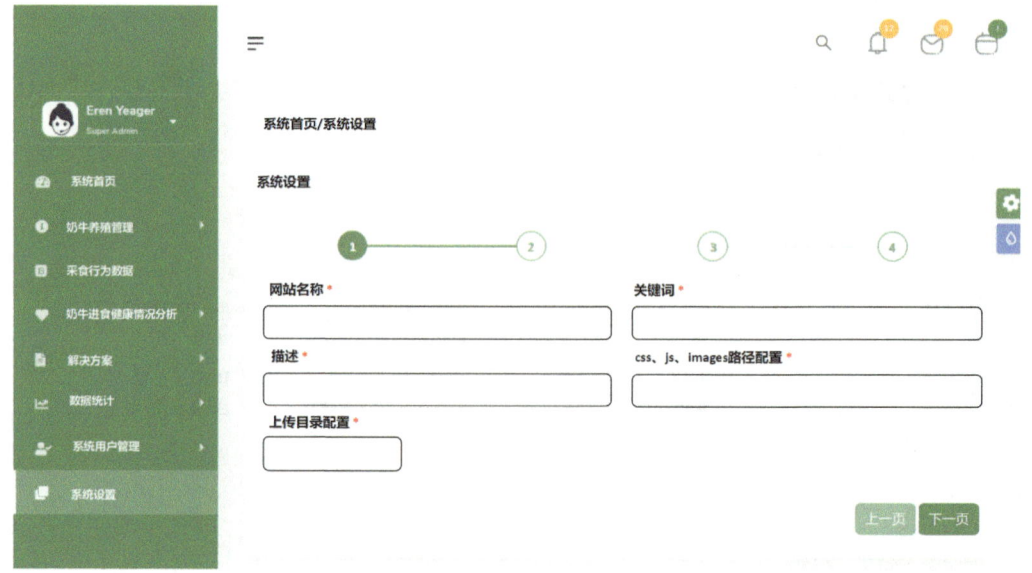

图2-49　奶牛采食行为异常智能分析系统系统设置页面

## 2.3.9 系统退出

点击系统主页中的用户下拉选项,点击"退出"按钮(图2-50),会弹框提示是否选择退出系统,点击"确定"按钮后退出系统并会回到系统登录页面。

图2-50 奶牛采食行为异常智能分析系统系统退出页面

## 2.4 主动停配期奶牛体征信息智能采集分析系统

主动停配期是指奶牛在分娩后的一段时间内不进行人工配种,让奶牛自然恢复身体和生理状态的时间段。这段时间通常是为了确保奶牛在配种前能够充分恢复子宫健康、调整排卵周期,从而提高受胎率和繁殖效率。

本节主要介绍系统登录、特征信息采集、数据采集、数据记录与存储、实时监测与报警、饲料管理、数据对比与分析等内容。

### 2.4.1 系统登录

主动停配期奶牛体征信息智能采集分析系统登录页面如图2-51所示。用户输入用户名和密码后,点击"登录"按钮,经系统验证成功后则登录成功,进入系统首页,否则重新输入用户名和密码再次登录。首页为系统的主要核心界面,左侧显示了系统各模块的导航菜单,用户通过点击菜单进入各模块。

图2-51 主动停配期奶牛体征信息智能采集分析系统登录页面

## 2.4.2 特征信息采集

点击首页左侧菜单栏中的"特征信息采集",进入特征信息采集页面(图2-52)。该页面展示了ID、图像识别技术、个体标识记录、数据存储与管理等特征信息采集信息,还可对这些信息进行"编辑"或"删除"操作。

图2-52 主动停配期奶牛体征信息智能采集分析系统特征信息采集页面

## 2.4.3 数据采集

点击首页左侧菜单栏的"数据采集",进入数据采集页面(图2-53)。该页面主要展示了环境监测数据、健康监测数据、饲养管理数据等信息,还可对这些信息进行"编辑"或"删除"操作。

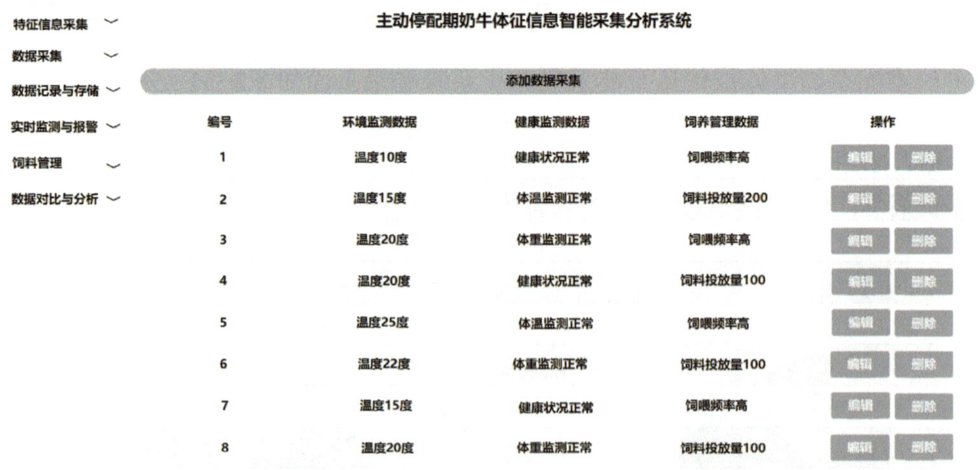

图2-53 主动停配期奶牛体征信息智能采集分析系统数据采集页面

### 2.4.3.1 增加

点击数据采集列表上方的"添加数据采集"按钮,系统会自动弹出一个数据采集弹窗（图2-54），可以分别填写环境监测数据、健康监测数据、饲养管理数据等信息，点击"确定"按钮就完成数据添加并提示添加成功。点击"取消"按钮，将会退出数据采集弹窗并提示取消操作。

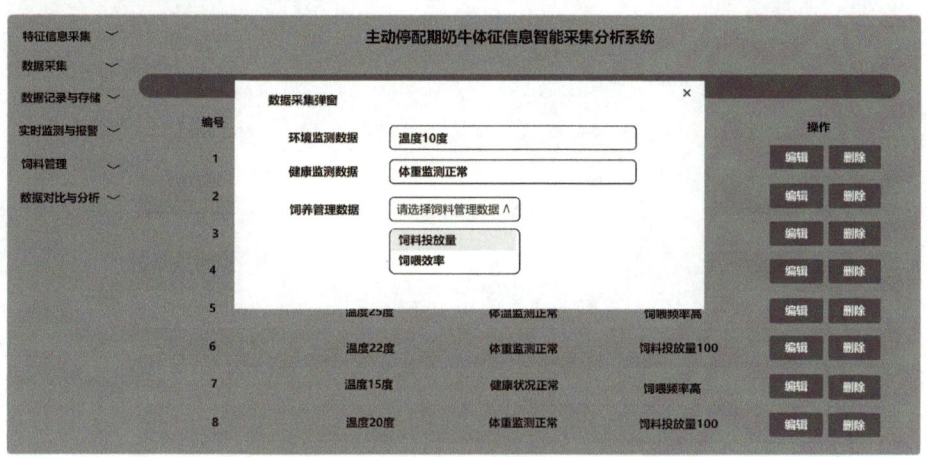

图2-54　主动停配期奶牛体征信息智能采集分析系统数据采集增加页面

#### 2.4.3.2　修改

点击数据采集页面操作列表中的"编辑"按钮，就会弹出数据修改弹窗（图2-55），可对环境监测数据、健康监测数据、饲养管理数据等信息进行更改，点击"确定"按钮，则完成数据修改并提示修改成功。点击"取消"按钮，将会退出数据修改弹窗并提示取消操作。

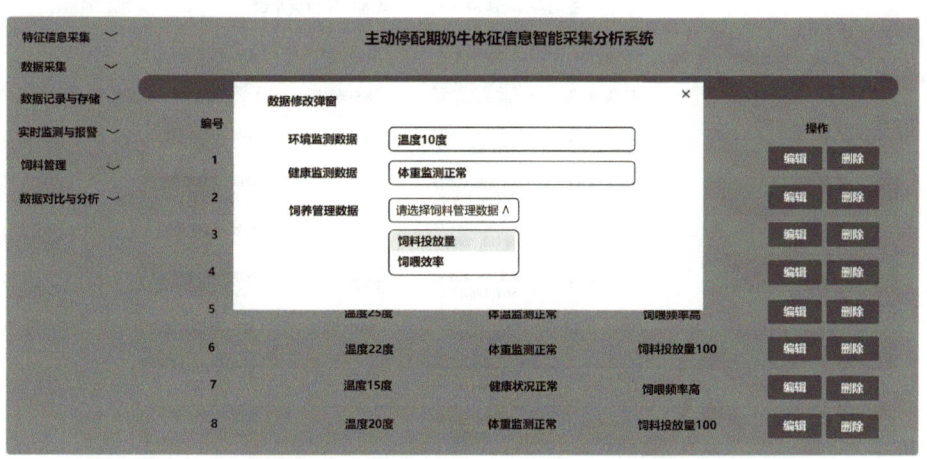

图2-55　主动停配期奶牛体征信息智能采集分析系统数据采集修改页面

#### 2.4.3.3　删除

点击数据采集页面操作列表中的"删除"按钮，就会弹出确认删除该信息弹窗（图

2-56)。点击"确定"按钮,则完成数据删除并提示删除成功。点击"取消"按钮,将会退出数据采集删除弹窗并提示取消删除。

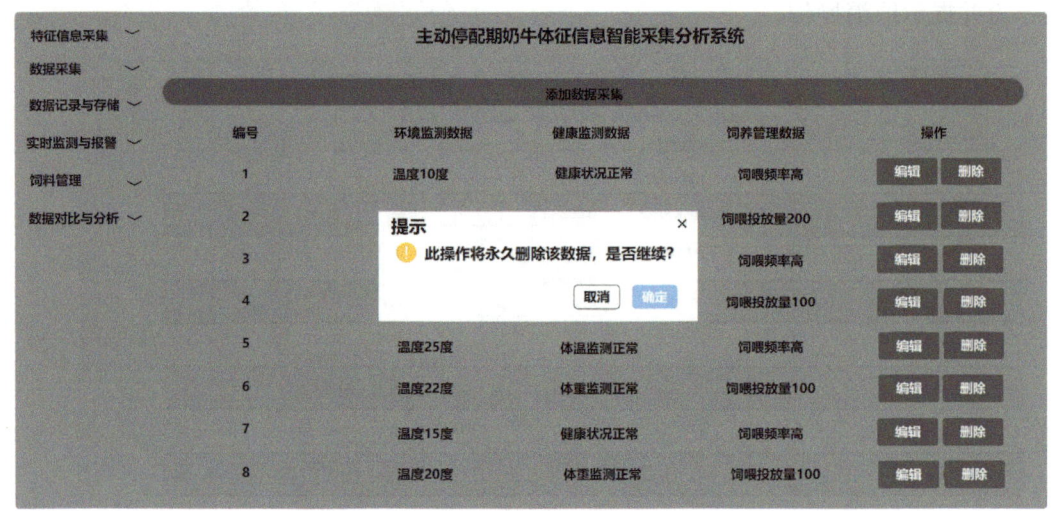

图2-56 主动停配期奶牛体征信息智能采集分析系统数据采集删除页面

### 2.4.4 数据记录与存储

点击主页左侧菜单栏的"数据记录与存储",进入数据记录与存储页面(图2-57)。在该页面可查看数据记录、数据存储、数据管理、数据索引与检索等信息,还可对这些信息进行"修改"或"删除"等操作。

图2-57 主动停配期奶牛体征信息智能采集分析系统数据记录与存储页面

#### 2.4.4.1 修改

点击数据记录与存储页面操作列表的蓝色"修改"按钮,弹出更改数据索引与检索的弹窗（图2-58）。输入信息后点击"确认"按钮，则完成信息修改。点击"取消"按钮则取消修改。

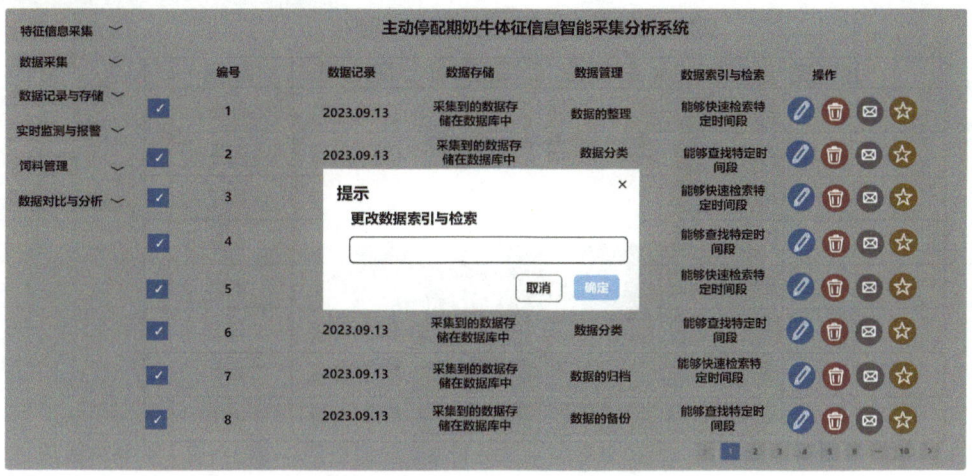

图2-58　主动停配期奶牛体征信息智能采集分析系统数据记录与存储修改页面

### 2.4.4.2　删除

点击数据记录与存储页面操作列表的红色"删除"按钮，弹出删除数据索引与检索的弹窗（图2-59）。点击"确认"按钮则完成数据删除，并提示删除成功。点击"取消"按钮后弹出提示，取消删除。

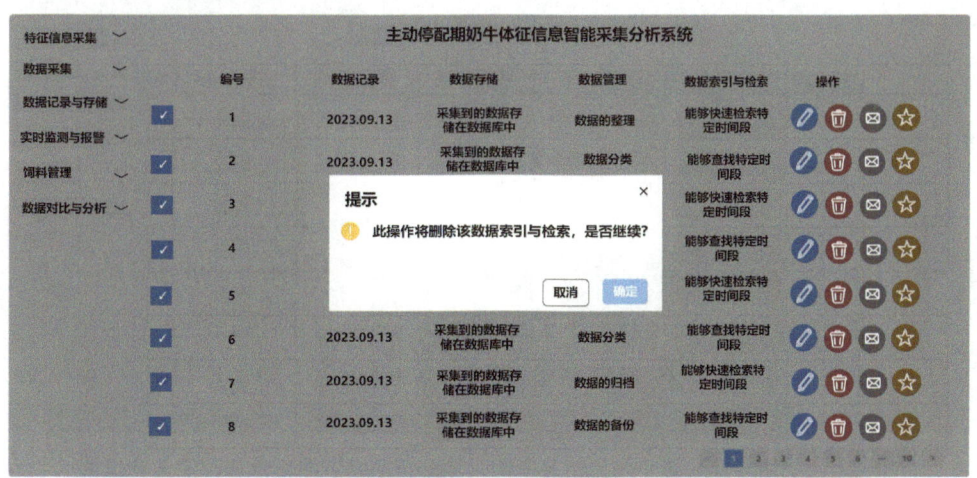

图2-59　主动停配期奶牛体征信息智能采集分析系统数据记录与存储删除页面

### 2.4.4.3　数据索引与检索负责人联系方式

点击数据记录与存储页面操作列表的灰色按钮，弹出数据索引与检索负责人联系方式的弹窗（图2-60）。

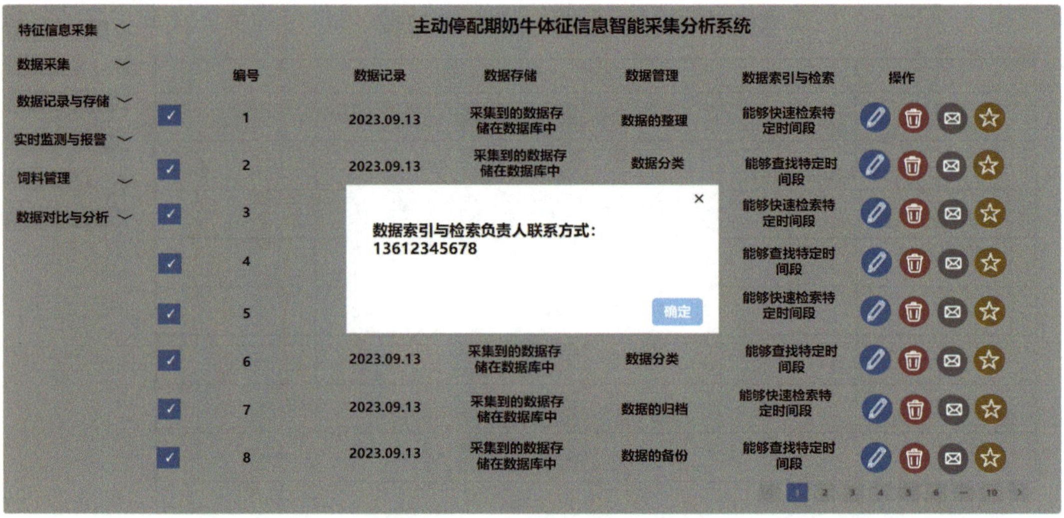

图2-60 主动停配期奶牛体征信息智能采集分析系统数据记录与存储负责人联系方式页面

#### 2.4.4.4 关注

点击数据记录与存储页面操作列表的橙色"关注"按钮,弹出是否关注该数据索引与检索的弹窗(图2-61)。点击"确定"按钮后则关注成功。

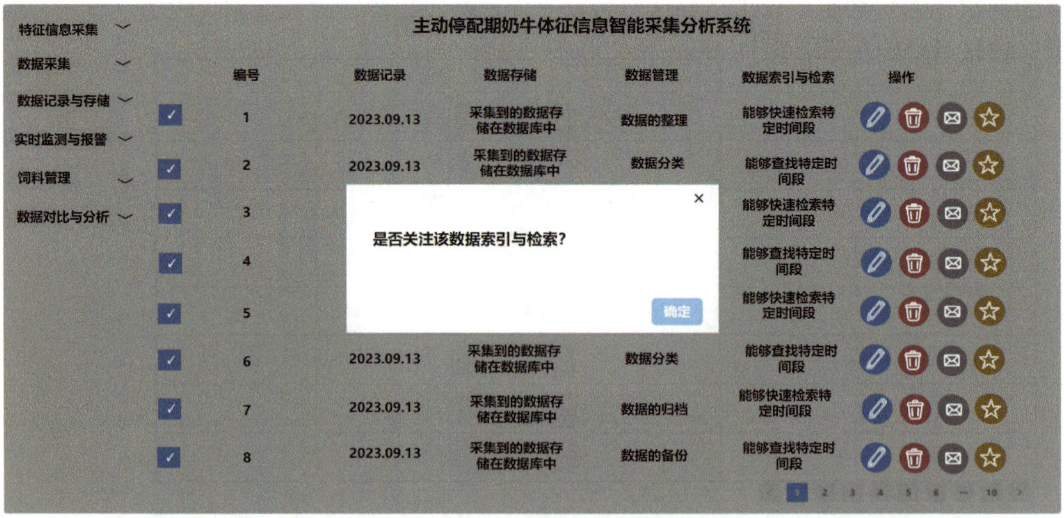

图2-61 主动停配期奶牛体征信息智能采集分析系统数据记录与存储关注页面

### 2.4.5 实时监测与报警

点击主页左侧菜单栏的"实时监测与报警",进入实时监测与报警页面(图2-62)。该页面可查看实时数据更新、实时监测指标、报警阈值设定、报警通知方式等信息,还可对这些信息进行"修改""删除"或"关注"等操作。

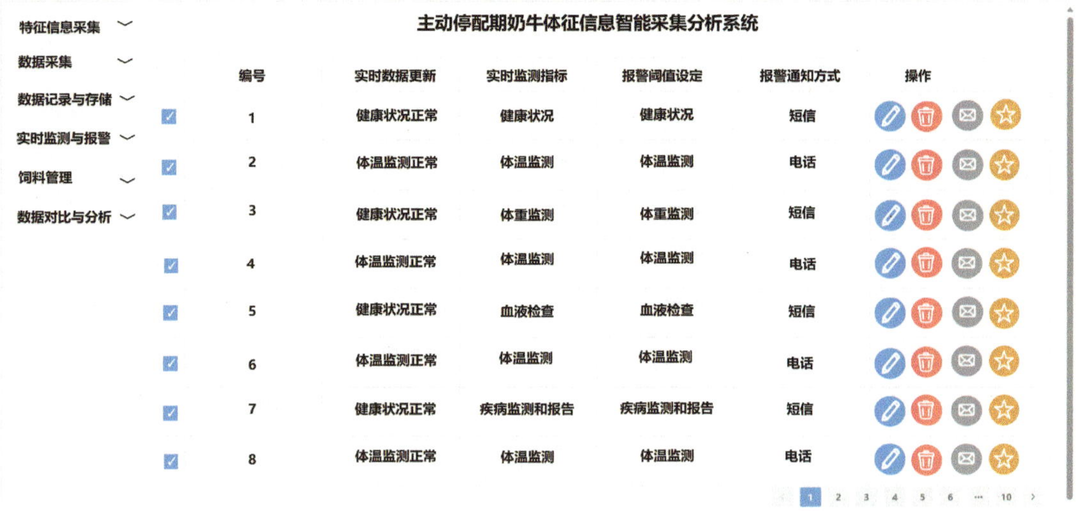

图2-62　主动停配期奶牛体征信息智能采集分析系统实时监测与报警页面

点击实时监测与报警页面操作列表的橙色"关注"按钮，弹出是否关注该报警通知方式提示（图2-63）。点击确定按钮后则关注成功。

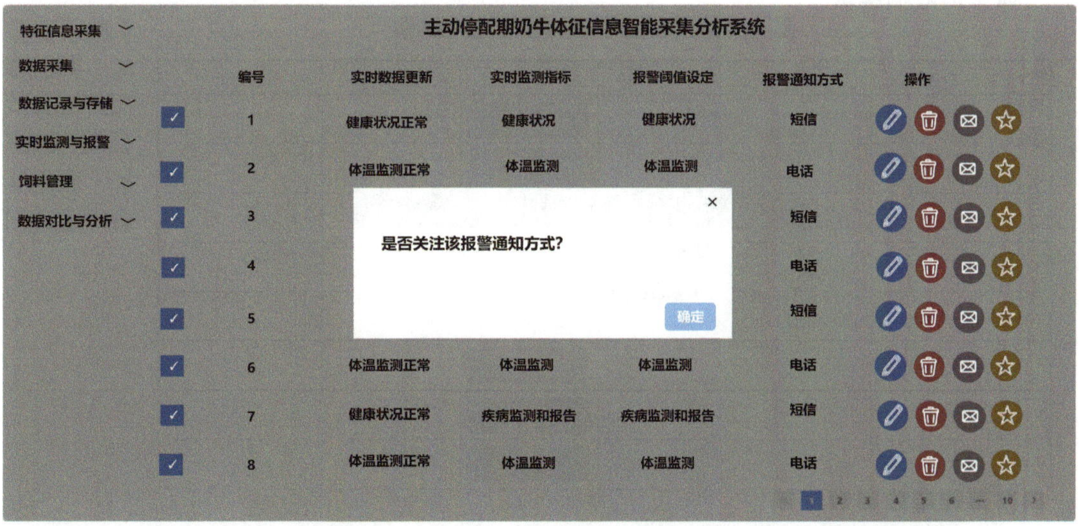

图2-63　主动停配期奶牛体征信息智能采集分析系统实时监测与报警关注页面

## 2.4.6　饲料管理

点击主页左侧菜单栏的"饲料管理"，进入饲料管理页面（图2-64）。该页面可查看饲料种类、饲料配方、饲料投放量、饲料质量管理等信息，还可对这些信息进行"修改""删除"或"关注"等操作。

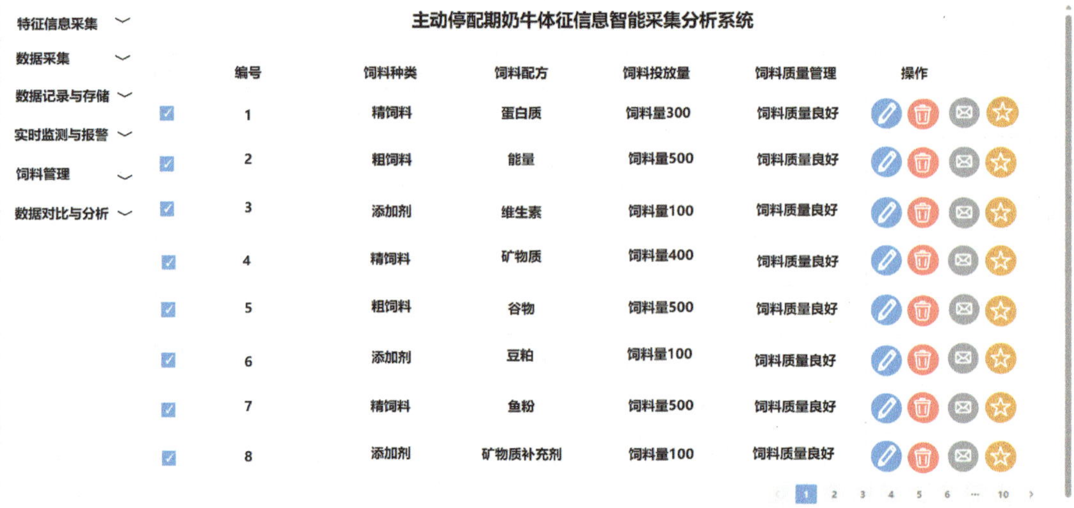

图2-64　主动停配期奶牛体征信息智能采集分析系统饲料管理页面

点击饲料管理页面操作系列中的蓝色"修改"按钮，弹出更改饲料质量管理的弹窗（图2-65）。输入信息后点击"确认"按钮，则完成相关数据修改。点击"取消"按钮后，则显示取消输入。

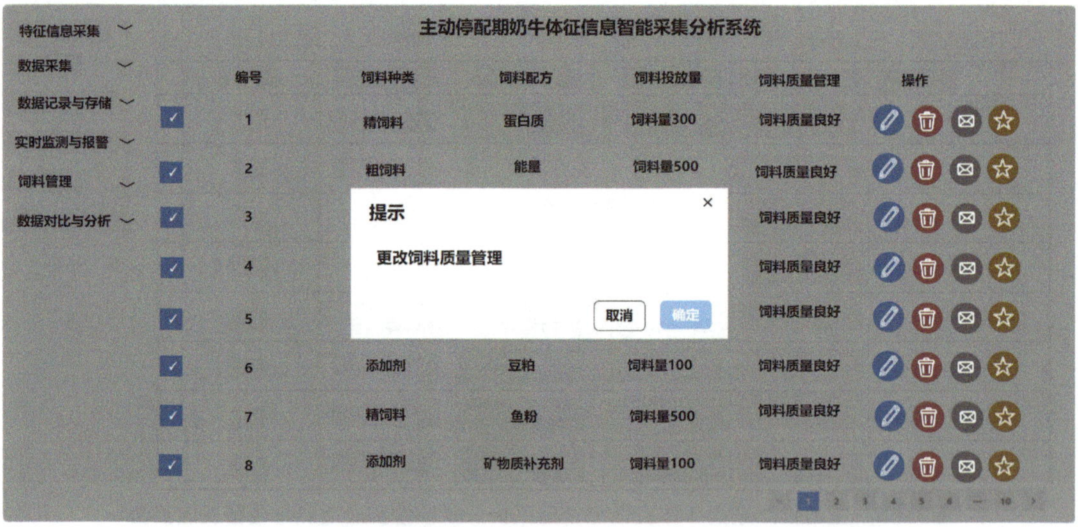

图2-65　主动停配期奶牛体征信息智能采集分析系统饲料管理修改页面

## 2.4.7　数据对比与分析

点击主页左侧菜单栏的"数据对比与分析"，进入数据对比与分析页面（图2-66）。该页面可查看奶牛体征信息的分析图表。

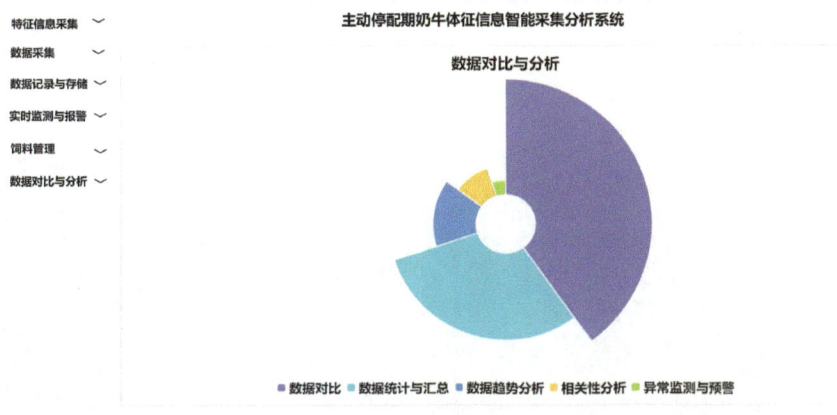

图2-66　主动停配期奶牛体征信息智能采集分析系统数据对比与分析页面

## 2.5　主动停配期奶牛体况恢复程度评定系统

本节主要介绍系统登录和退出、饲养员管理、奶牛场环境管理、奶牛资料管理、饲养记录管理、奶牛体重监测管理、泌乳力评价分析、奶牛营养要值、管理员管理、系统管理等内容。

### 2.5.1　系统登录和退出

#### 2.5.1.1　系统登录

主动停配期奶牛体况恢复程度评定系统的登录页面如图2-67所示。输入用户名和密码，点击"登录"按钮。若登录失败弹出提示并返回首页。登录成功后进入系统首页（图2-68）。首页左侧显示系统各模块功能的导航菜单，用户通过点击菜单进入各模块。

图2-67　主动停配期奶牛体况恢复程度评定系统登录页面

图2-68　主动停配期奶牛体况恢复程度评定系统首页

### 2.5.1.2　系统退出

在系统首页的右上角，点击当前登录账户，选择"退出"按钮（图2-69），即可退出系统，回到登录页面。

图2-69　主动停配期奶牛体况恢复程度评定系统退出页面

## 2.5.2 饲养员管理

点击首页左侧菜单栏中的"饲养员管理",进入饲养员管理页面(图2-70)。该页面主要展示了饲养员姓名、性别、手机、地址、身份证号码以及状态等信息,还可通过操作列表对饲养员数据进行"添加""修改"或"删除"操作。

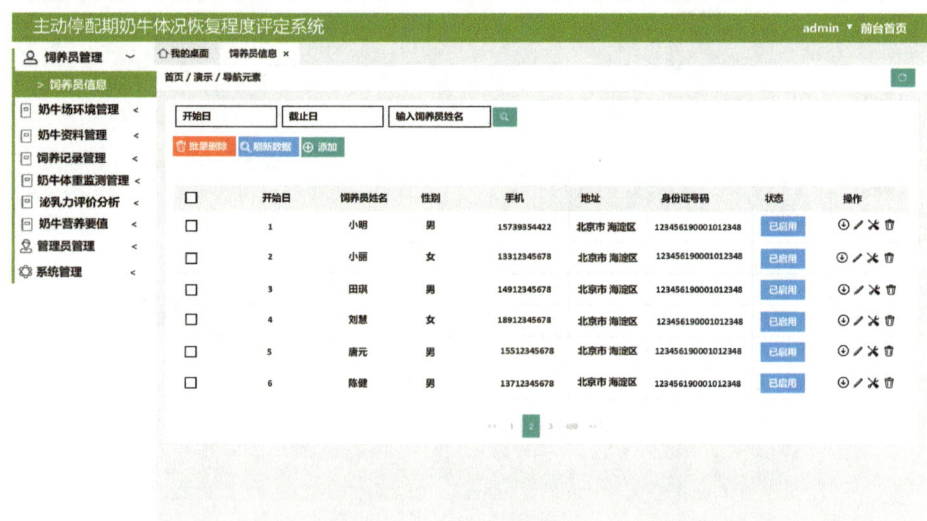

图2-70　主动停配期奶牛体况恢复程度评定系统饲养员管理页面

### 2.5.2.1 添加

点击饲养员管理页面的"添加"按钮,系统会自动弹出添加饲养员信息框(图2-71)。填写饲养员姓名、性别、年龄、联系方式、身份证号码等信息后,点击"增加"按钮则完成管理员添加,返回上一级页面,并提示添加成功。

图2-71　主动停配期奶牛体况恢复程度评定系统饲养员管理添加页面

#### 2.5.2.2 删除

点击饲养员管理页面操作列表中的"删除"按钮，就会弹框显示是否确认删除相关数据信息（图2-72）。点击"确定"按钮即可完成信息删除，并提示删除成功。

图2-72 主动停配期奶牛体况恢复程度评定系统饲养员管理删除页面

### 2.5.3 奶牛场环境管理

点击首页左侧菜单栏中"奶牛场环境管理"下的"养殖场环境"，进入养殖场环境页面（图2-73）。该页面主要展示了编号、养殖品种、入栏阶段、空气温度、湿度、氧气浓度、备注等养殖场环境信息，还可对这些信息进行"删除"或"修改"操作。

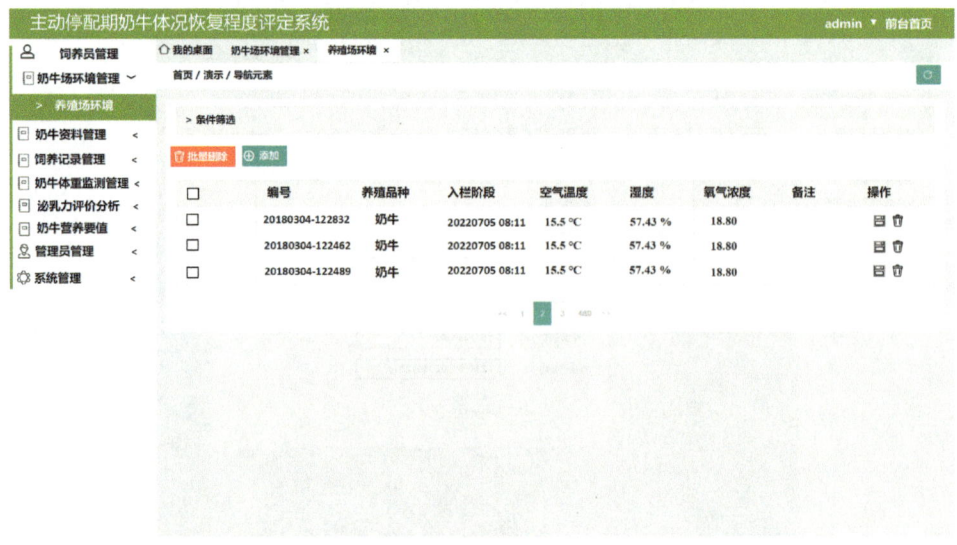

图2-73 主动停配期奶牛体况恢复程度评定系统养殖场环境页面

点击养殖场环境页面操作列表中的"删除"按钮，就会弹框显示是否确认删除相关数据（图2-74）。点击"确定"按钮即可删除对应的信息，并会给出提示已删除成功。

图2-74　主动停配期奶牛体况恢复程度评定系统养殖场环境删除页面

## 2.5.4　奶牛资料管理

### 2.5.4.1　奶牛资料

点击首页左侧菜单栏中"奶牛资料管理"下的"奶牛资料"，进入奶牛资料页面（图2-75）。该页面主要展示了ID、分类、品种、性别、牧舍编号、所在牧舍和状态等信息，并可对这些奶牛资料信息进行"修改"或"删除"操作。

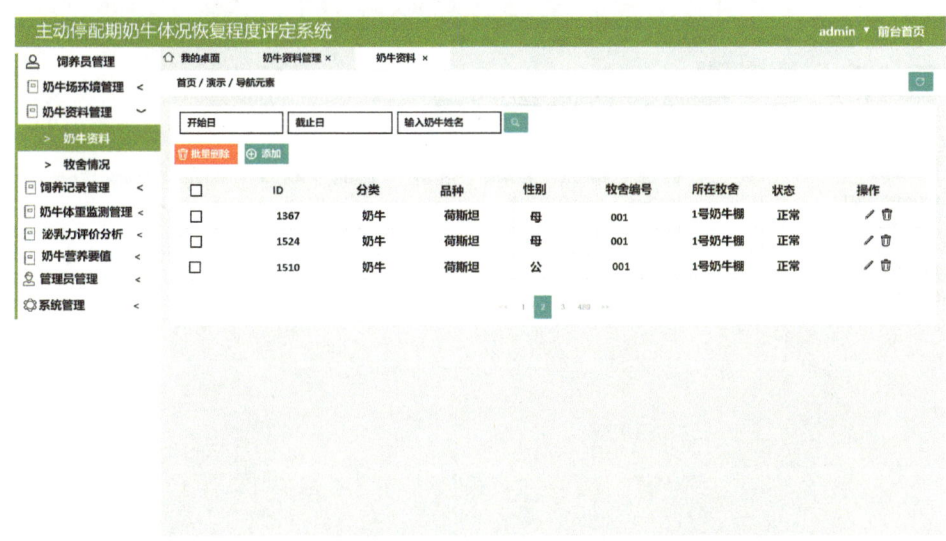

图2-75　主动停配期奶牛体况恢复程度评定系统奶牛资料页面

点击奶牛资料页面操作列表中的"删除"按钮,就会弹框显示是否确认删除奶牛资料信息(图2-76)。点击"确定"按钮则完成该数据的删除,并提示删除成功。

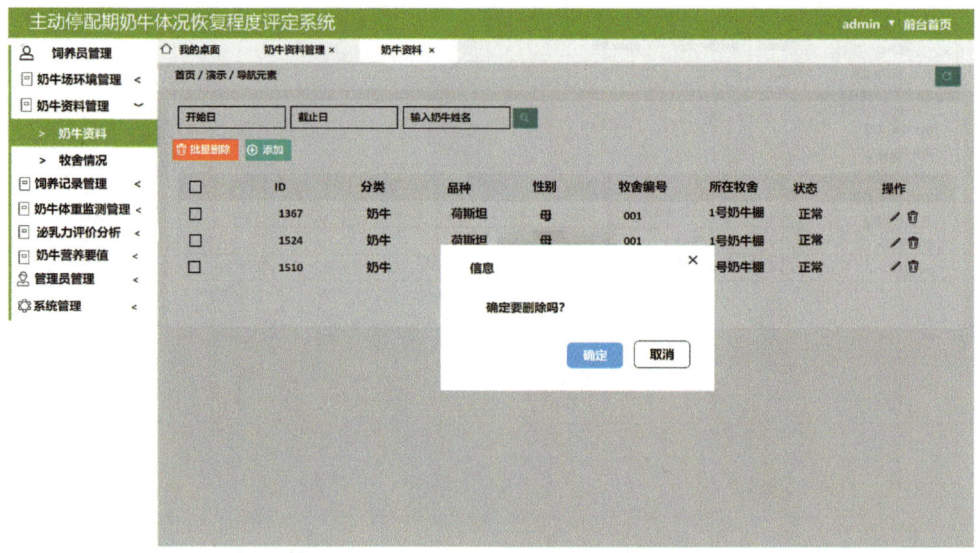

图2-76　主动停配期奶牛体况恢复程度评定系统奶牛资料删除页面

### 2.5.4.2　牧舍情况

点击首页左侧菜单栏中"奶牛资料管理"下的"牧舍情况",进入牧舍情况页面(图2-77)。该页面主要展示了ID、牧舍名称、牧舍分类、舍存数量、已存数量、未存数量、转入数量、转出数量、离场数量等牧舍情况信息,还可对这些信息进行"添加""修改"或"删除"操作。

图2-77　主动停配期奶牛体况恢复程度评定系统牧舍情况页面

## 2.5.5 饲养记录管理

点击首页左侧菜单栏中的"饲养记录管理",进入饲养记录页面(图2-78)。该页面展示了ID、养殖品种、饲喂饲料、重量、饲喂时间、状态等饲养记录详细信息,并可对这些信息进行"修改"或"删除"操作。

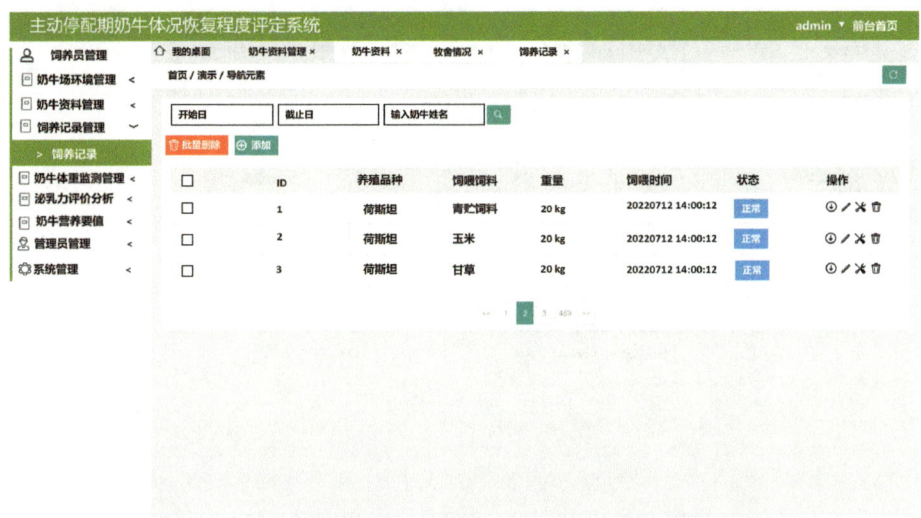

图2-78　主动停配期奶牛体况恢复程度评定系统饲养记录页面

## 2.5.6 奶牛体重监测管理

点击首页左侧菜单栏中的"奶牛体重监测管理"下的"奶牛体重监测记录",进入奶牛体重监测记录页面(图2-79)。该页面主要展示了ID、项目、体高、体长、胸围、管围等奶牛体重监测记录详细信息,还可对这些信息进行"修改"或"删除"操作。

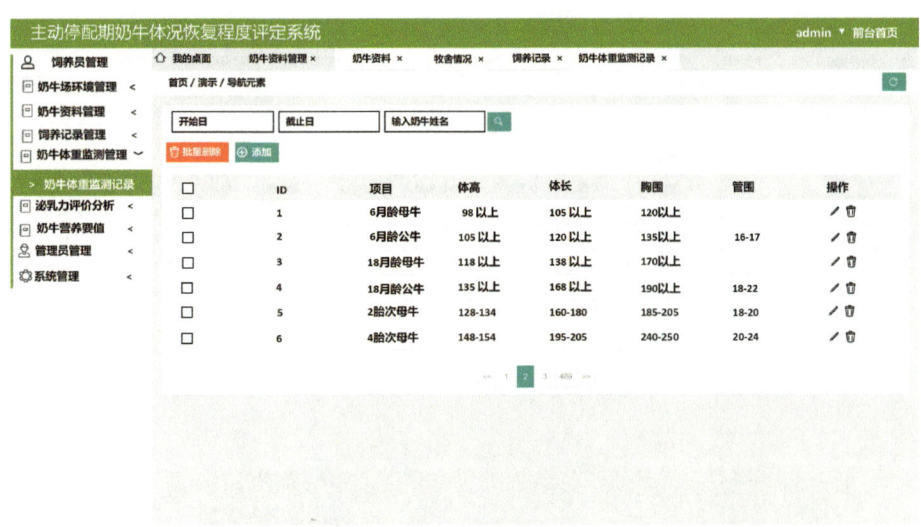

图2-79　主动停配期奶牛体况恢复程度评定系统奶牛体重监测记录页面

### 2.5.7 泌乳力评价分析

点击首页左侧菜单栏中的"泌乳力评价分析",进入泌乳力评价分析页面(图2-80)。该页面主要展示了组分、初乳、过渡乳等泌乳力评价的详细信息,并可对这些信息进行"添加"或"删除"操作。

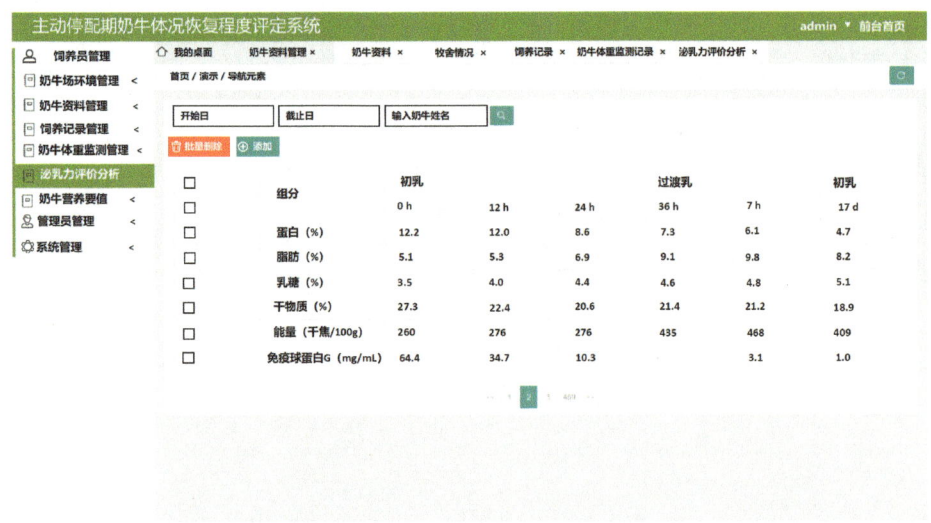

图2-80　主动停配期奶牛体况恢复程度评定系统泌乳力评价分析页面

### 2.5.8 奶牛营养要值

点击首页左侧菜单栏中的"奶牛营养要值",进入奶牛营养要值页面(图2-81)。该页面主要展示了阶段、月龄、达到体重、净能、干物质、粗蛋白质、钙、磷等奶牛营养要值详细信息,并可对这些信息进行"添加"或"删除"操作。

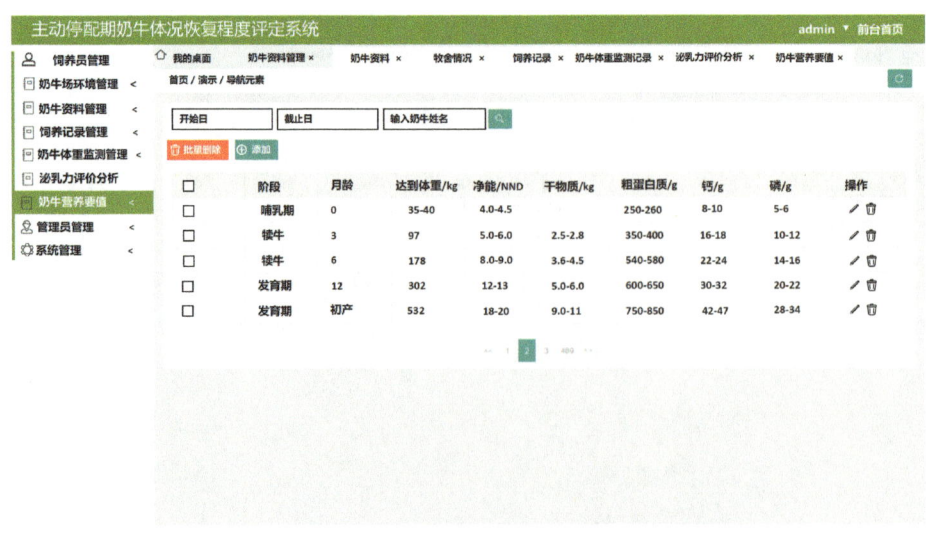

图2-81　主动停配期奶牛体况恢复程度评定系统奶牛营养要值页面

点击奶牛营养要值页面操作列表的"删除"按钮，就会弹框显示是否确认删除奶牛营养要值（图2-82），点击"确定"按钮即可删除对应的信息，并会提示已删除成功。

图2-82　主动停配期奶牛体况恢复程度评定系统奶牛营养要值删除页面

## 2.5.9　管理员管理

### 2.5.9.1　管理员列表

点击首页左侧菜单栏中"管理员管理"下的"管理员列表"，进入管理员列表页面（图2-83）。该页面展示了阶段、登录名、手机、邮箱、角色、加入时间、状态等管理员信息，还可对这些信息进行"添加""修改"或"删除"等操作。

图2-83　主动停配期奶牛体况恢复程度评定系统管理员列表页面

#### 2.5.9.1.1 添加

点击管理员列表页面中的"添加"按钮，会弹出一个添加管理员页面（图2-84）。详细填写登录名、手机、邮箱、角色、密码、确认密码等信息后，点击"增加"按钮，即可完成管理员添加并提示添加成功，返回上一级页面。点击"关闭"按钮则取消本次添加，返回上一级页面。

图2-84　主动停配期奶牛体况恢复程度评定系统添加管理员页面

#### 2.5.9.1.2 修改

点击管理员列表页面操作列表的"修改"按钮，系统会自动弹出一个管理员修改页面（图2-85）。分别填写登录名、手机、邮箱、角色、密码、确认密码等信息后，点击"修改"按钮即可完成对管理员信息的修改，并提示修改成功。

图2-85　主动停配期奶牛体况恢复程度评定系统管理员修改页面

### 2.5.9.1.3 停用

点击管理员列表页面操作列表的"已启用"按钮,就会弹框显示是否确认停用的信息(图2-86)。点击"确定"按钮即可完成停用操作,并提示已停用信息。

图2-86 主动停配期奶牛体况恢复程度评定系统管理员停用页面

### 2.5.9.1.4 删除

点击管理员列表页面操作列表的"删除"按钮,就会弹框确认是否删除管理员信息(图2-87)。点击"确定"按钮即可删除对应的信息,并会给出提示已删除成功。

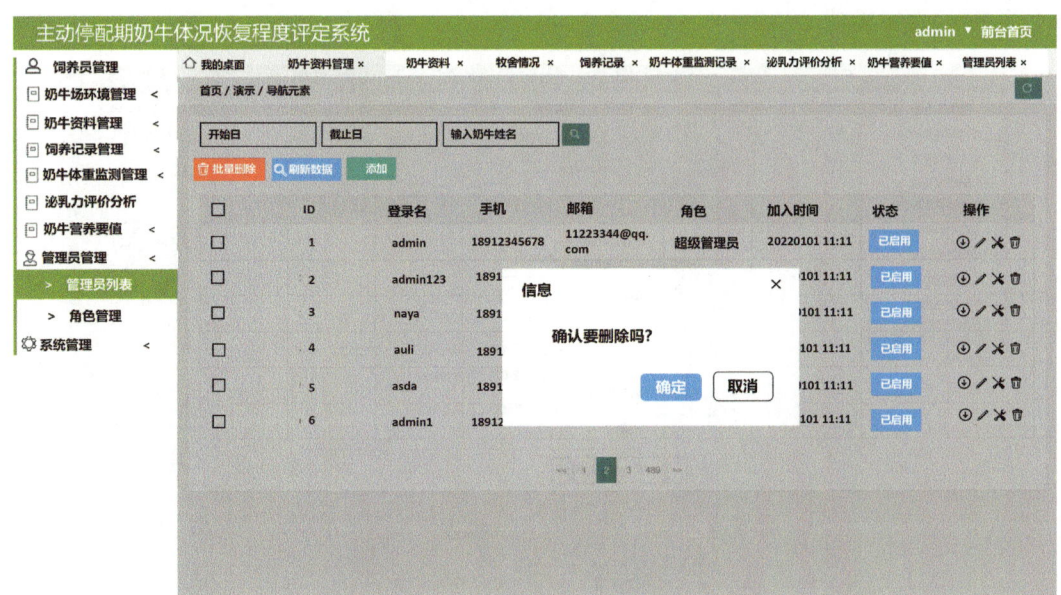

图2-87 主动停配期奶牛体况恢复程度评定系统管理员删除页面

### 2.5.9.2 角色管理

点击首页左侧菜单栏中"管理员管理"下的"角色管理",进入角色管理页面(图2-88)。该页面显示了ID、角色名、拥有权限规则、描述及状态等信息,还可对角色信息进行"添加"和"删除"等操作。

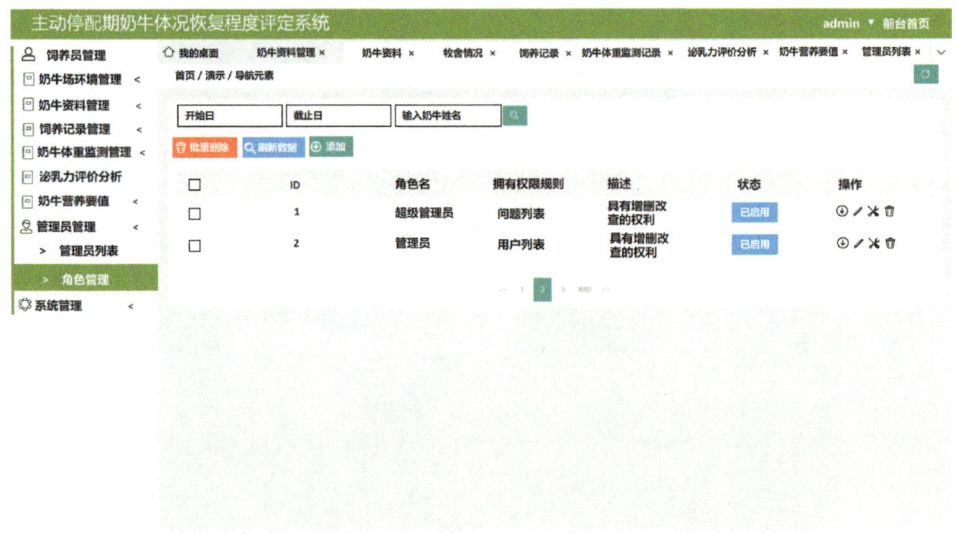

图2-88 主动停配期奶牛体况恢复程度评定系统角色管理页面

#### 2.5.9.2.1 添加

点击角色管理页面中的"添加"按钮,会直接弹出一个添加角色页面(图2-89),分别填写角色名、拥有权限、描述等信息后,点击"提交"按钮,则完成角色添加并提示添加成功。

图2-89 主动停配期奶牛体况恢复程度评定系统添加角色页面

## 2.5.9.2.2 删除

点击角色管理页面操作列表的"删除"按钮，就会弹框确认是否删除角色信息（图2-90）。点击"确定"按钮后会完成信息删除并提示删除成功。

图2-90 主动停配期奶牛体况恢复程度评定系统删除角色页面

## 2.5.10 系统管理

点击首页左侧菜单栏中"系统管理"下的"系统维护"，进入系统维护页面（图2-91）。该页面可对系统进行基本设置。

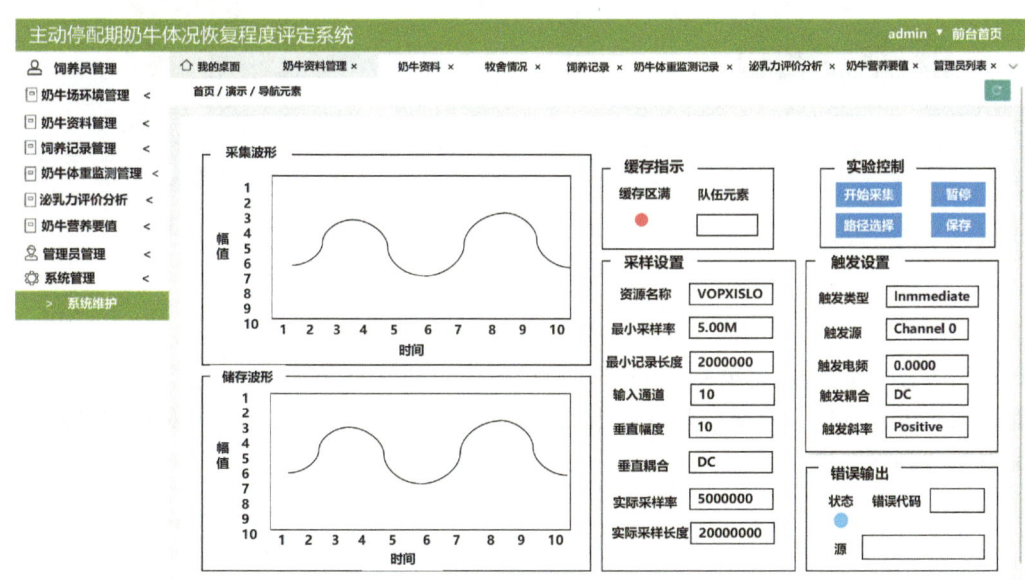

图2-91 主动停配期奶牛体况恢复程度评定系统系统维护页面

## 2.6 基于行为—生理—生产性能的奶牛冷应激程度评定系统

基于行为—生理—生产性能的奶牛冷应激程度评定系统旨在保护奶牛的健康和福利，提高奶牛的生产性能，并优化农场的管理策略。该系统通过监测和记录奶牛饲养环境的温度、湿度、气流和灯光等指标，以便分析和评估环境对奶牛的影响。通过视频监控或其他传感器技术监测奶牛的行为，例如活动水平、进食量、饮水量和躯体姿势等，以便检测奶牛的异常行为。

本节主要介绍系统登录、环境监测、行为监测、生理监测、废弃物管理、饲料管理、系统退出等内容。

### 2.6.1 系统登录

该系统提供注册和登录的功能，以保证每个用户的使用安全性和收集管理所有用户的个人信息。系统登录页面如图2-92所示。输入正确的用户名、密码和校验码后，点击"登录"按钮，即可完成身份认证并进入系统。系统会验证用户账号是否存在以及密码是否正确，若正确则登录成功，否则弹出错误提示信息。

图2-92 基于行为—生理—生产性能的奶牛冷应激程度评定系统登录页面

### 2.6.2 环境监测

点击系统主页左侧菜单栏中的"环境监测"，进入环境监测页面（图2-93）。该页面显示温度、湿度、气流、灯光情况、监测时间和备注等信息，还可对这些信息进行"编辑""删除"操作。

第二章 奶牛日常行为体征管理

图2-93 基于行为—生理—生产性能的奶牛冷应激程度评定系统环境监测页面

## 2.6.2.1 新增环境监测数据

点击环境监测页面右上角的"新增"按钮，系统将自动弹出一个专门用于录入数据的交互页面（图2-94）。在该页面中，可输入温度、湿度、气流、灯光情况、监测时间和备注等环境监测数据。在确保数据准确性之后，点击"确定"按钮，系统将会完成数据的添加操作，并在相应的数据集合中进行存储和管理。

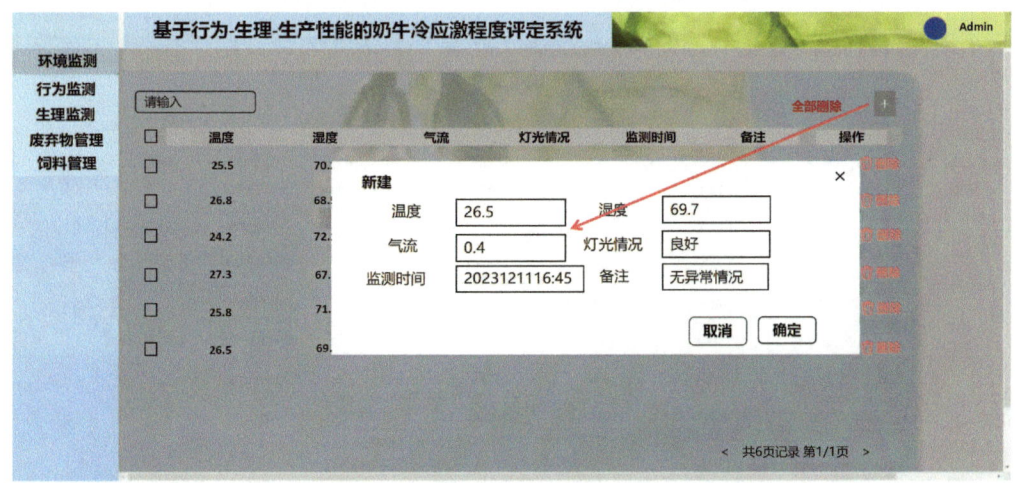

图2-94 基于行为—生理—生产性能的奶牛冷应激程度评定系统环境监测新增页面

## 2.6.2.2 修改环境监测数据

点击环境监测页面右侧操作列表的"编辑"按钮，系统会触发一个交互操作的弹窗页面（图2-95），呈现出待修改的数据，以供用户进行必要的更改。修改完成后，点击"确定"按钮，可将修改后的数据保存到系统中。

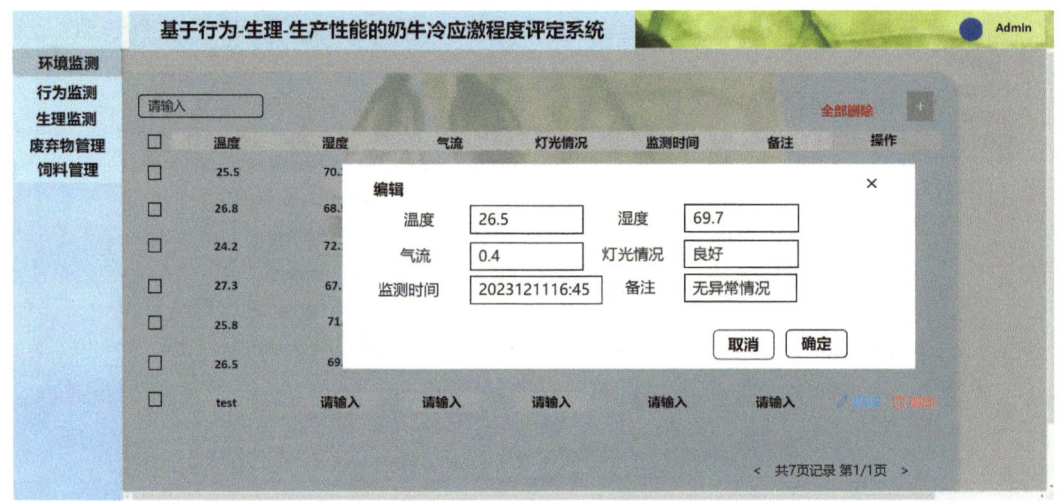

图2-95 基于行为—生理—生产性能的奶牛冷应激程度评定系统环境监测修改页面

### 2.6.2.3 删除环境监测数据

点击环境监测页面右侧操作列表的"删除"按钮，会触发系统自带的删除确认提示功能。该功能会在弹窗中显示待删除数据的详细信息，并要求用户再次确认是否要执行删除操作（图2-96）。在用户点击"确定"后，该行数据将会被永久删除，系统也会相应地更新数据集合和相关统计信息。

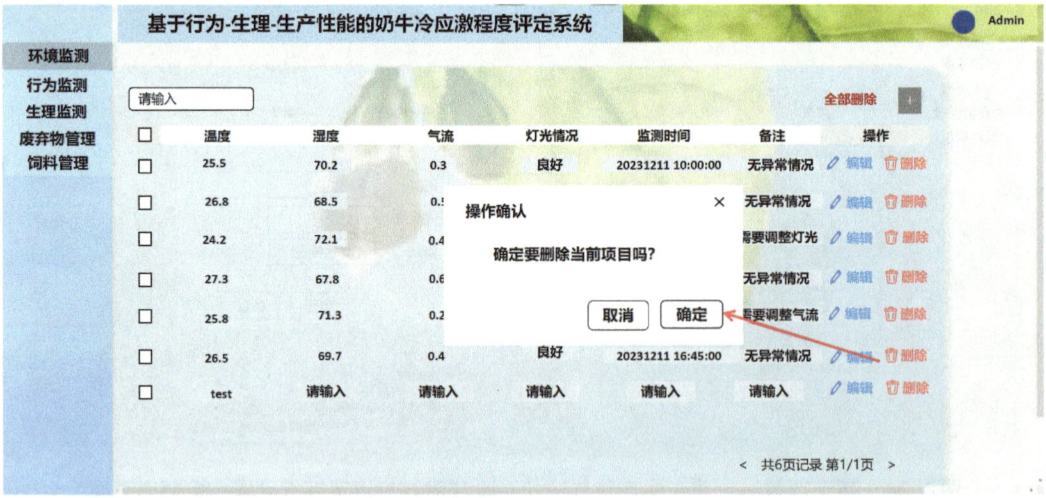

图2-96 基于行为—生理—生产性能的奶牛冷应激程度评定系统环境监测删除页面

### 2.6.3 行为监测

点击系统主页左侧菜单栏中的"行为监测"，进入行为监测页面（图2-97）。该页面显示通过视频监控或其他传感器技术监测到的奶牛行为信息，主要包括反刍时间、进食时间、躺卧时间、站立时间、行走时间、活动水平等，还可对每条数据进行"编辑""删除"操作。

图2-97 基于行为—生理—生产性能的奶牛冷应激程度评定系统行为监测页面

### 2.6.3.1 新增行为监测数据

点击行为监测页面右上角的"新增"按钮，系统将自动显示一个专门用于录入数据的交互页面（图2-98）。在该页面中，可输入各项需要记录的行为监测数据。在确保数据准确性之后，点击"确定"按钮，系统将会完成数据的添加操作，并在相应的数据集合中进行存储和管理。

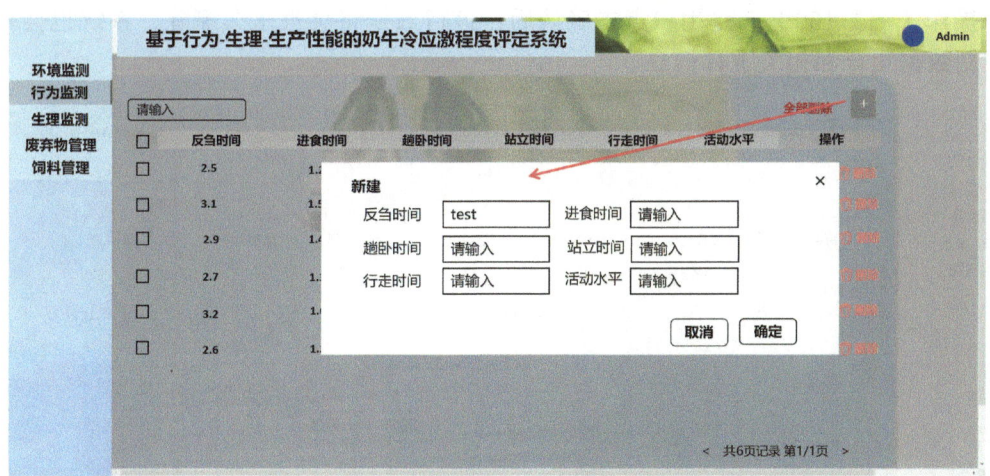

图2-98 基于行为—生理—生产性能的奶牛冷应激程度评定系统行为监测新增页面

### 2.6.3.2 修改行为监测数据

点击行为监测页面右侧操作列表的"编辑"按钮，系统会触发一个交互操作的弹窗页面（图2-99），显示出待修改的数据，以供用户进行必要的更改。弹窗配备了各种编辑工具和选项，使用户能够深入修改和定制数据。在完成修改后，点击"确定"按钮，可将修改后的数据保存到系统中，确保数据的准确性和完整性。

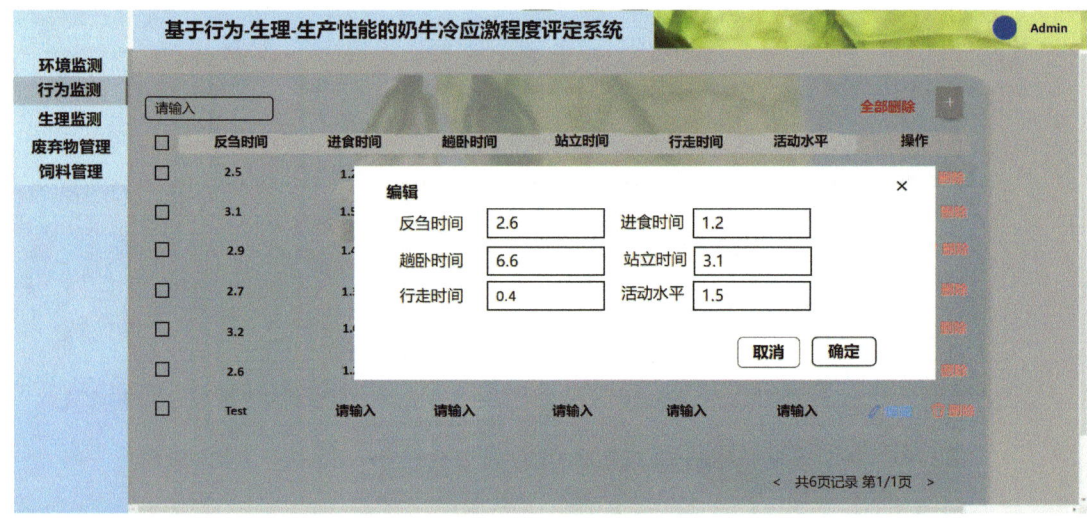

图2-99　基于行为—生理—生产性能的奶牛冷应激程度评定系统行为监测修改页面

### 2.6.3.3　删除行为监测数据

点击行为监测页面右侧操作列表的"删除"按钮，会触发系统内置的删除确认提示功能。该功能会在弹窗中显示待删除数据的详细信息，并要求用户再次确认是否要执行删除操作（图2-100）。在用户点击确认后，该行数据将会被永久删除，系统也会相应地更新数据集合和相关统计信息。

图2-100　基于行为—生理—生产性能的奶牛冷应激程度评定系统行为监测删除页面

## 2.6.4 生理监测

点击系统主页左侧菜单栏中的"生理监测",进入生理监测页面(图2-101)。该页面显示奶牛的生理信息,主要包括奶牛ID、体温、心率、呼吸频率、瘤胃蠕动次数、产奶量等,还可对这些信息进行"编辑""删除"操作。

图2-101 基于行为—生理—生产性能的奶牛冷应激程度评定系统生理监测页面

### 2.6.4.1 新增生理监测数据

点击生理监测页面右上角的"新增"按钮,系统将自动打开一个专门用于录入数据的交互页面(图2-102)。在该页面中,可输入各项需要记录的生理监测数据。在确保数据准确性之后,点击"确定"按钮,系统将会完成数据的添加操作,并在相应的数据集合中进行存储和管理。

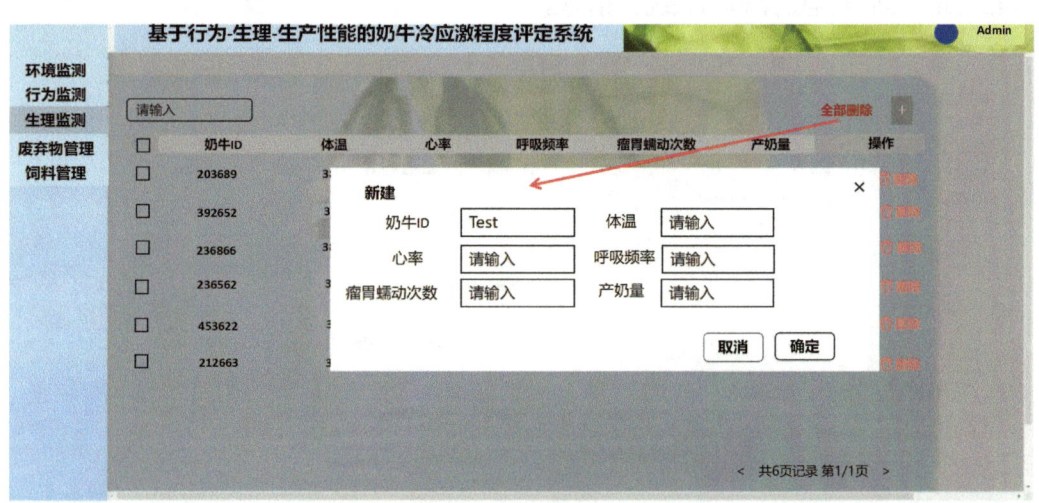

图2-102 基于行为—生理—生产性能的奶牛冷应激程度评定系统生理监测新增页面

### 2.6.4.2 修改生理监测数据

点击生理监测页面右侧操作列表的"编辑"按钮，系统会触发一个交互操作的弹窗页面（图2-103），显示出待修改的数据，以供用户进行必要的更改。弹窗配备了各种编辑工具和选项，使用户能够深入修改和定制数据。在完成修改后，点击"确定"按钮，可将修改后的数据保存到系统中，确保数据的准确性和完整性。

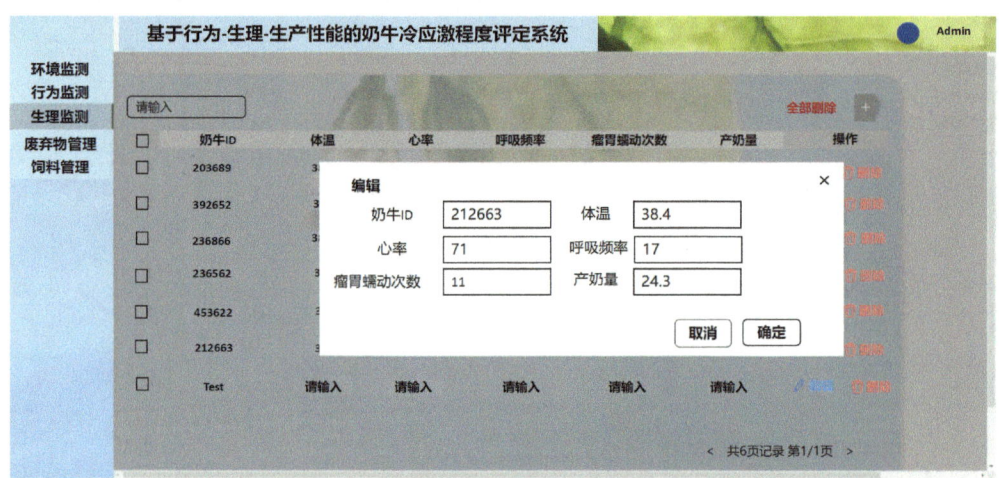

图2-103 基于行为—生理—生产性能的奶牛冷应激程度评定系统生理监测修改页面

### 2.6.4.3 删除生理监测数据

点击生理监测页面右侧操作列表的"删除"按钮，会触发系统自带的删除确认提示功能。该功能会在弹窗中显示待删除数据的详细信息，并要求用户再次确认是否要执行删除操作（图2-104）。在用户点击"确定"按钮后，该行数据将会被永久删除，系统也会相应地更新数据集合和相关统计信息。

图2-104 基于行为—生理—生产性能的奶牛冷应激程度评定系统生理监测删除页面

## 2.6.5 废弃物管理

点击系统主页左侧菜单栏中的"废弃物管理",进入废弃物管理页面(图2-105)。该页面记录牛场废弃物的信息,主要有事件时间、粪便重量、尿液体积、铺垫材料、粪便一致性、氮浓度等,还可对每条数据进行"编辑""删除"操作。

图2-105 基于行为—生理—生产性能的奶牛冷应激程度评定系统废弃物管理页面

### 2.6.5.1 新增废弃物数据

点击废弃物管理页面右上角的"新增"按钮,系统将自动弹出一个专门用于录入数据的交互页面(图2-106)。在该页面中,可逐项输入需要记录的废弃物数据。在确保数据准确性之后,点击"确定"按钮,系统将会完成数据的添加操作,并将其妥善存储在相应的数据集合中。

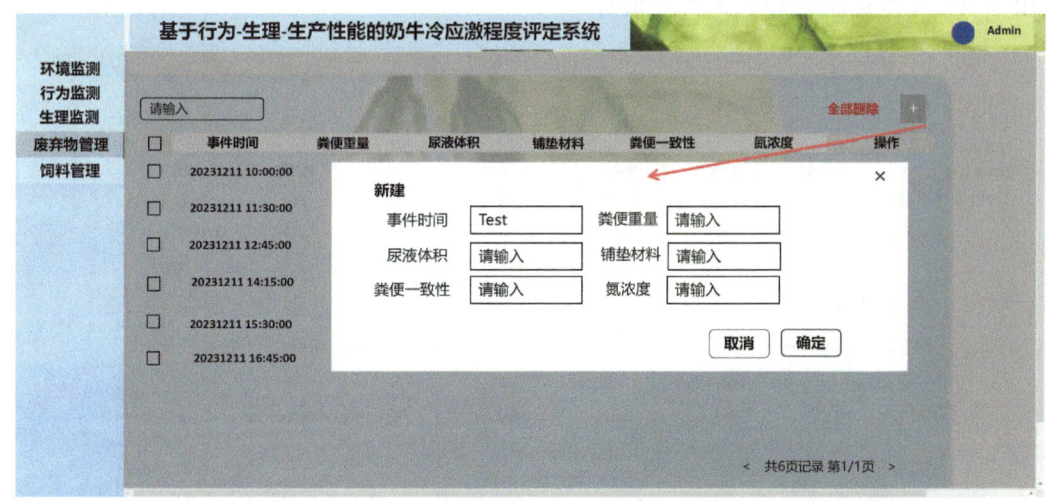

图2-106 基于行为—生理—生产性能的奶牛冷应激程度评定系统废弃物管理新增页面

### 2.6.5.2 修改废弃物数据

点击废弃物管理页面右侧操作列表的"编辑"按钮，系统会触发一个交互操作的弹窗页面（图2-107），显示出待修改的数据，以供用户进行必要的更改。弹窗配备了各种编辑工具和选项，使用户能够深入修改和定制数据。在完成修改后，点击"确定"按钮，可将修改后的数据保存到系统中。

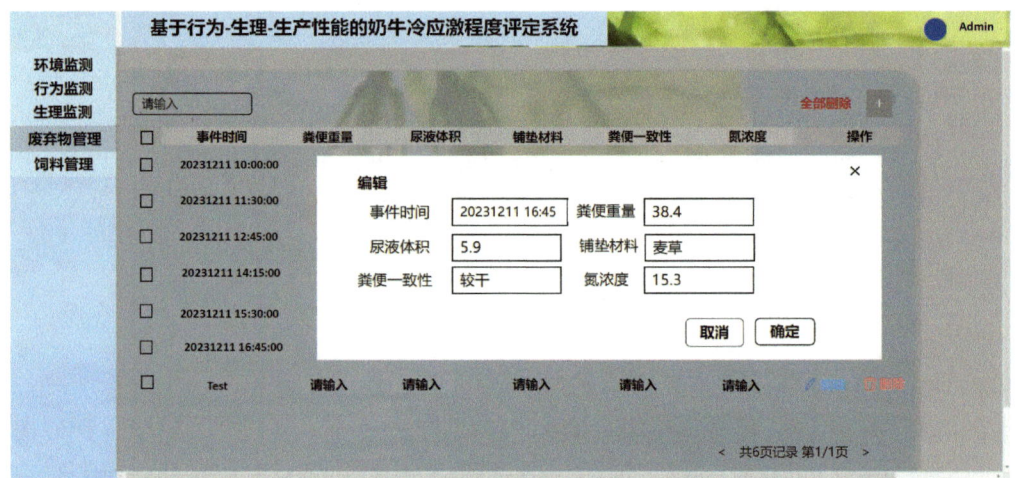

图2-107 基于行为—生理—生产性能的奶牛冷应激程度评定系统废弃物管理修改页面

### 2.6.5.3 删除废弃物数据

点击废弃物管理页面右侧操作列表的"删除"按钮，会启动系统内置的删除确认提示功能。该功能会在弹窗中显示待删除数据的详细信息，并要求用户再次确认是否要执行删除操作（图2-108）。在用户点击"确定"后，该行数据将会被永久删除，系统也会相应地更新数据集合和相关统计信息。

图2-108 基于行为—生理—生产性能的奶牛冷应激程度评定系统废弃物管理删除页面

## 2.6.6 饲料管理

点击系统主页左侧菜单栏中的"饲料管理",进入饲料管理页面(图2-109)。该页面记录了奶牛的饲喂量和饲喂时间,主要有喂食时间、饲料类型、饲料用量、饲料质量、喂食方法、喂食地点等,还可对每条数据进行"编辑""删除"操作。

图2-109 基于行为—生理—生产性能的奶牛冷应激程度评定系统饲料管理页面

### 2.6.6.1 新增饲料管理数据

点击饲料管理页面右上角的"新增"按钮,系统将自动弹出一个专门用于录入数据的交互页面(图2-110)。在该页面中,可输入各项需要记录的饲料管理数据。在确保数据准确性之后,点击"确定"按钮,系统将会完成数据的添加操作,并将在相应的数据集合中进行存储和管理。

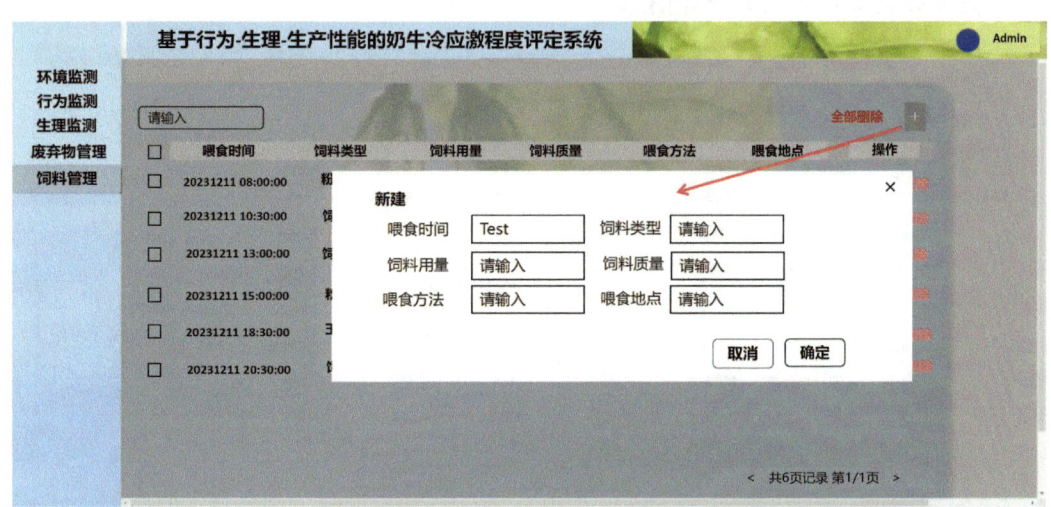

图2-110 基于行为—生理—生产性能的奶牛冷应激程度评定系统饲料管理新增页面

### 2.6.6.2 修改饲料管理数据

点击饲料管理页面右侧操作列表的"编辑"按钮，系统会触发一个交互操作的弹窗页面（图2-111），显示出待修改的数据，以供用户进行必要的更改。弹窗配备了各种编辑工具和选项，使用户能够深入修改和定制数据。在完成修改后，点击"确定"按钮，可将修改后的数据保存到系统中，确保数据的准确性和完整性。

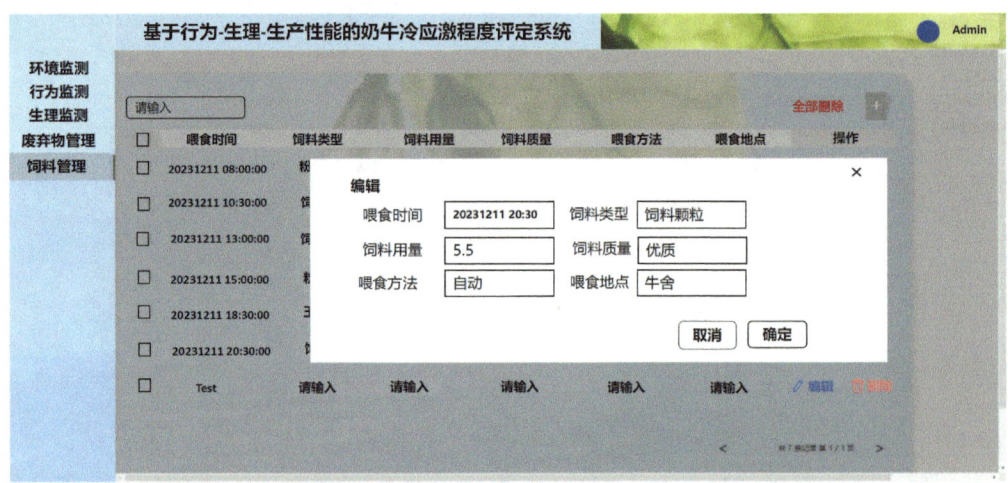

图2-111 基于行为—生理—生产性能的奶牛冷应激程度评定系统饲料管理修改页面

### 2.6.6.3 删除饲料管理数据

点击饲料管理页面右侧操作列表的"删除"按钮，会触发系统自带的删除确认提示功能。该功能会在弹窗中显示待删除数据的详细信息，并要求用户再次确认是否要执行删除操作（图2-112）。在用户点击"确认"后，该行数据将会被永久删除，系统也会相应地更新数据集合和相关统计信息。

图2-112 基于行为—生理—生产性能的奶牛冷应激程度评定系统饲料管理删除页面

## 2.6.7 系统退出

点击系统页面右上角系统头像，系统会响应并弹出退出系统的选项（图2-113）。点击"退出系统"后，会弹出确认退出当前账号的提示（图2-114），点击"确定"按钮执行退出系统的操作。

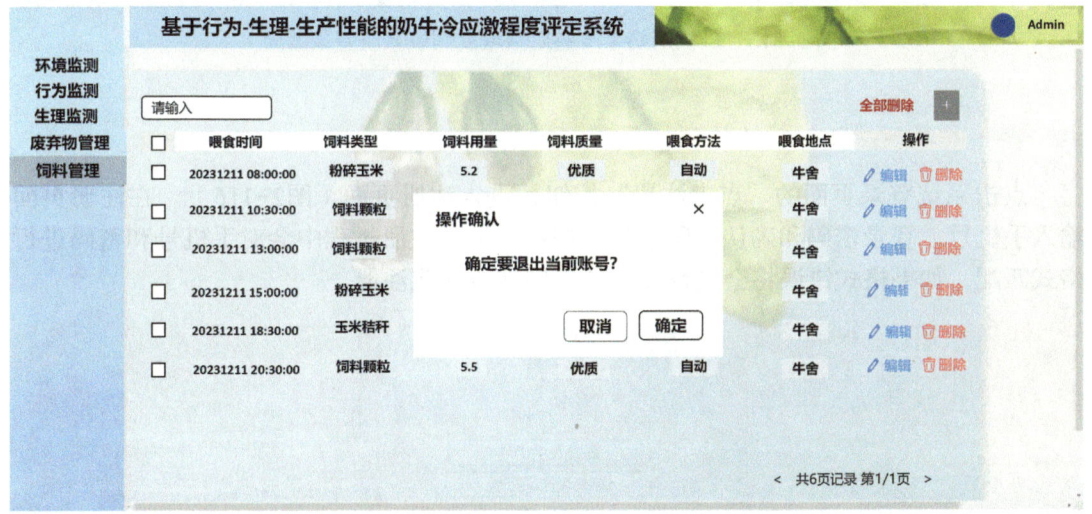

图2-113 基于行为—生理—生产性能的奶牛冷应激程度评定系统系统退出选项页面

图2-114 基于行为—生理—生产性能的奶牛冷应激程度评定系统系统退出提示页面

## 2.7 泌乳期奶牛冷热应激程度判识系统

泌乳期奶牛冷热应激程度判识系统旨在实现对于奶牛处于冷热应激状态下的监测，

通过监测数据反馈，为奶牛场提供科学化管理，提高奶牛的生产性能和生产效益。本节主要介绍系统登录与注册、体温监测、产奶量监测、饲料配给、健康监测、环境保持等内容。

### 2.7.1 系统登录与注册

#### 2.7.1.1 系统登录

打开登录页面之后，在页面输入用户名和密码信息，进行登录（图2-115）。登录过程中会对用户名和密码进行格式匹配，如果格式错误将会进行提示，正确即可完成登录。

图2-115 泌乳期奶牛冷热应激程度判识系统登录页面

#### 2.7.1.2 系统注册

点击系统登录页面的"点击注册"按钮，进入注册页面（图2-116）。在注册页面输入手机号、登录密码和确认密码信息，进行注册。注册过程中会对手机号和密码进行格式匹配，如果格式错误将会进行提示，正确即可完成注册。

图2-116 泌乳期奶牛冷热应激程度判识系统注册页面

## 2.7.2 体温监测

进入系统后,点击系统主页左侧菜单栏中的"体温监测",进入体温监测页面(图2-117)。该页面显示体温监测信息,主要包括日期、奶牛编号、体温、入场温度、测量地点、操作人员等,还可对每条体温数据进行"删除""编辑"操作。

图2-117 泌乳期奶牛冷热应激程度判识系统体温监测页面

### 2.7.2.1 添加体温监测信息

点击体温监测页面右侧的"添加"符号,系统会从右侧弹出新建信息框(图2-118)。在该信息框中输入日期、奶牛编号、体重、入场温度、测量地点、操作人员等信息,点击"确定"按钮之后,数据将会保存到数据库中,然后自动展示到体温监测页面中(图2-119)。

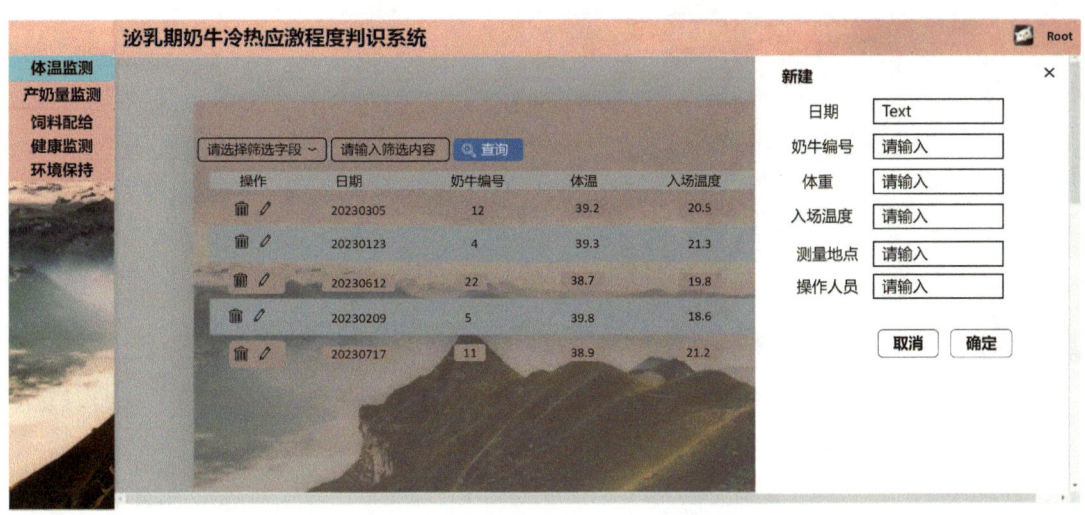

图2-118 泌乳期奶牛冷热应激程度判识系统体温监测添加页面

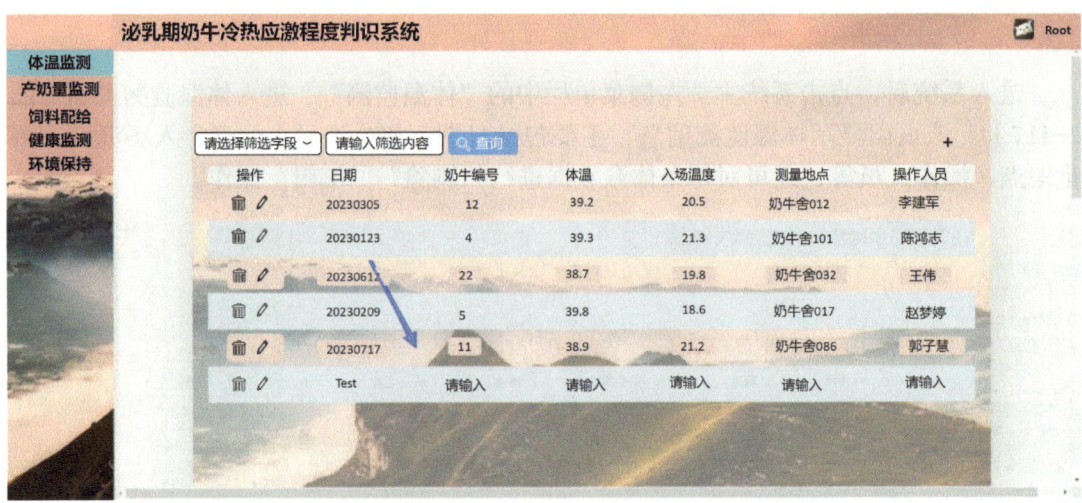

图2-119　泌乳期奶牛冷热应激程度判识系统体温监测添加成功页面

### 2.7.2.2　修改体温监测信息

点击体温监测页面操作列表的"编辑"按钮，系统会从右侧弹出修改信息框（图2-120）。在修改信息框会展示相对应的数据，用户可修改目标数据。修改完成点击"确定"按钮，数据库对应的数据将会被修改，随之体温监测页面对应的数据也会进行修改（图2-121）。

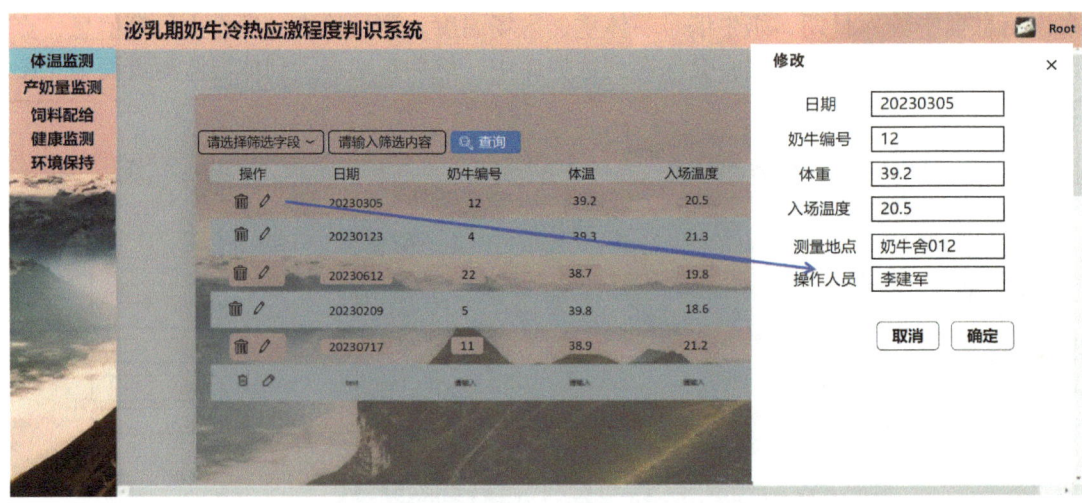

图2-120　泌乳期奶牛冷热应激程度判识系统体温监测修改页面

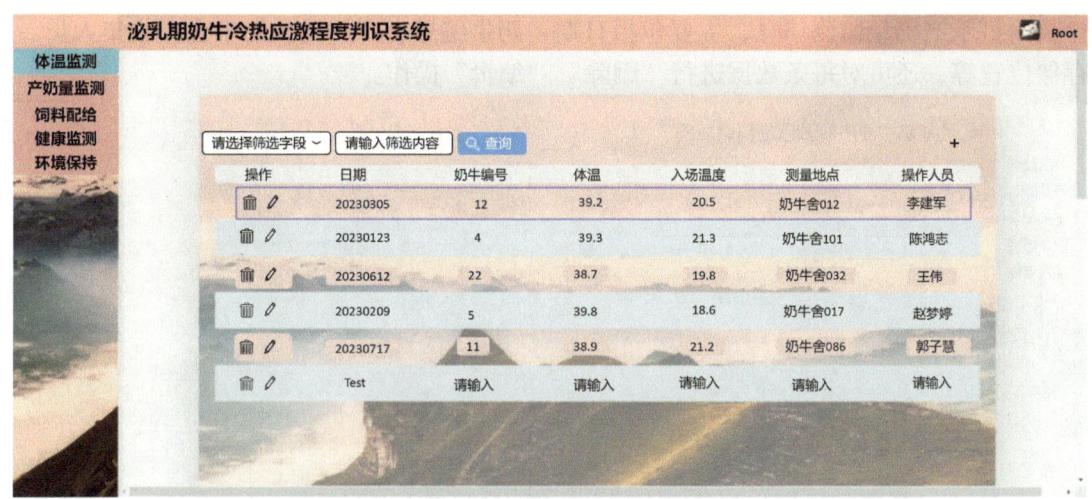

图2-121　泌乳期奶牛冷热应激程度判识系统体温监测修改成功页面

### 2.7.2.3　删除体温监测信息

点击体温监测页面操作列表的"删除"按钮，系统会从页面上方弹出确认删除框（图2-122）。点击"确定"按钮之后，数据库将会删除对应的数据，随之体温监测页面相应的数据也会被删除。

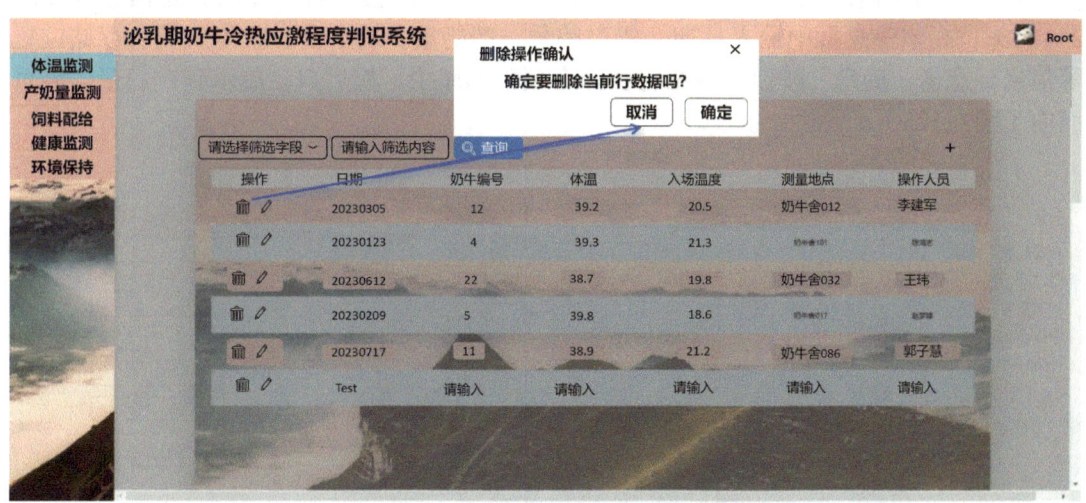

图2-122　泌乳期奶牛冷热应激程度判识系统体温监测删除页面

### 2.7.3　产奶量监测

点击系统主页左侧菜单栏中的"产奶量监测"，进入产奶量监测页面（图2-123）。

该页面显示产奶量监测信息，主要包括日期、奶牛编号、产奶量、奶牛舍、收集人员、存储位置等，还可对每条数据进行"删除""编辑"操作。

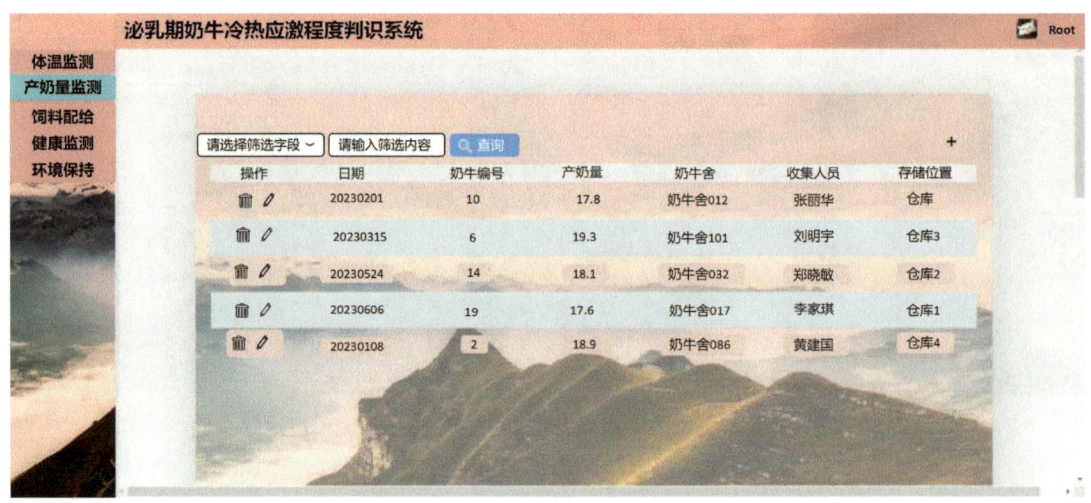

图2-123　泌乳期奶牛冷热应激程度判识系统产奶量监测页面

### 2.7.3.1　添加产奶量信息

点击产奶量监测页面右上方的"添加"符号，系统会从右侧弹出新建信息框（图2-124）。在该信息框中输入日期、奶牛编号、产奶量、奶牛舍、收集人员、存储位置等信息，点击"确定"按钮，数据将会保存到数据库中，然后自动展示到产奶量监测页面中（图2-125）。

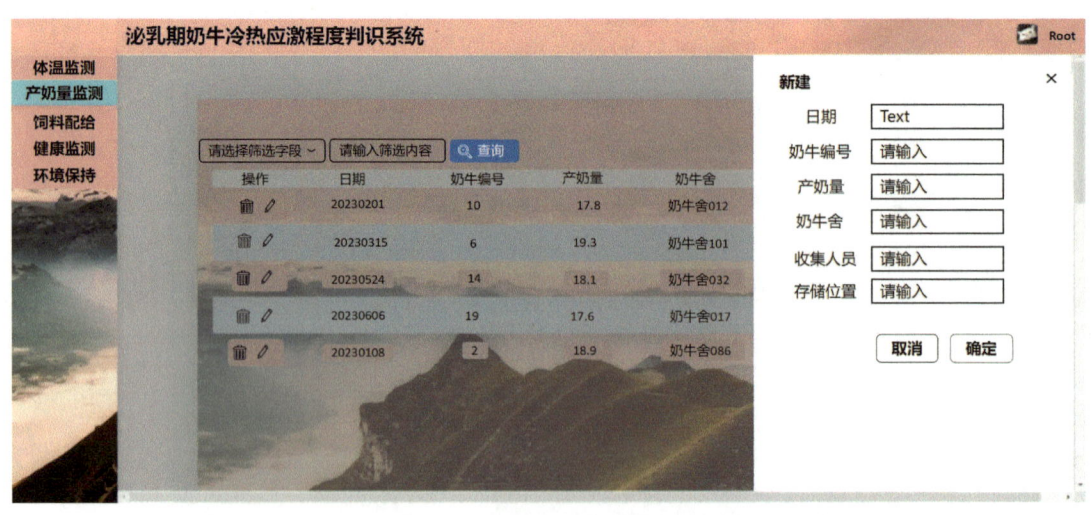

图2-124　泌乳期奶牛冷热应激程度判识系统产奶量监测添加页面

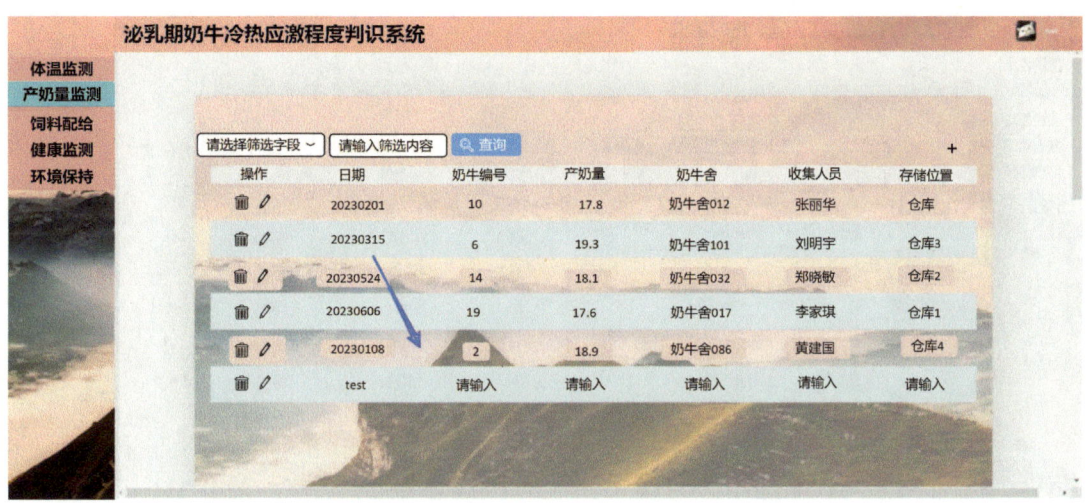

图2-125　泌乳期奶牛冷热应激程度判识系统产奶量监测添加成功页面

## 2.7.3.2　修改产奶量信息

点击产奶量监测页面操作列表的"编辑"按钮,系统会从右侧弹出修改信息框(图2-126)。在修改信息框会展示相对应的数据,然后可修改目标数据。修改完成点击"确定"按钮之后,数据库对应的数据将会被修改,随之产奶量监测页面对应的数据也会进行修改(图2-127)。

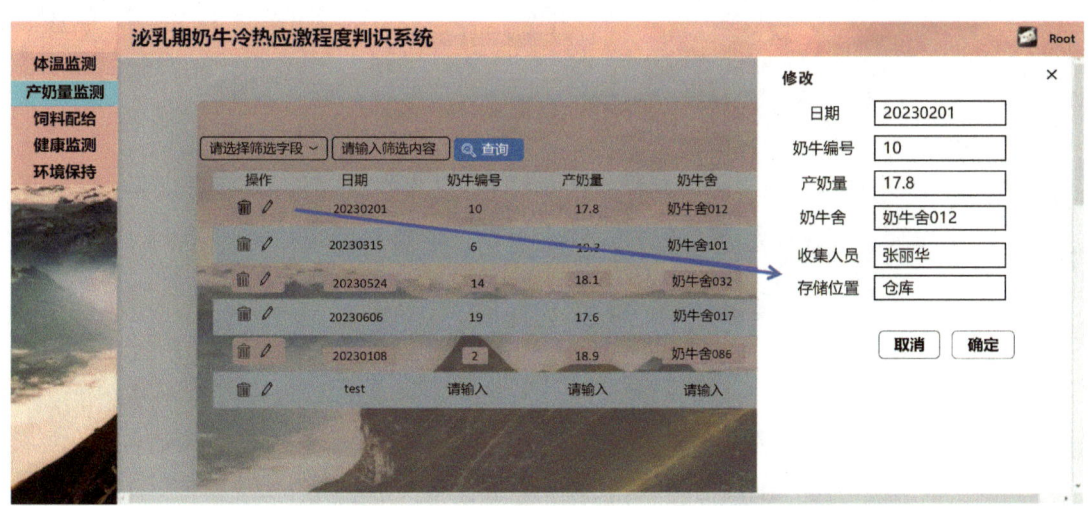

图2-126　泌乳期奶牛冷热应激程度判识系统产奶量监测修改页面

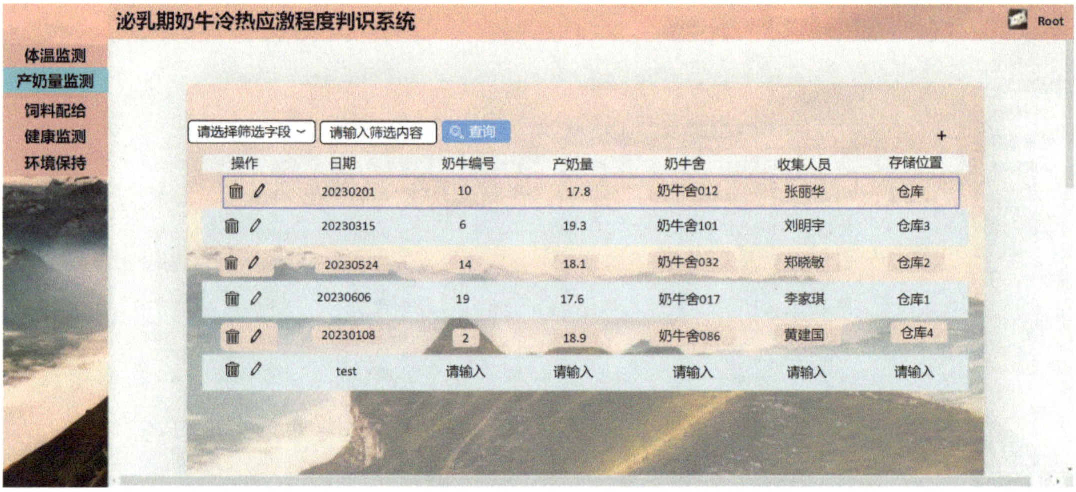

图2-127　泌乳期奶牛冷热应激程度判识系统产奶量监测修改成功页面

### 2.7.3.3　删除产奶量监测信息

点击产奶量监测页面操作列表的"删除"按钮，系统会从页面上方弹出确认删除框（图2-128）。点击"确定"按钮之后，数据库将会删除对应的数据，随之产奶量监测页面相应的数据也会被删除。

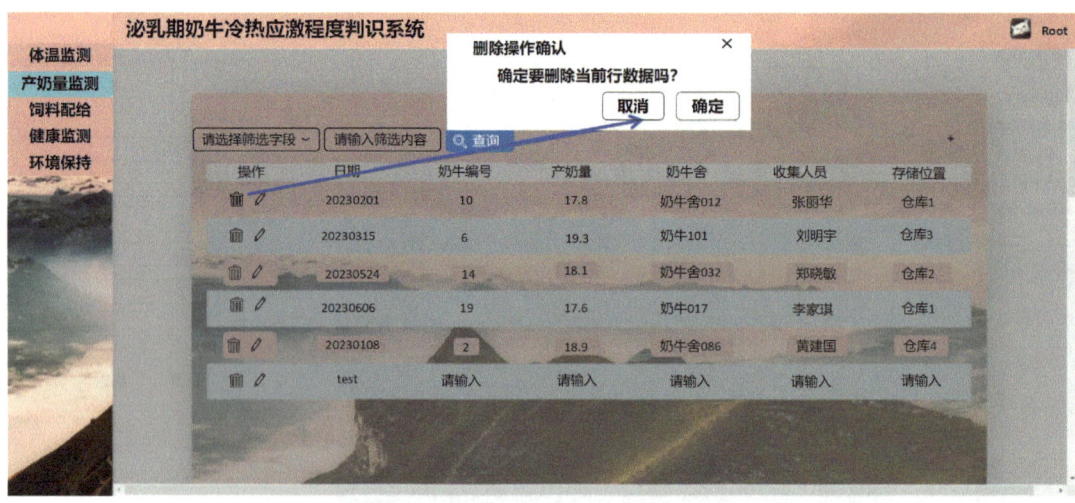

图2-128　泌乳期奶牛冷热应激程度判识系统产奶量监测删除页面

### 2.7.4　饲料配给

点击系统主页左侧菜单栏中的"饲料配给"，进入饲料配给页面（图2-129）。该页面显示饲料配给信息，主要包括日期、奶牛编号、饲料种类、饲料来源、配料员、配料原则等，还可对每条数据进行"删除""编辑"操作。

图2-129　泌乳期奶牛冷热应激程度判识系统饲料配给页面

### 2.7.4.1　添加饲料配给信息

点击饲料配给页面右上方的"添加"符号，系统会从右侧弹出新建信息框（图2-130）。在该信息框中输入日期、奶牛编号、饲料种类、饲料来源、配料员、配料原则等信息，点击"确定"按钮之后，数据将会保存到数据库中，然后自动展示到饲料配给页面中（图2-131）。

图2-130　泌乳期奶牛冷热应激程度判识系统饲料配给添加页面

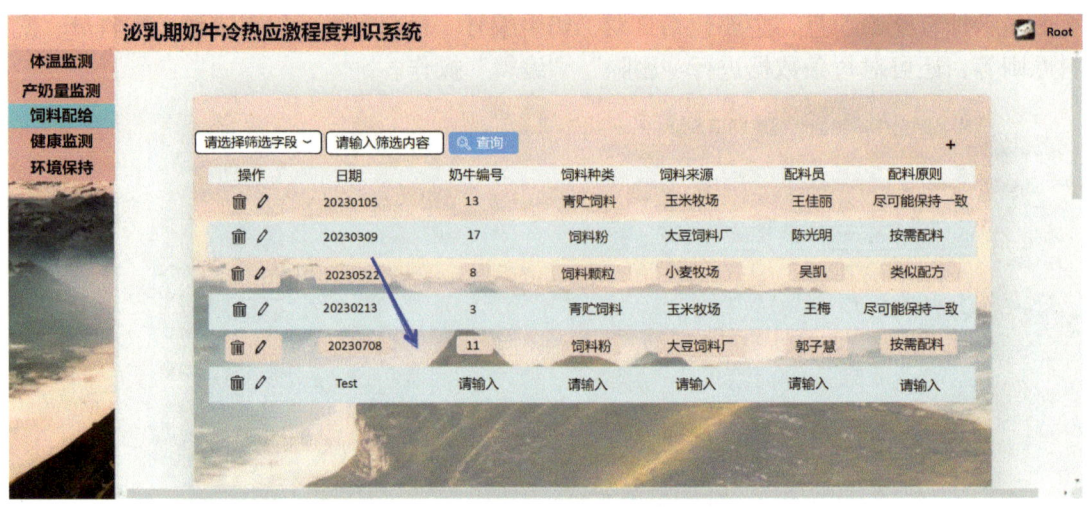

图2-131 泌乳期奶牛冷热应激程度判识系统饲料配给添加成功页面

### 2.7.4.2 修改饲料配给信息

点击饲料配给页面操作列表中的"编辑"按钮,系统会从右侧弹出修改信息框(图2-132)。在修改信息框会展示相对应的数据,然后可修改目标数据。修改完成点击"确定"按钮之后,数据库对应的数据将会修改,随之饲料配给页面对应的数据也会进行修改(图2-133)。

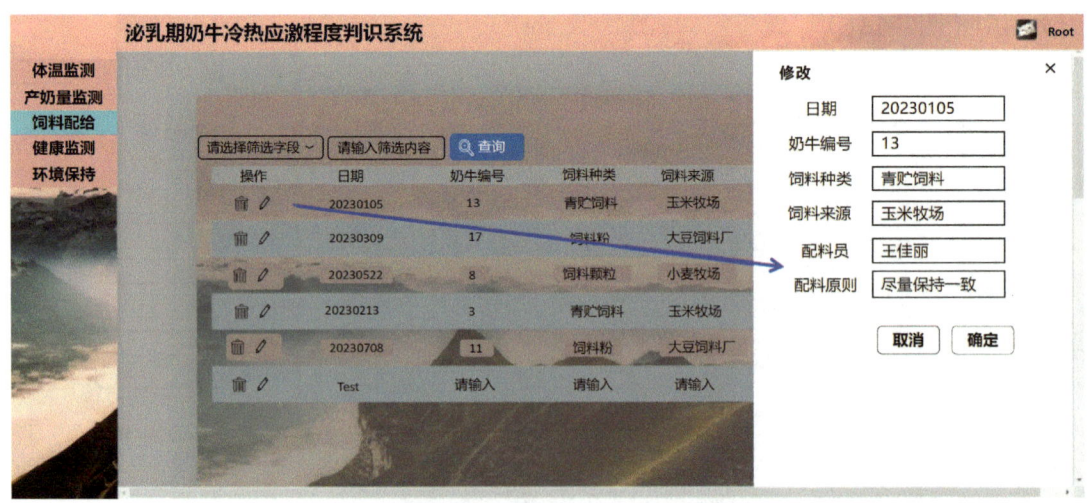

图2-132 泌乳期奶牛冷热应激程度判识系统饲料配给修改页面

图2-133 泌乳期奶牛冷热应激程度判识系统饲料配给修改成功页面

### 2.7.4.3 删除饲料配给信息

点击饲料配给页面操作列表中的"删除"按钮，系统会从页面上方弹出确认删除框（图2-134）。点击"确定"按钮之后，数据库将会删除对应的数据，随之饲料配给表页面相应的数据也会被删除。

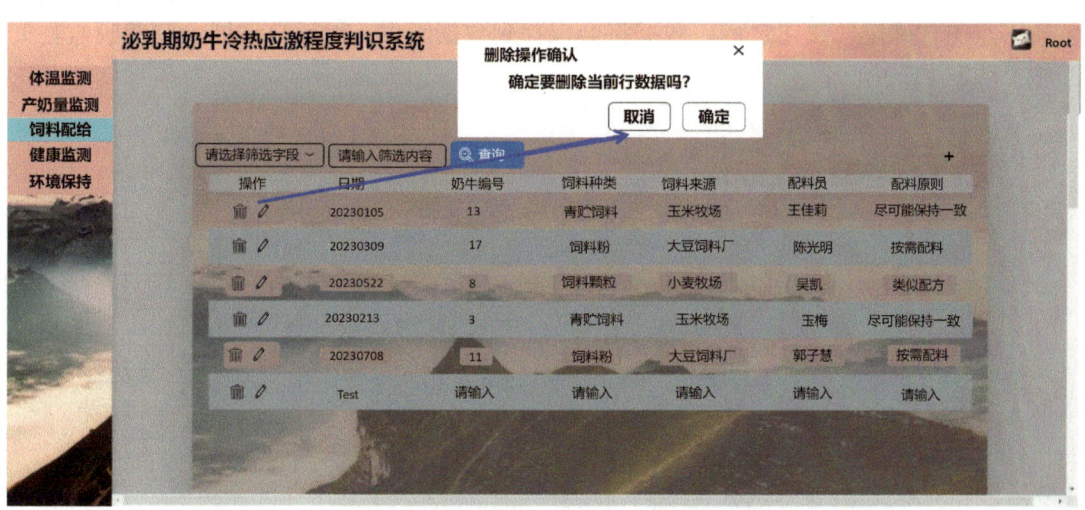

图2-134 泌乳期奶牛冷热应激程度判识系统饲料配给删除页面

### 2.7.5 健康监测

点击系统主页左侧菜单栏中的"健康监测"，进入健康监测页面（图2-135）。该页面显示健康监测信息，主要包括日期、奶牛编号、监测指标、结果、负责人、监测地点等，还可对每条数据进行"删除""编辑"操作。

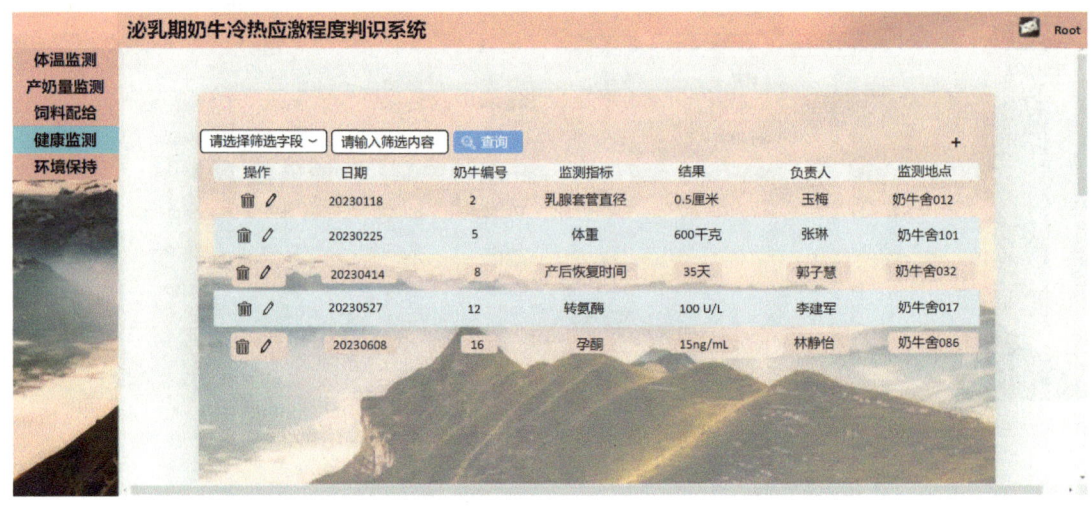

图2-135 泌乳期奶牛冷热应激程度判识系统健康监测页面

### 2.7.5.1 添加健康监测信息

点击健康监测页面右上方的"添加"符号，系统会从右侧弹出新建信息框（图2-136）。在该信息框中输入日期、奶牛编号、监测指标、结果、负责人、监测地点等信息。点击"确定"按钮之后，数据将会保存到数据库中，然后自动展示到健康监测页面中（图2-137）。

图2-136 泌乳期奶牛冷热应激程度判识系统健康监测添加页面

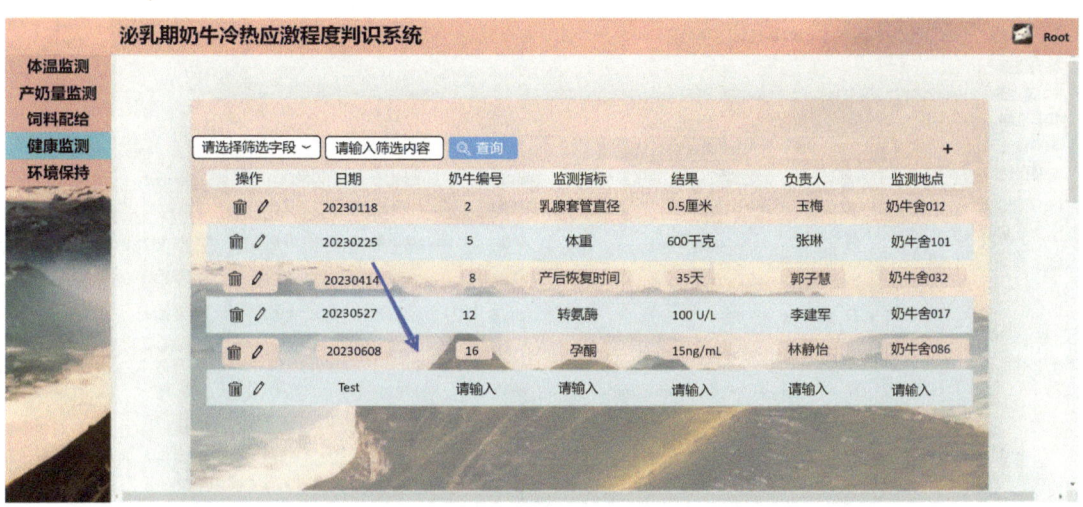

图2-137　泌乳期奶牛冷热应激程度判识系统健康监测添加成功页面

### 2.7.5.2　修改健康监测信息

点击健康监测页面操作列表中的"编辑"按钮，系统会从右侧弹出修改信息框（图2-138）。在修改信息框会展示相对应的数据，然后可修改目标数据。修改完成点击"确定"按钮之后，数据库对应的数据将会修改，随之健康监测页面对应的数据也会进行修改（图2-139）。

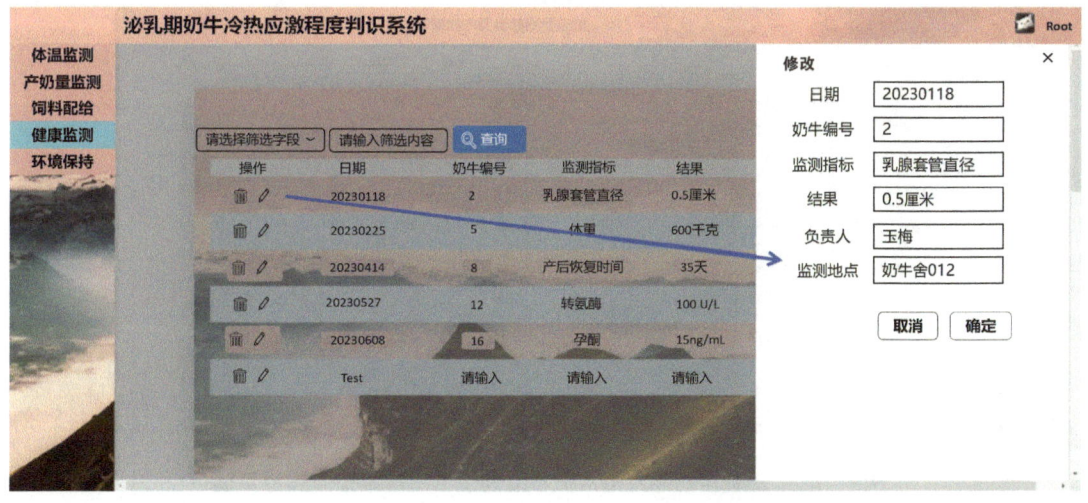

图2-138　泌乳期奶牛冷热应激程度判识系统健康监测修改页面

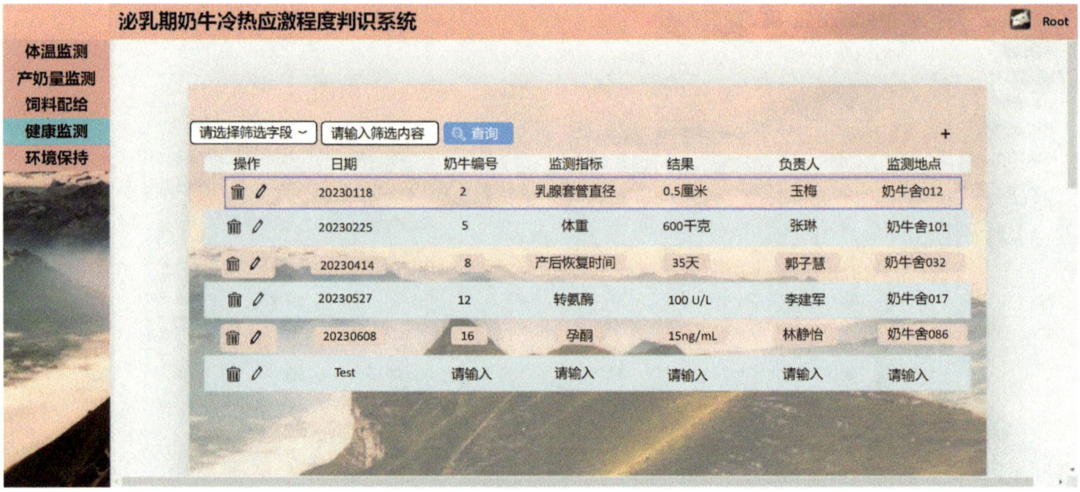

图2-139　泌乳期奶牛冷热应激程度判识系统健康监测修改成功页面

### 2.7.5.3　删除健康监测信息

点击健康监测页面操作列表中的"删除"按钮，系统会从页面上方弹出确认删除框（图2-140）。点击"确定"按钮之后，数据库将会删除对应的数据，随之健康监测页面相应的数据也会被删除。

图2-140　泌乳期奶牛冷热应激程度判识系统健康监测删除页面

## 2.7.6　环境保持

点击系统主页左侧菜单栏中的"环境保持"，进入环境保持页面（图2-141）。该页面显示环境保持信息，主要包括日期、温度、相对湿度、牛舍、清理人员、清理原因等，还可对每条数据进行"删除""编辑"操作。

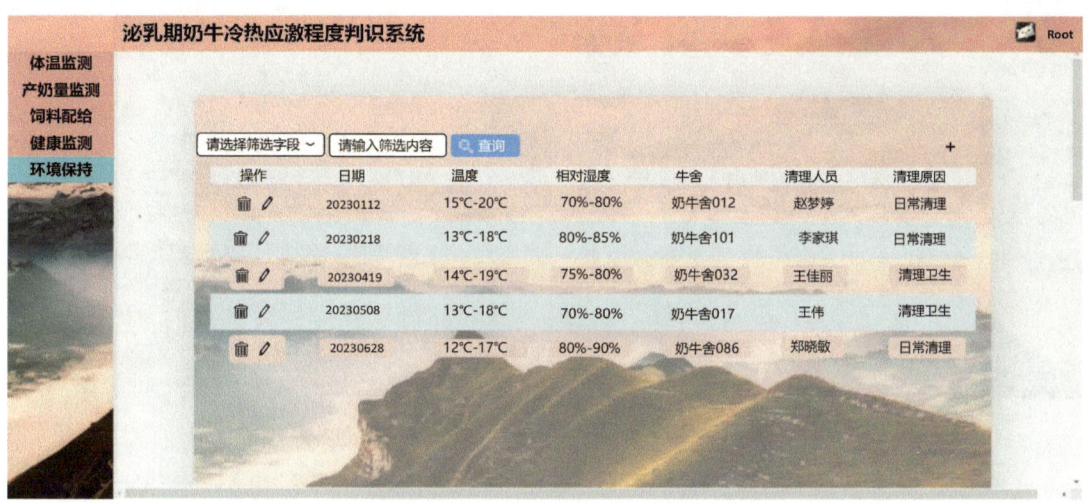

图2-141　泌乳期奶牛冷热应激程度判识系统环境保持页面

### 2.7.6.1　添加环境保持信息

点击环境保持页面右上方的"添加"符号，系统会从右侧弹出新建信息框（图2-142）。在该信息框中输入日期、温度、相对湿度、牛舍、清理人员、清理原因等信息，点击"确定"按钮之后，数据将会保存到数据库中，然后自动展示到环境保持页面中（图2-143）。

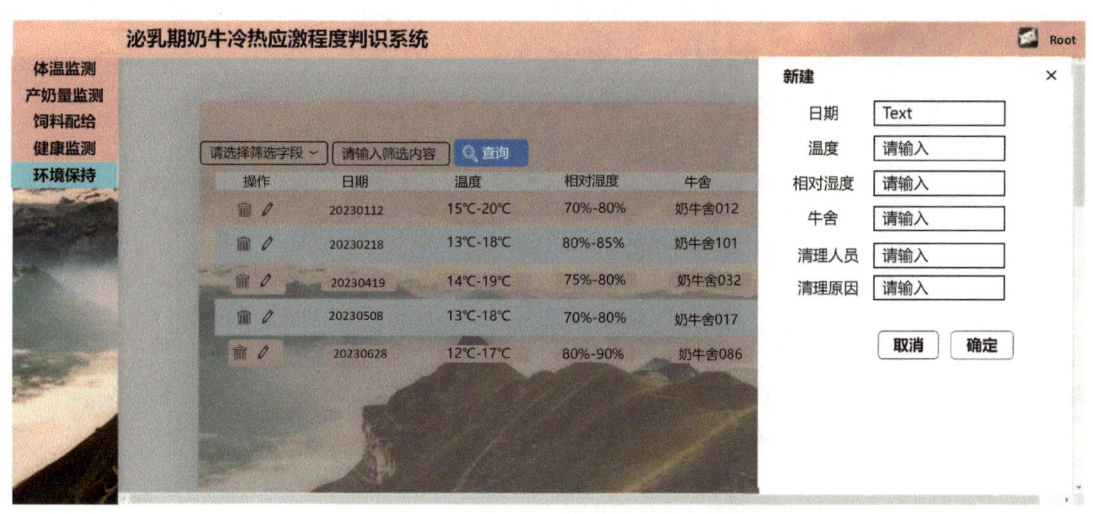

图2-142　泌乳期奶牛冷热应激程度判识系统环境保持添加页面

图2-143 泌乳期奶牛冷热应激程度判识系统环境保持添加成功页面

## 2.7.6.2 修改环境保持信息

点击环境保持页面操作列表中的"编辑"按钮，系统会从右侧弹出修改信息框（图2-144）。在修改信息框会展示相对应的数据，然后修改目标数据。修改完成点击"确定"按钮之后，数据库对应的数据将会修改，随之环境保持页面对应的数据也会进行修改（图2-145）。

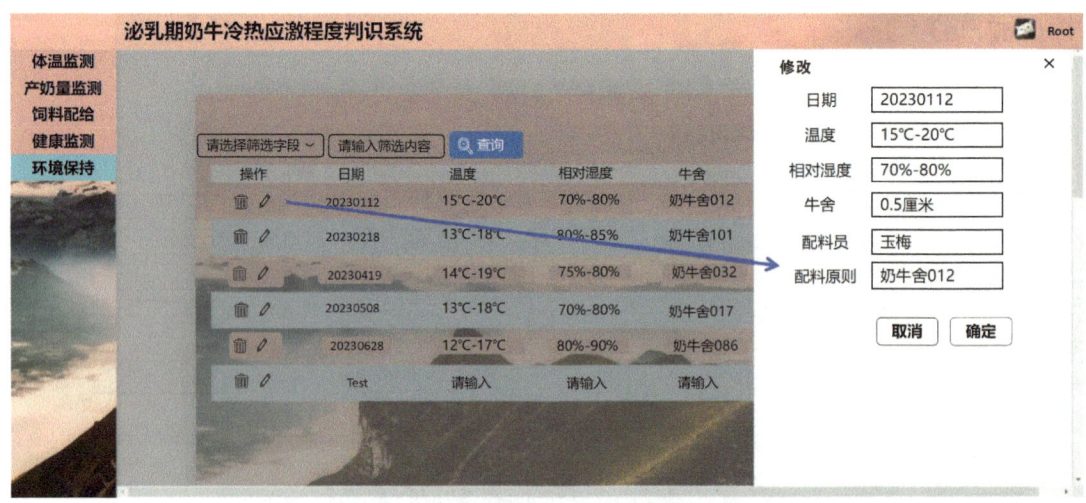

图2-144 泌乳期奶牛冷热应激程度判识系统环境保持修改页面

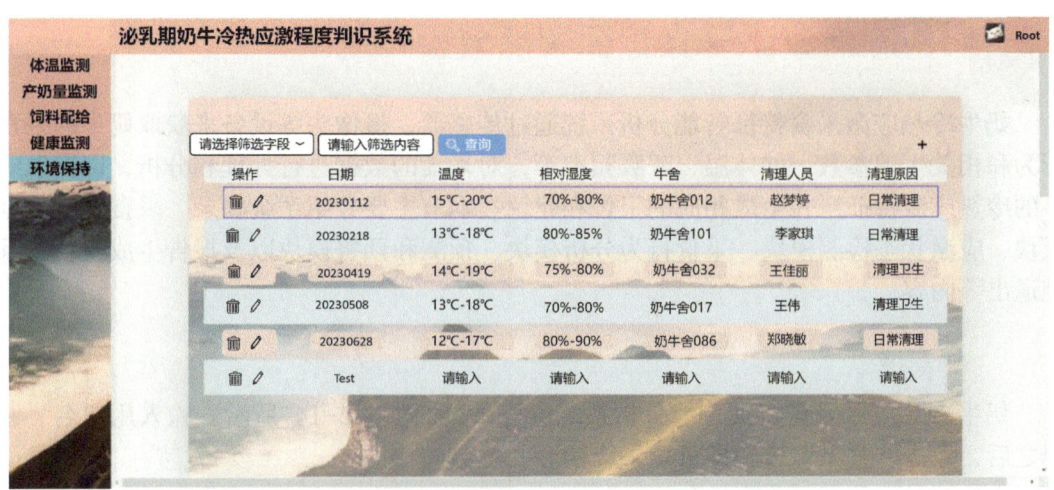

图2-145 泌乳期奶牛冷热应激程度判识系统环境保持修改成功页面

## 2.7.6.3 删除环境保持信息

点击环境保持页面操作列表中的"删除"按钮,系统会从页面上方弹出确认删除框(图2-146)。点击"确定"按钮之后,数据库将会删除对应的数据,随之环境保持页面相应的数据也会被删除。

图2-146 泌乳期奶牛冷热应激程度判识系统环境保持删除页面

## 2.7.7 系统退出

点击系统页面右上角头像,系统会响应并弹出退出系统的选项。点击"退出系统"执行退出的操作。

## 2.8 奶牛冷热应激采食特征智能分析系统

奶牛冷热应激采食特征智能分析系统通过传感器、摄像头等设备来获取奶牛的采食行为和相关生理参数，如体温、呼吸频率等，对采集的数据进行处理和分析，以提取奶牛的冷热应激特征，并生成相应的报告和建议。本节主要介绍系统登录、采食特征数据模块、应激状态检测模块、采食行为分析模块、预测和预警模块以及报告生成模块、系统退出等内容。

### 2.8.1 系统登录

奶牛冷热应激采食特征智能分析系统的登录页面如图2-147所示。输入用户名、密码之后，点击"登录"按钮即可登录成功。

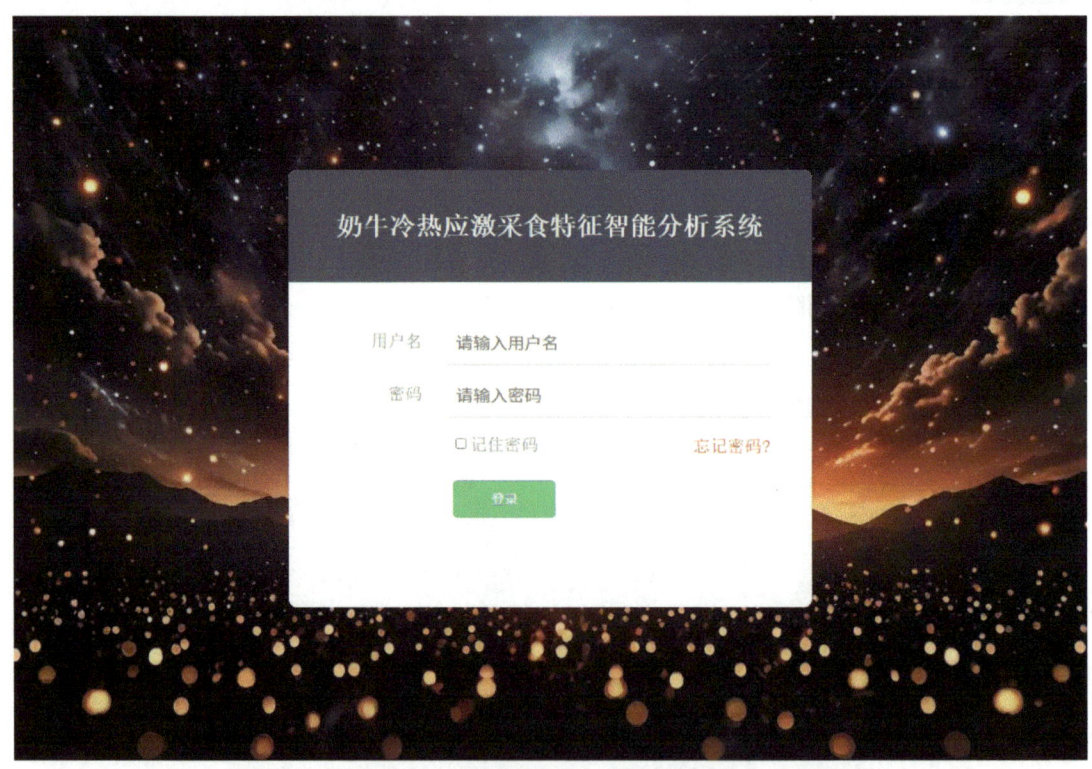

图2-147 奶牛冷热应激采食特征智能分析系统登录页面

### 2.8.2 采食特征数据模块

进入系统后，点击系统首页左侧菜单栏中的"采食特征数据模块"，进入采食特征数据模块页面（图2-148）。该页面显示通过传感器等设备采集到的奶牛冷热应激采食特征相关的数据，主要包括温度、湿度、采食量、采食时间、奶牛编号、记录日期等，还可对每条数据进行"编辑""删除"等操作。

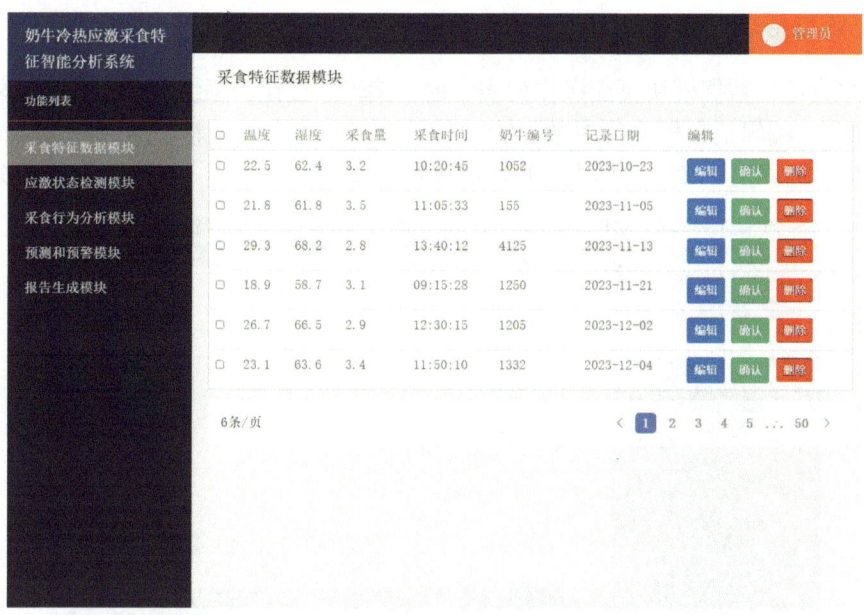

图2-148 奶牛冷热应激采食特征智能分析系统采食特征数据模块页面

## 2.8.2.1 数据采集器

点击采食特征数据模块页面左上角的"新增"按钮，系统会弹出一条新增信息框（图2-149）。在该信息框中输入温度、湿度、采食量、采食时间、奶牛编号、记录日期等信息，点击"确定"按钮之后，数据将会保存到数据库中，然后自动展示到采食特征数据模块页面中。

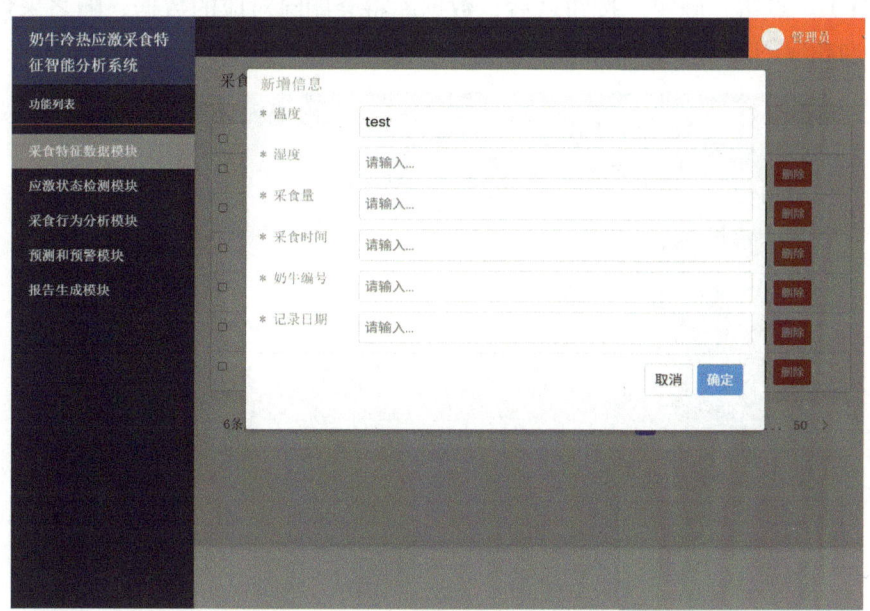

图2-149 奶牛冷热应激采食特征智能分析系统采食特征数据模块新增页面

### 2.8.2.2 数据修正器

点击采食特征数据模块页面操作列表中的"编辑"按钮，系统会弹出一条编辑信息框（图2-150）。编辑信息框支持对数据表进行单个或批量字段调整，从而满足不同业务需求的精细化数据调整，确保数据表结构的准确性和完整性。点击"确定"完成数据修改。

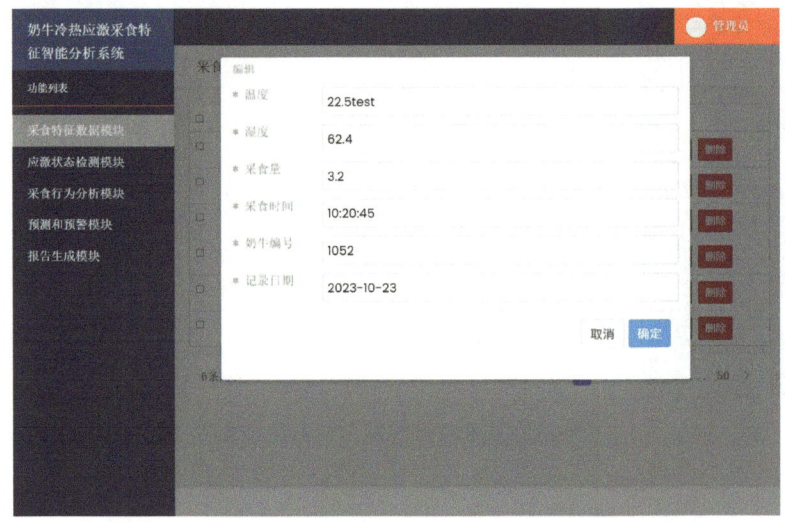

图2-150　奶牛冷热应激采食特征智能分析系统采食特征数据模块修改页面

### 2.8.2.3 数据净化器

点击采食特征数据模块页面操作列表中的"删除"按钮，系统会弹出确认删除框（图2-151）。点击"确定"按钮之后，数据库将会删除对应的数据，随之采食特征数据模块页面相应的数据也会被删除。

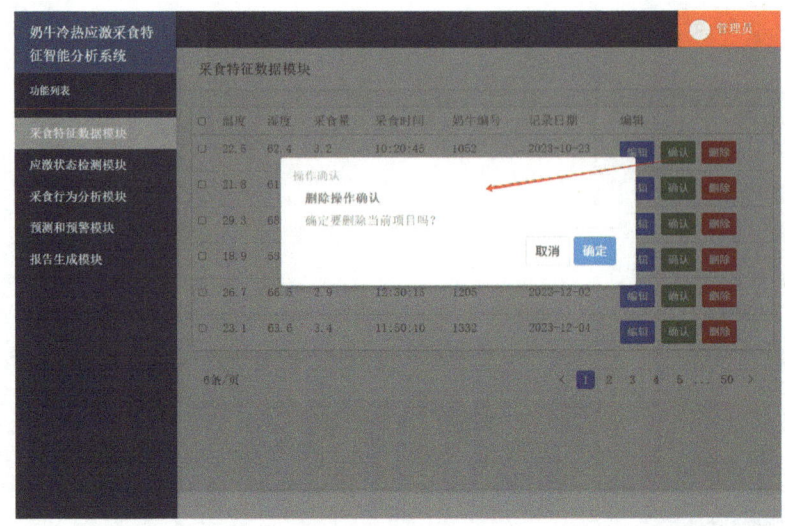

图2-151　奶牛冷热应激采食特征智能分析系统采食特征数据模块删除页面

## 2.8.3 应激状态检测模块

应激状态检测模块是基于采集的数据对奶牛的应激状态进行检测和识别。通过分析温度、湿度等环境数据以及奶牛的采食行为，判断奶牛是否处于冷热应激状态，并给出相应的应激程度评估。点击系统首页左侧菜单栏中的"应激状态检测模块"，进入应激状态检测模块页面（图2-152）。该页面显示奶牛编号、温度、采食行为、应激状态、应激程度、评估等，还可对每条数据进行"编辑""删除"等操作。

图2-152　奶牛冷热应激采食特征智能分析系统应激状态检测模块页面

### 2.8.3.1　数据采集器

点击应激状态检测模块页面左上角的"新增"按钮，系统会弹出一条新增信息框（图2-153）。在该信息框中输入奶牛编号、温度、采食行为、应激状态、应激程度、评估等信息，点击"确定"按钮之后，数据将会保存到数据库中，然后自动展示到应激状态检测模块页面中。

图2-153　奶牛冷热应激采食特征智能分析系统
应激状态检测模块新增页面

### 2.8.3.2　数据修正器

点击应激状态检测模块页面操作列表中的"编辑"按钮，系统会弹出一条编辑信息框（图2-154）。编辑信息框支持文本型到日期型或数值型等数据类型的转换，满足不同的数据处理需求，并确保数据类型的一致性。点击"确定"完成数据修改。

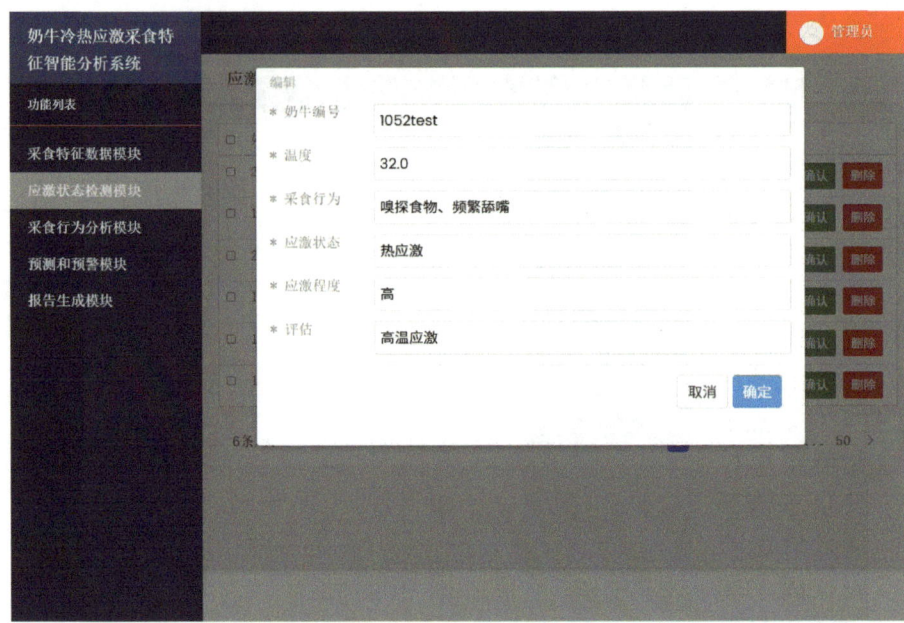

图2-154 奶牛冷热应激采食特征智能分析系统应激状态检测模块修改页面

### 2.8.3.3 数据净化器

点击应激状态检测模块页面操作列表中的"删除"按钮,系统会弹出确认删除框(图2-155)。点击"确定"按钮之后,数据库将会删除对应的数据,随之应激状态检测模块页面相应的数据也会被删除。

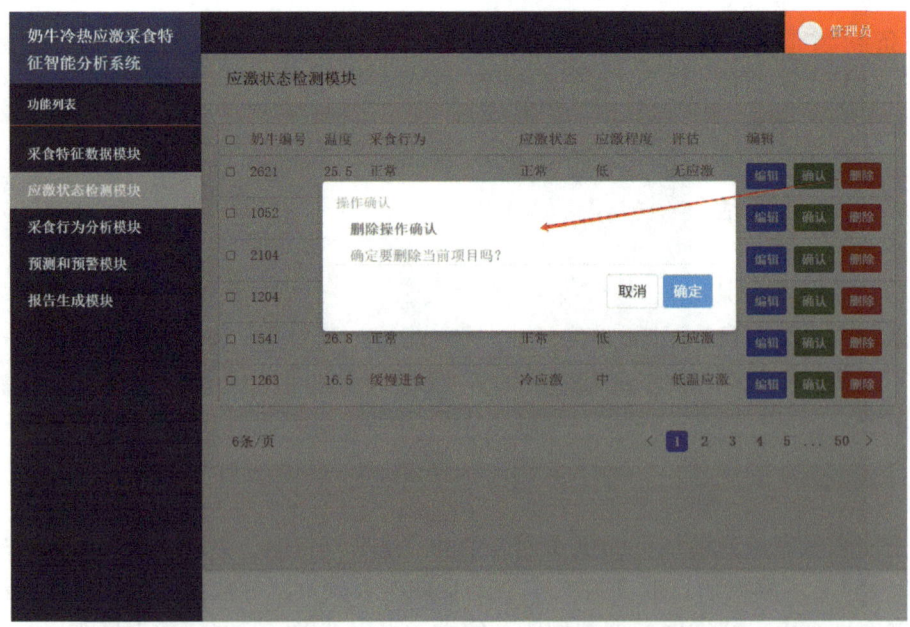

图2-155 奶牛冷热应激采食特征智能分析系统应激状态检测模块删除页面

## 2.8.4 采食行为分析模块

采食行为分析模块对奶牛的采食行为进行深入分析,包括采食量、采食时间、采食偏好等。通过统计和分析这些数据,了解奶牛在不同温度条件下的采食特征和变化规律,为饲养管理提供依据。点击系统首页左侧菜单栏中的"采食行为分析模块",进入采食行为分析模块页面(图2-156)。该页面显示温度、湿度、采食量、采食时间、采食偏好、奶牛编号等信息,还可对每条数据进行"编辑""删除"等操作。

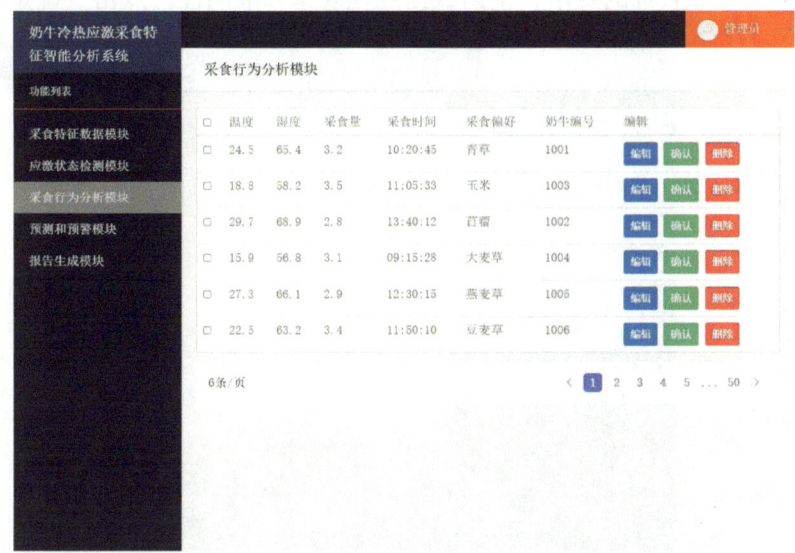

图2-156 奶牛冷热应激采食特征智能分析系统采食行为分析模块页面

### 2.8.4.1 数据采集器

点击采食行为分析模块页面左上角的"新增"按钮,系统会弹出新增信息框(图2-157)。在该信息框中输入温度、湿度、采食量、采食时间、采食偏好、奶牛编号等信息,点击"确定"按钮之后,数据将会保存到数据库中,然后自动展示到采食行为分析模块页面中。

图2-157 奶牛冷热应激采食特征智能分析系统采食行为分析模块新增页面

### 2.8.4.2 数据修正器

点击采食行为分析模块页面操作列表中的"编辑"按钮,系统会弹出一条编辑信息框（图2-158）。编辑信息框支持对数据表之间的关系进行调整和管理，从而满足数据表关联和查询的要求，提高数据处理效率和准确性。点击"确定"完成数据修改。

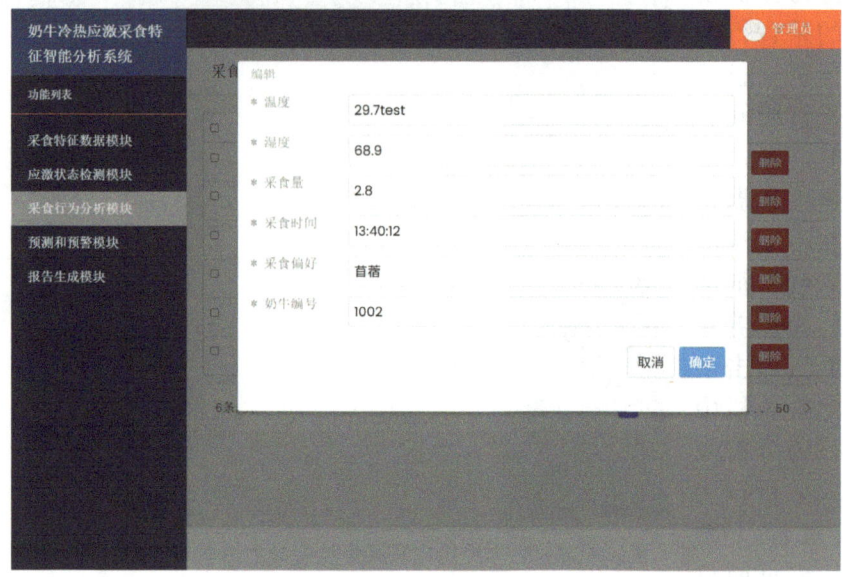

图2-158　奶牛冷热应激采食特征智能分析系统采食行为分析模块修改页面

### 2.8.4.3　数据净化器

点击采食行为分析模块页面操作列表中的"删除"按钮，系统会弹出确认删除框（图2-159）。点击"确定"按钮之后，可对数据进行清理和整理，随之采食行为分析模块页面相应的数据也会被删除。

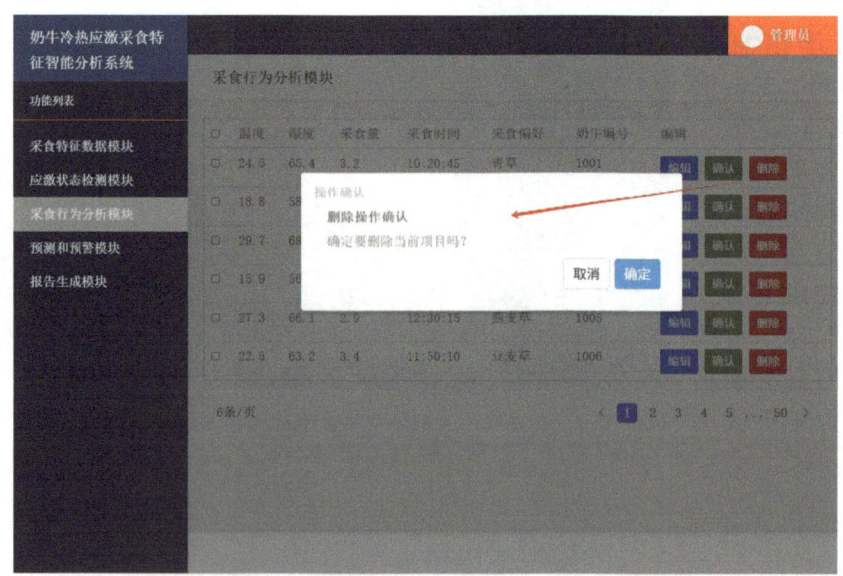

图2-159　奶牛冷热应激采食特征智能分析系统采食行为分析模块删除页面

## 2.8.5 预测和预警模块

预测和预警模块基于历史数据和实时数据，利用机器学习和大数据分析技术，预测奶牛在不同温度条件下的采食状态和可能出现的应激情况。一旦系统检测到奶牛的采食异常或应激反应，会发送预警信息给农场管理者，以便及时采取相应措施。点击系统首页左侧菜单栏中的"预测和预警模块"，进入预测和预警模块页面（图2-160）。该页面显示奶牛ID、采食状态、应激反应、反刍时间、饮水量、预警状态等信息，还可对每条数据进行"编辑""删除"等操作。

图2-160 奶牛冷热应激采食特征智能分析系统预测和预警模块页面

### 2.8.5.1 数据采集器

点击预测和预警模块页面左上角的"新增"按钮，系统会弹出新增信息框（图2-161）。在该信息框中输入奶牛ID、采食状态、应激反应、反刍时间、饮水量、预警状态等信息，点击"确定"按钮之后，数据将会保存到数据库中，然后自动展示到预测和预警模块页面。

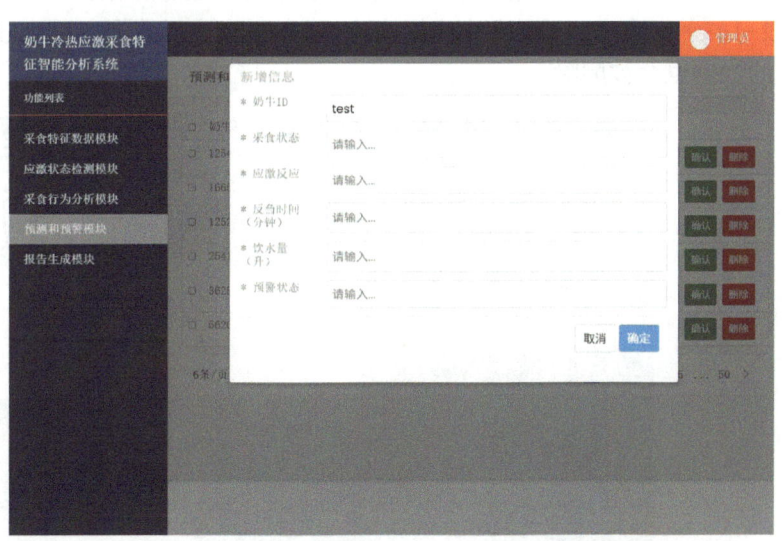

图2-161 奶牛冷热应激采食特征智能分析系统预测和预警模块新增页面

### 2.8.5.2 数据修正器

点击预测和预警模块页面操作列表中的"编辑"按钮，系统会弹出编辑信息框（图2-162）。编辑信息框可以对数据进行优化和调整，从而提供更加高效和精准的数据支持。点击"确定"完成数据修改。

图2-162　奶牛冷热应激采食特征智能分析系统预测和预警模块修改页面

### 2.8.5.3　数据净化器

点击预测和预警模块页面操作列表中的"删除"按钮，系统会弹出确认删除框（图2-163）。点击"确定"按钮之后，则会删除该行数据，随之预测和预警模块页面相应的数据也会被删除。

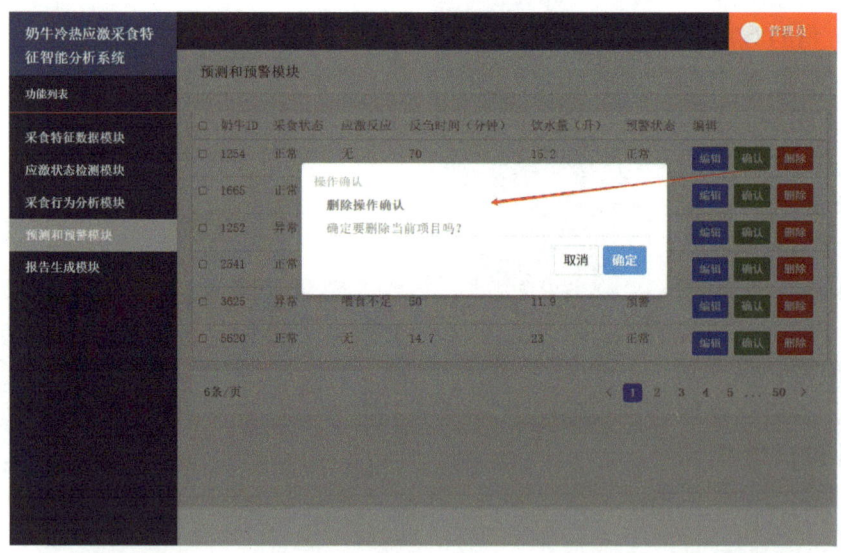

图2-163　奶牛冷热应激采食特征智能分析系统预测和预警模块删除页面

## 2.8.6　报告生成模块

报告生成模块负责生成奶牛冷热应激采食特征的报告，并对这些报告进行管理。点击系统首页左侧菜单栏中的"报告生成模块",进入报告生成模块页面(图2-164)。该页面显示奶牛号码、采食行为、应激状态、应激程度、反刍时间、报告内容等信息,还可对每条数据进行"编辑""删除"等操作。

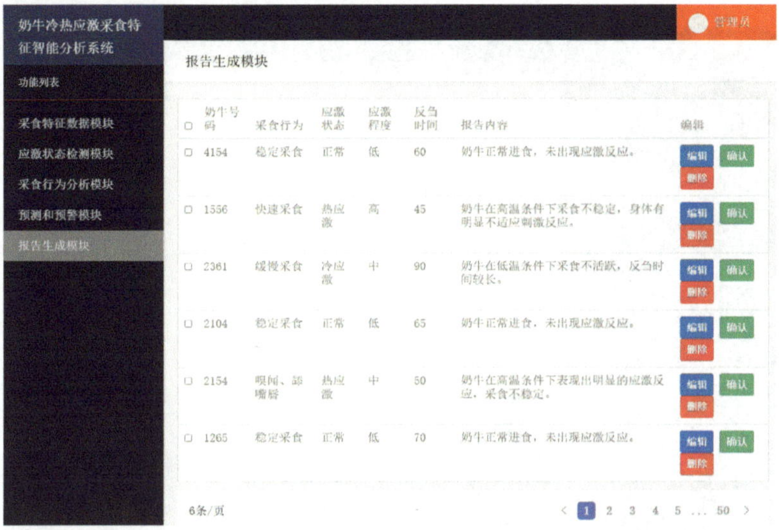

图2-164 奶牛冷热应激采食特征智能分析系统报告生成模块页面

### 2.8.6.1 数据采集器

点击报告生成模块页面左上角的"新增"按钮,系统会弹出新增信息框(图2-165)。在该信息框中输入奶牛号码、采食行为、应激状态、应激程度、反刍时间、报告内容等信息,点击"确定"按钮之后,数据将会保存到数据库中,然后自动展示到报告生成模块页面。

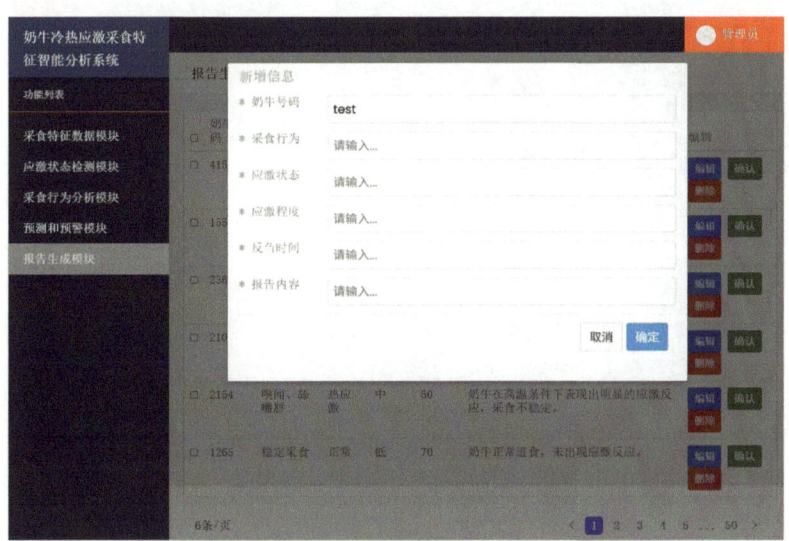

图2-165 奶牛冷热应激采食特征智能分析系统报告生成模块新增页面

### 2.8.6.2 数据修正器

点击报告生成模块页面操作列表中的"编辑"按钮,系统会弹出编辑信息框(图2-166)。编辑信息框可以对所展示的信息进行修改,点击"确定"完成数据修正。

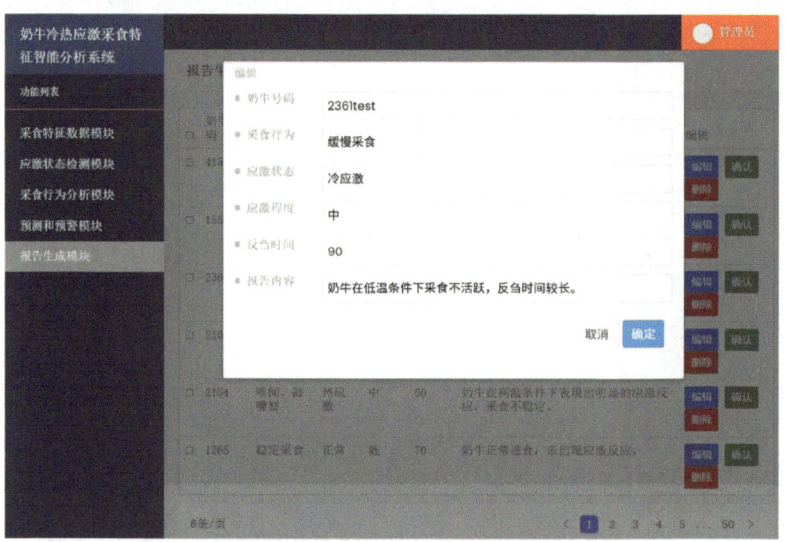

图2-166 奶牛冷热应激采食特征智能分析系统报告生成模块修改页面

### 2.8.6.3 数据净化器

点击报告生成模块页面操作列表中的"删除"按钮,系统会弹出确认删除框(图2-167)。点击"确定"按钮之后,则会删除该行数据,随之报告生成模块页面相应的数据也会被删除。

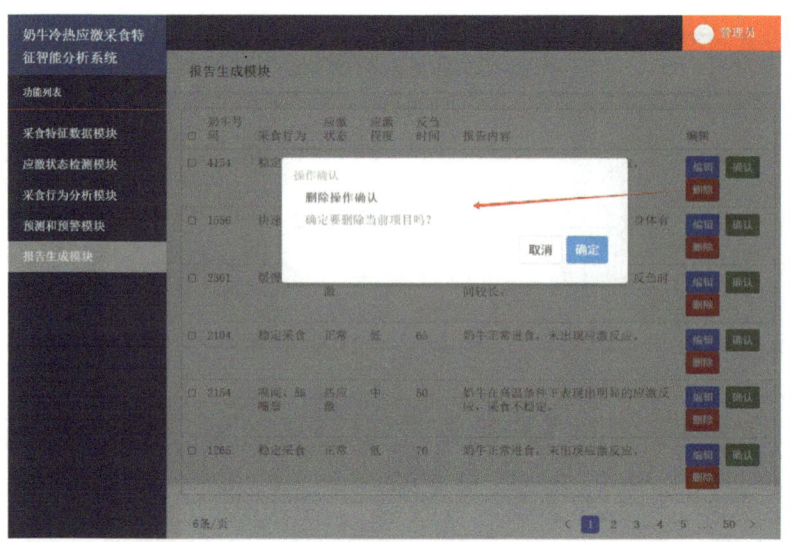

图2-167 奶牛冷热应激采食特征智能分析系统报告生成模块删除页面

## 2.8.7 系统退出

点击系统页面右上角系统头像,系统会响应并弹出退出系统的选项(图2-168)。点击"退出"后,会弹出确认退出当前账号的提示(图2-169),点击"确定"按钮后退出系统。

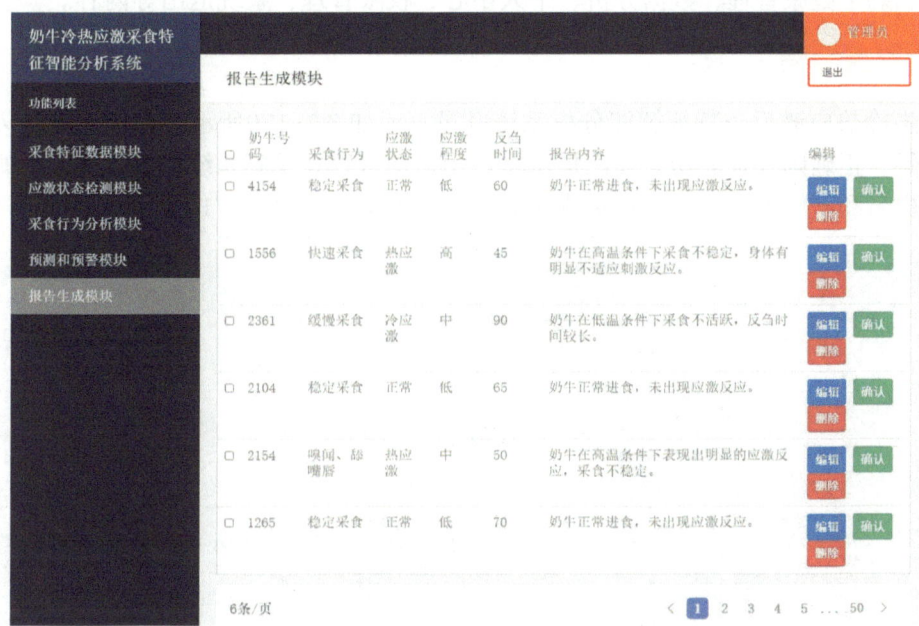

图2-168 奶牛冷热应激采食特征智能分析系统系统退出选项页面

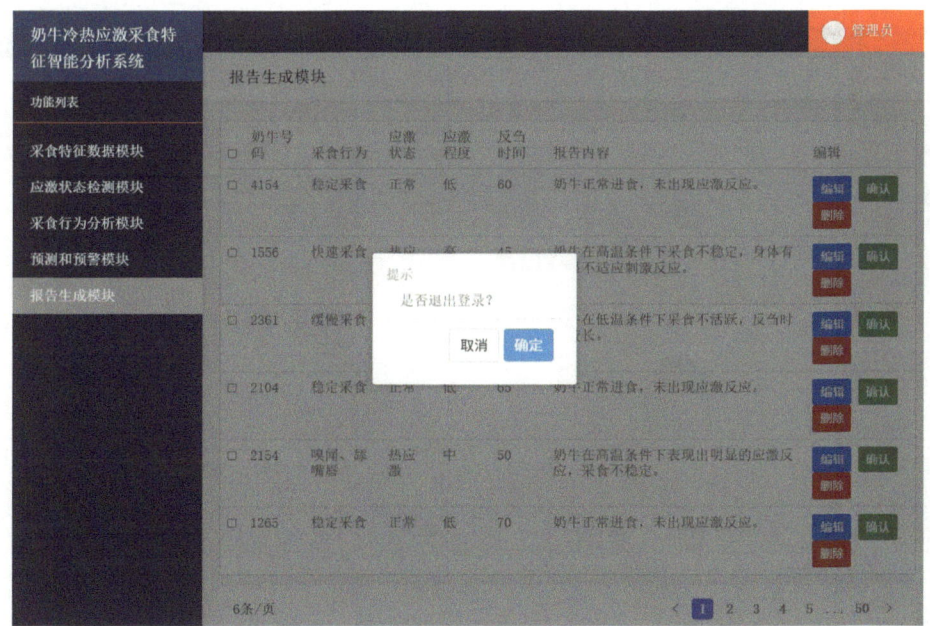

图2-169 奶牛冷热应激采食特征智能分析系统系统退出确认页面

## 2.9 奶牛冷热应激反刍特征智能分析系统

奶牛冷热应激反刍特征智能分析系统通过传感器、摄像头等设备来获取奶牛的反刍行为，对采集的数据进行处理和分析。本节主要介绍系统登录、温度监测管理、饲养环境控制、奶牛健康管理、数据分析、个人中心、权限管理、系统退出等内容。

### 2.9.1 系统登录

奶牛冷热应激反刍特征智能分析系统登录页面如图2-170所示。在该页面输入用户名和密码，正确则登录成功并弹出提示框，用户便可以登录到系统的主界面，否则重新输入用户名和密码再次登录。登录成功后进入系统主页（图2-171）。

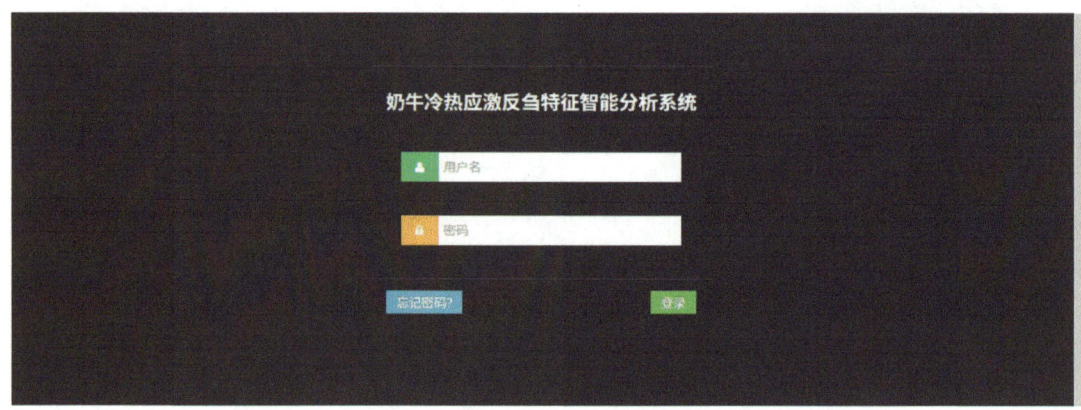

图2-170 奶牛冷热应激反刍特征智能分析系统登录页面

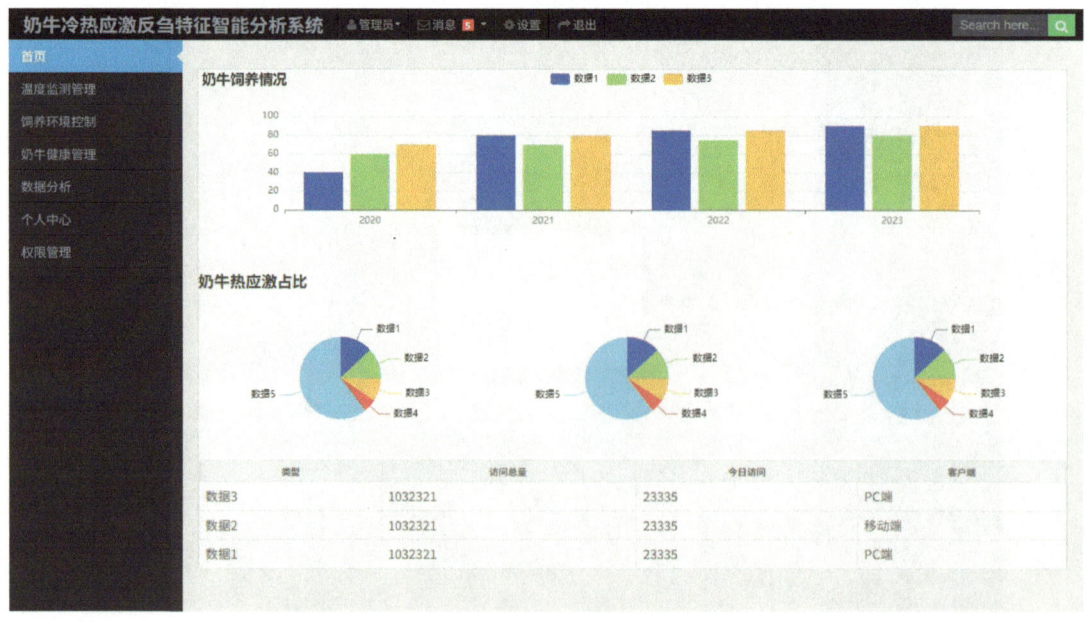

图2-171 奶牛冷热应激反刍特征智能分析系统主页

## 2.9.2 温度监测管理

点击系统首页左侧菜单栏中的"温度监测管理",进入温度监测管理页面(图2-172)。该页面展示的温度监测管理信息主要有编号、位置、监测项目、监测详情、监测时间等信息,并可对列表内容的每条数据进行"编辑"等操作。

图2-172 奶牛冷热应激反刍特征智能分析系统温度监测管理页面

### 2.9.2.1 搜索

点击温度监测管理页面右上方的"搜索"按钮,选择需要查询的信息后点击相应按钮(图2-173),系统将根据对应的信息进行查找,并弹窗提示搜索成功(图2-174)。

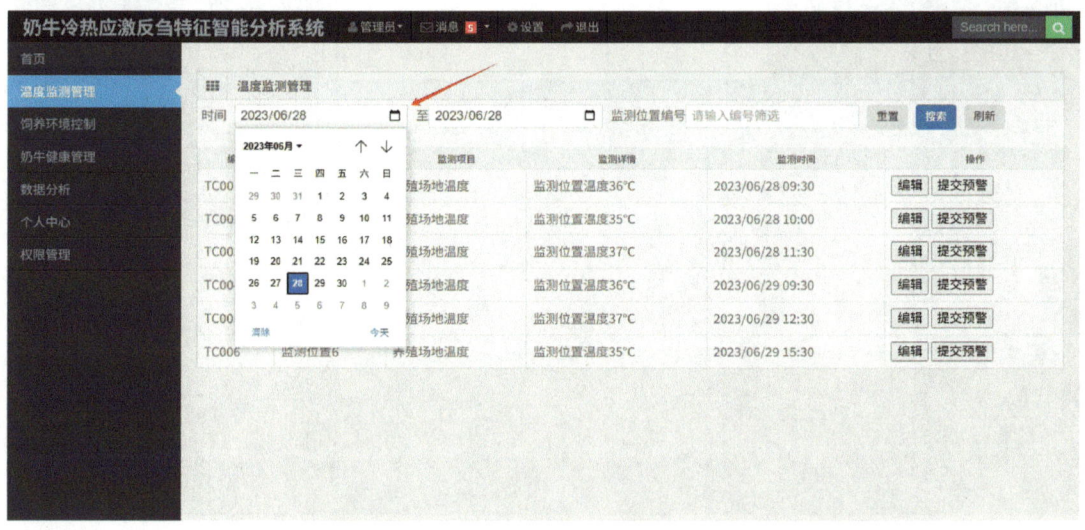

图2-173 奶牛冷热应激反刍特征智能分析系统温度监测管理搜索页面

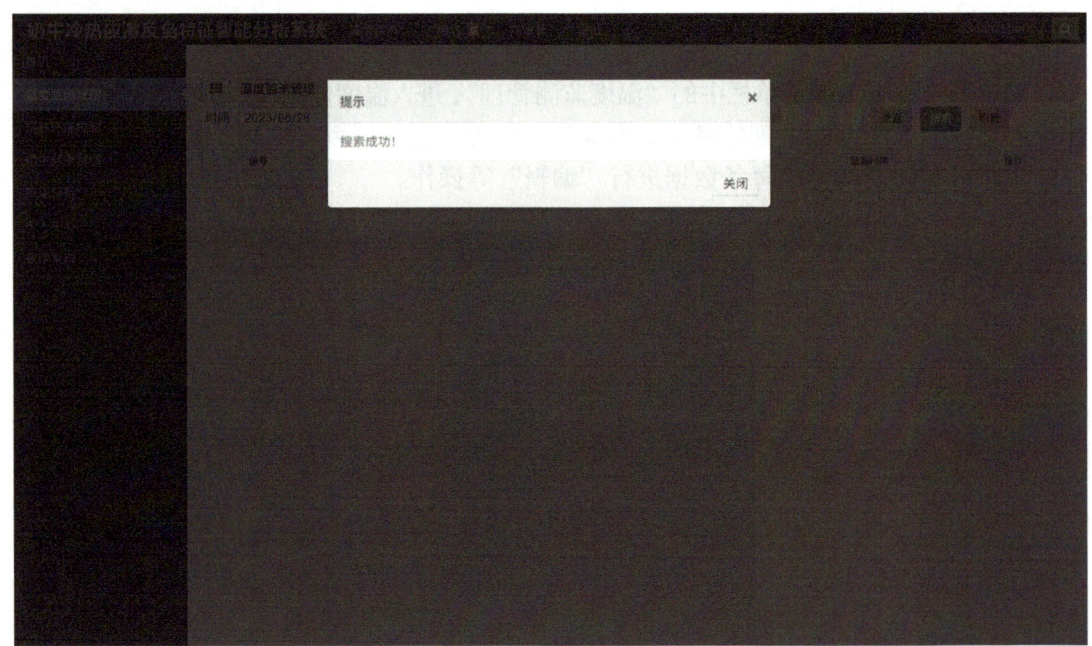

图2-174　奶牛冷热应激反刍特征智能分析系统温度监测管理搜索成功页面

### 2.9.2.2　重置

点击温度监测管理页面右上方的"重置"按钮,弹窗询问是否重置(图2-175),点击"确定"后添加相关信息,点击"提交"则完成重置。

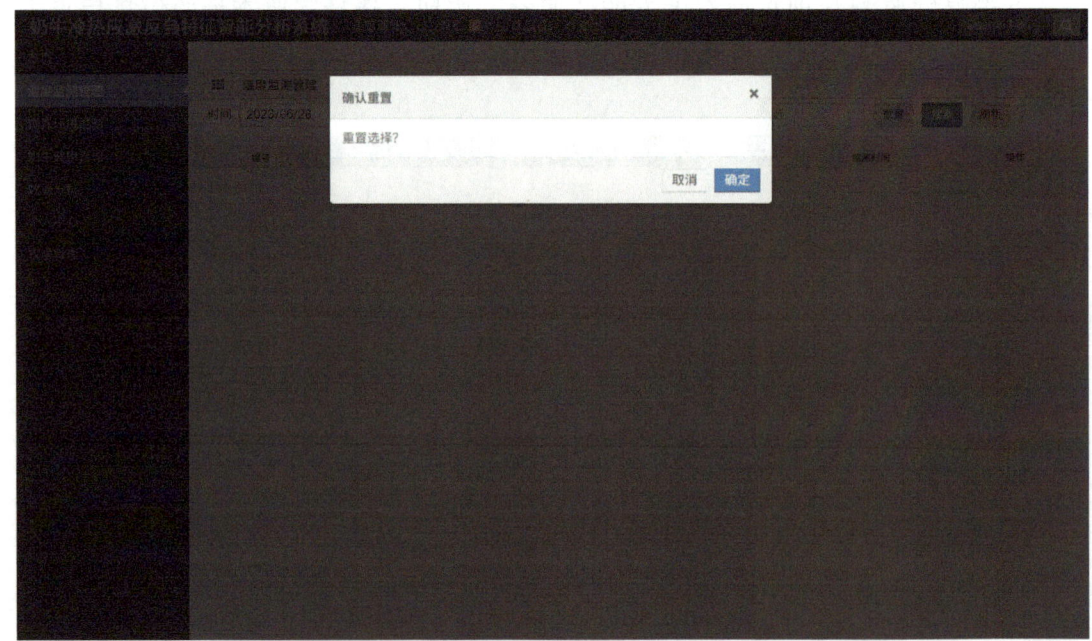

图2-175　奶牛冷热应激反刍特征智能分析系统温度监测管理重置页面

## 2.9.2.3 刷新

点击温度监测管理页面的"刷新"按钮后，系统将重新加载并弹出提示刷新成功（图2-176）。

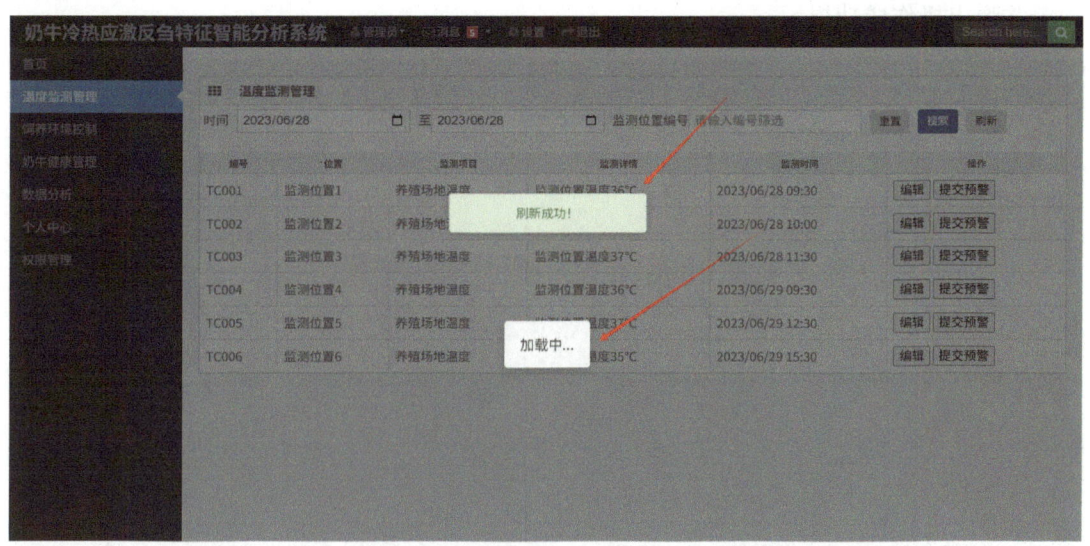

图2-176　奶牛冷热应激反刍特征智能分析系统温度监测管理刷新页面

## 2.9.2.4 修改

点击温度监测管理页面操作列表中的"编辑"按钮，就会弹出输入信息的弹窗（图2-177），点击"取消"按钮，将取消修改，输入更改数据详情后点击"确定"按钮，就完成修改并弹出提示修改成功。

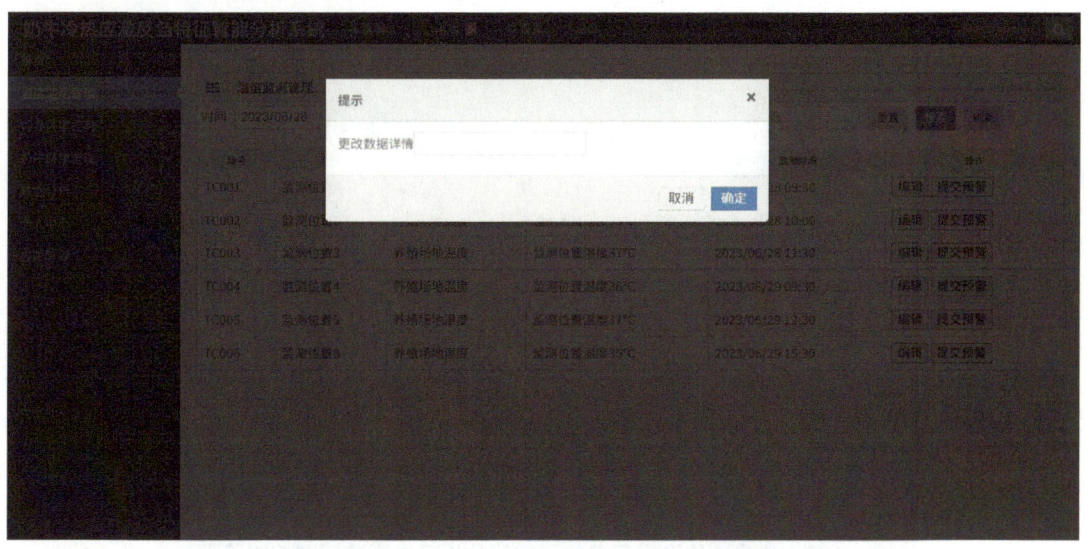

图2-177　奶牛冷热应激反刍特征智能分析系统温度监测管理修改页面

### 2.9.2.5 提交预警

用户点击温度监测管理页面操作列表中的"提交预警"按钮,将会弹出询问的弹窗(图2-178),点击"取消"按钮,将取消提交预警操作,点击"确定"按钮,将提交预警并弹出操作成功提示。

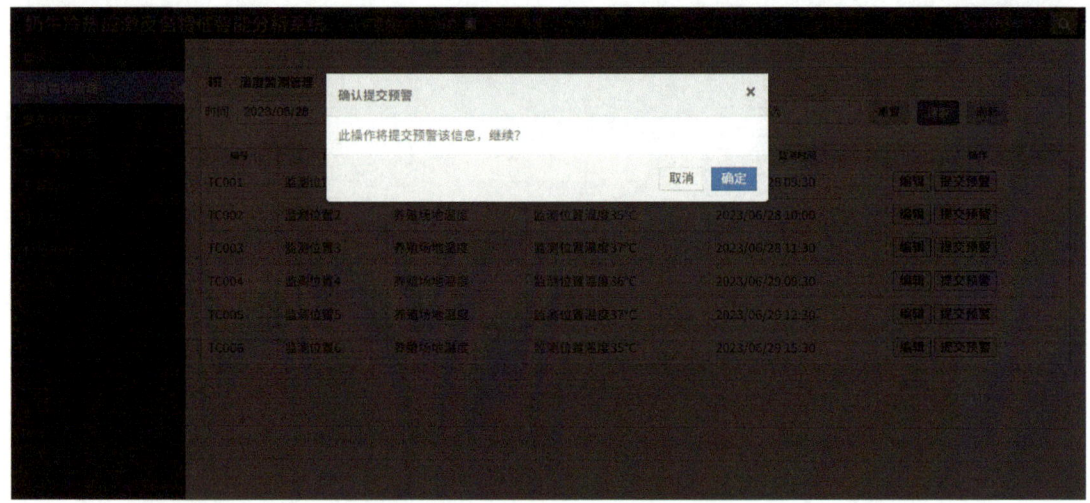

图2-178 奶牛冷热应激反刍特征智能分析系统温度监测管理提交预警页面

### 2.9.3 饲养环境控制

点击系统首页左侧菜单栏中的"饲养环境控制",进入饲养环境控制页面(图2-179)。该页面展示的饲养环境控制信息主要有设备ID、设备名称、设备简介、设备负责人、状态等信息,并可对列表内容的每条数据进行"编辑""查看""删除"等操作。

图2-179 奶牛冷热应激反刍特征智能分析系统饲养环境控制页面

### 2.9.3.1 全选

点击饲养环境控制页面右上角的"全选"按钮，将弹窗询问是否全选（图2-180），点击"取消"按钮将弹窗提示取消全选（图2-181），点击"确定"按钮，表单左边显示所有项目选中并提示全选成功（图2-182）。

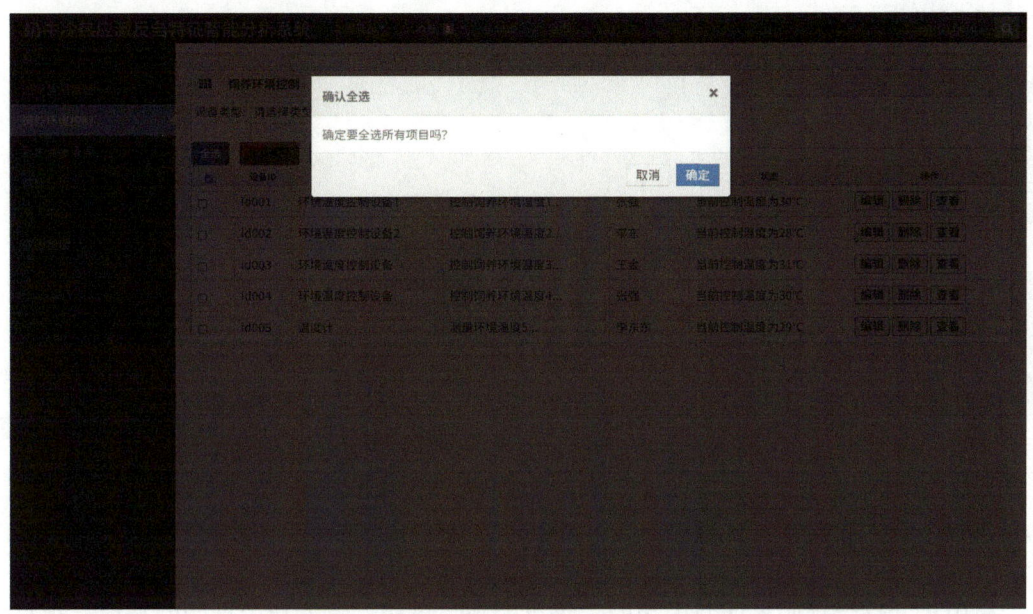

图2-180　奶牛冷热应激反刍特征智能分析系统饲养环境控制全选提示页面

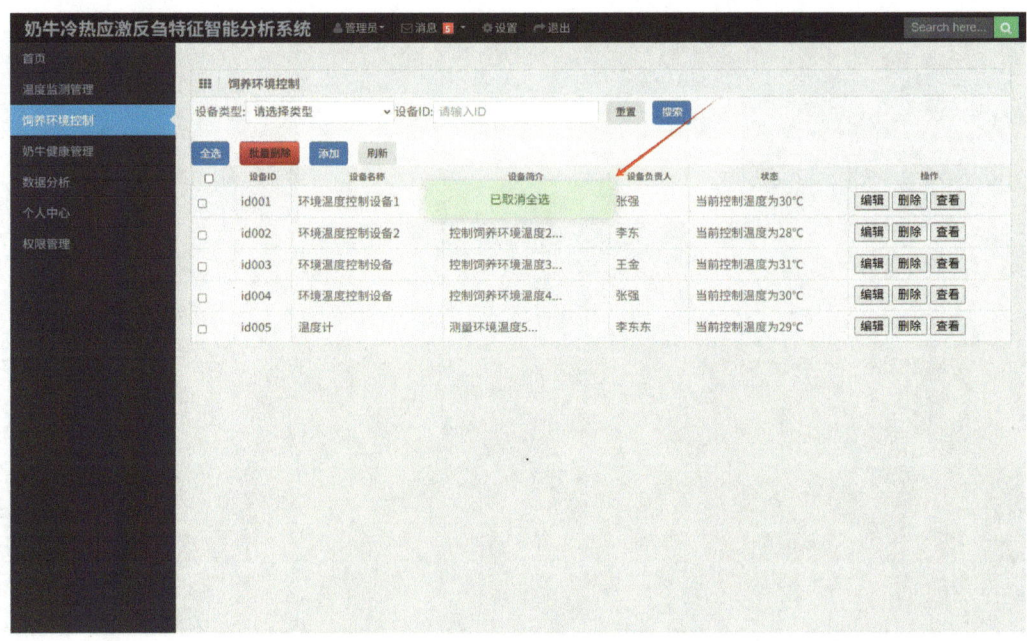

图2-181　奶牛冷热应激反刍特征智能分析系统饲养环境控制取消全选页面

图2-182　奶牛冷热应激反刍特征智能分析系统饲养环境控制全选成功页面

### 2.9.3.2　批量删除

点击饲养环境控制页面右上角的"批量删除"按钮,将会弹出询问的弹窗,是否批量删除信息(图2-183)。点击"取消"按钮,将取消批量删除操作并弹出提示已取消操作,点击"确定"按钮,将批量删除信息并弹出提示批量删除成功。

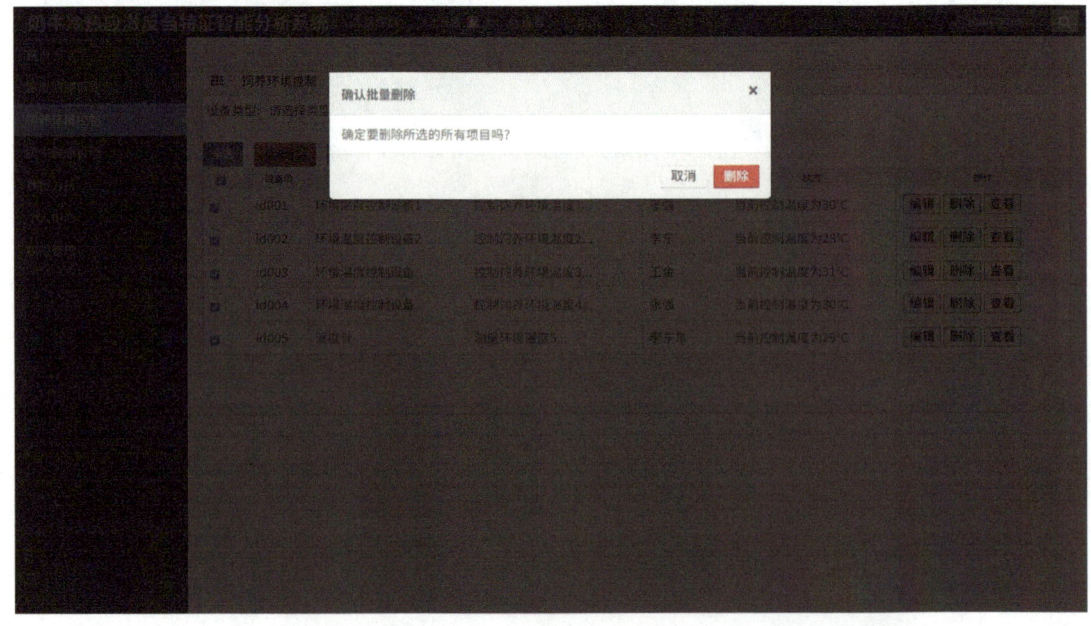

图2-183　奶牛冷热应激反刍特征智能分析系统饲养环境控制批量删除页面

### 2.9.3.3 添加

点击饲养环境控制页面右上角的"添加"按钮，就会弹出输入信息的弹窗（图2-184），点击"取消"按钮，将取消添加并弹出提示已取消添加，输入信息后点击"确定"按钮，将完成添加信息并弹出提示添加成功。

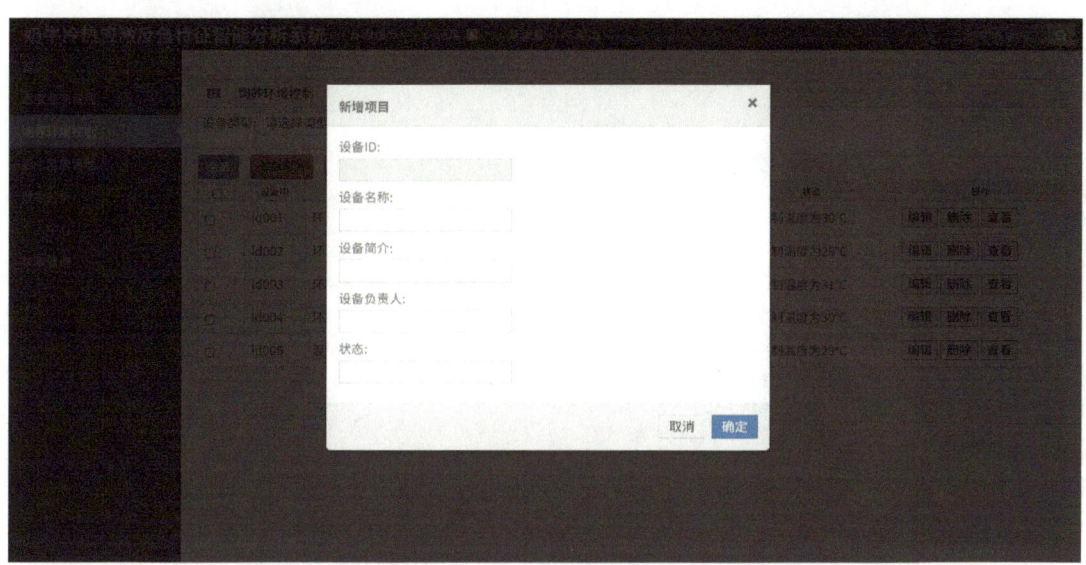

图2-184　奶牛冷热应激反刍特征智能分析系统饲养环境控制添加页面

### 2.9.3.4 修改

点击饲养环境控制页面中的"编辑"按钮，就会弹出输入信息的弹窗（图2-185），点击"取消"按钮，将取消修改并弹出提示已取消修改，输入信息后点击"确定"按钮，则完成修改信息并弹窗显示修改成功。

图2-185　奶牛冷热应激反刍特征智能分析系统饲养环境控制修改页面

### 2.9.4 奶牛健康管理

点击系统首页左侧菜单栏中的"奶牛健康管理",进入奶牛健康管理页面(图2-186)。该页面展示的奶牛健康管理信息主要有编号、检测者、名称、详情、检测时间等信息,并可对列表内容的每条数据进行"编辑""删除"等操作。

图2-186　奶牛冷热应激反刍特征智能分析系统奶牛健康管理页面

#### 2.9.4.1 刷新

点击奶牛健康管理页面右上角的"刷新"按钮,将显示弹窗遮罩层并刷新页面,提示刷新成功(图2-187)。

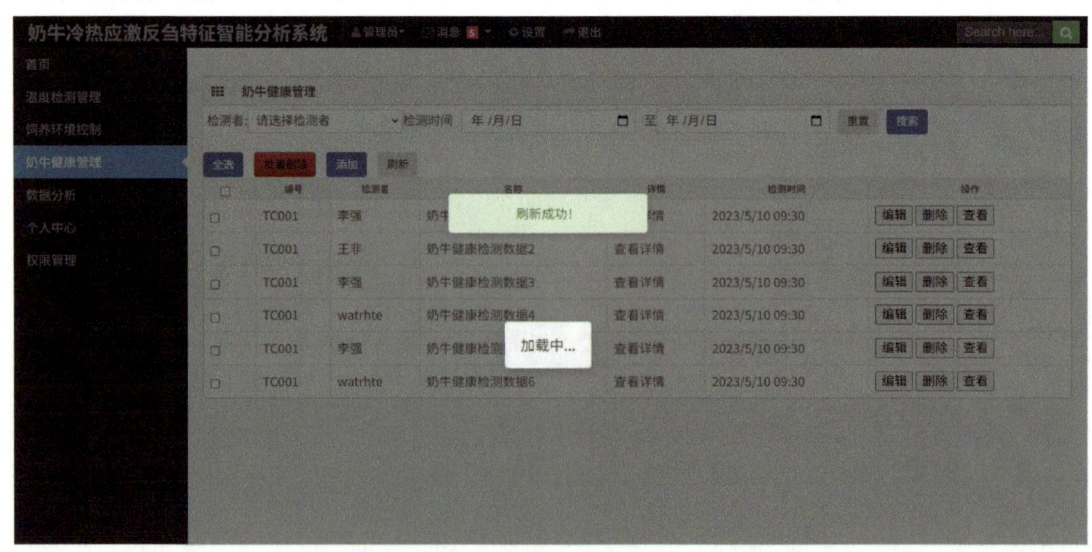

图2-187　奶牛冷热应激反刍特征智能分析系统奶牛健康管理刷新页面

## 2.9.4.2 修改

点击奶牛健康管理页面操作列表中的"编辑"按钮,就会弹出输入信息的弹窗(图2-188),点击"取消"按钮,将取消修改并弹出提示已取消修改,输入信息后点击"确定"按钮,将完成修改并弹出提示修改成功。

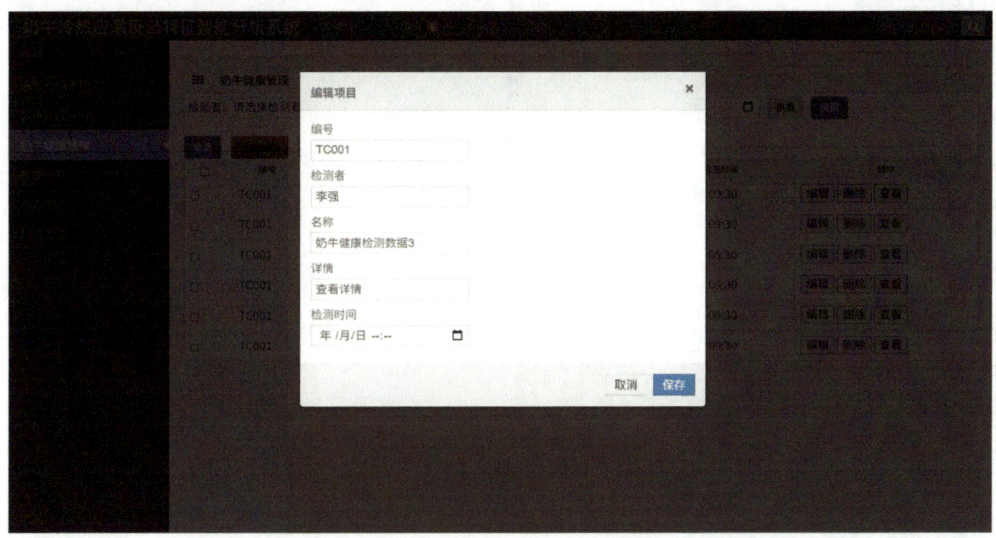

图2-188 奶牛冷热应激反刍特征智能分析系统奶牛健康管理修改页面

## 2.9.4.3 删除

点击奶牛健康管理页面操作列表中的"删除"按钮,就会弹出确认删除的弹窗(图2-189),点击"取消"按钮,将取消删除并弹出提示已取消删除,点击"确定"按钮,则完成删除信息并弹出提示删除成功。

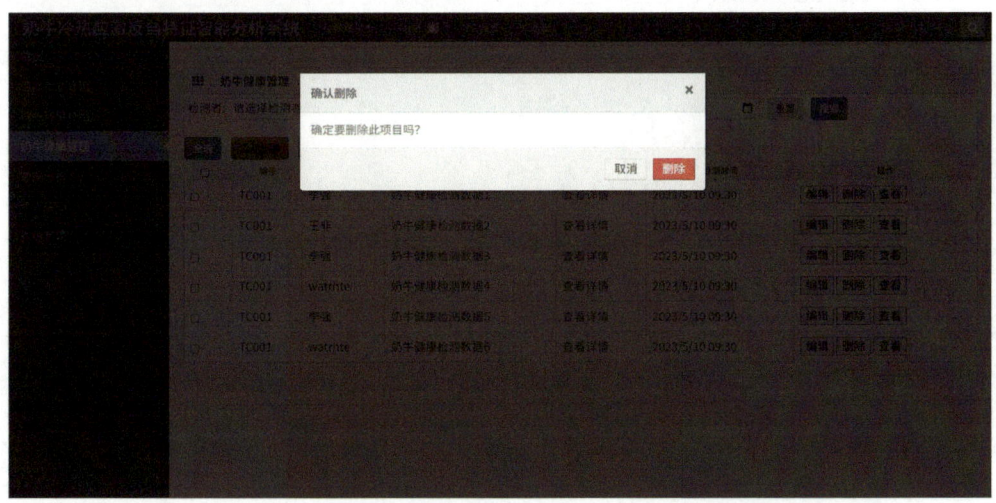

图2-189 奶牛冷热应激反刍特征智能分析系统奶牛健康管理删除页面

### 2.9.5 数据分析

点击系统首页左侧菜单栏中的"数据分析",进入数据分析页面(图2-190)。该界面展示了数据分析的图表信息的所有详细数据。

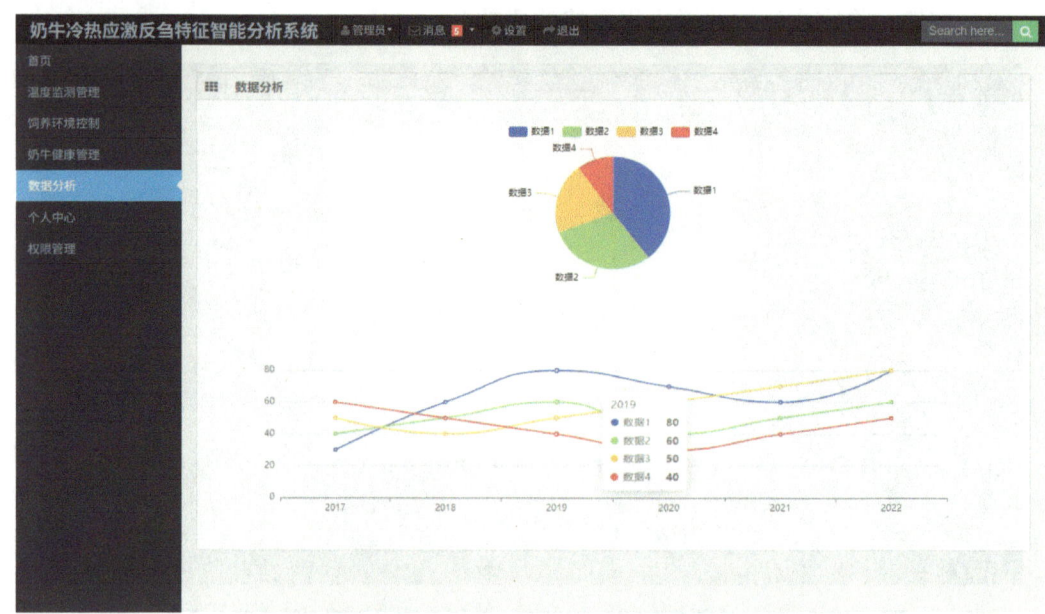

图2-190 奶牛冷热应激反刍特征智能分析系统数据分析页面

### 2.9.6 个人中心

点击系统首页左侧菜单栏中的个人中心,进入个人中心页面(图2-191)。该界面展示了用户姓名、性别、电话、邮箱、地址等信息,还可对该数据进行"修改密码""修改个人信息"操作。

图2-191 奶牛冷热应激反刍特征智能分析系统个人中心页面

## 2.9.6.1 修改密码

点击个人中心页面的"修改密码"按钮,弹出修改密码弹窗(图2-192),显示输入当前密码、新密码以及确认新密码。输入信息点击"提交修改"按钮后可完成密码修改。

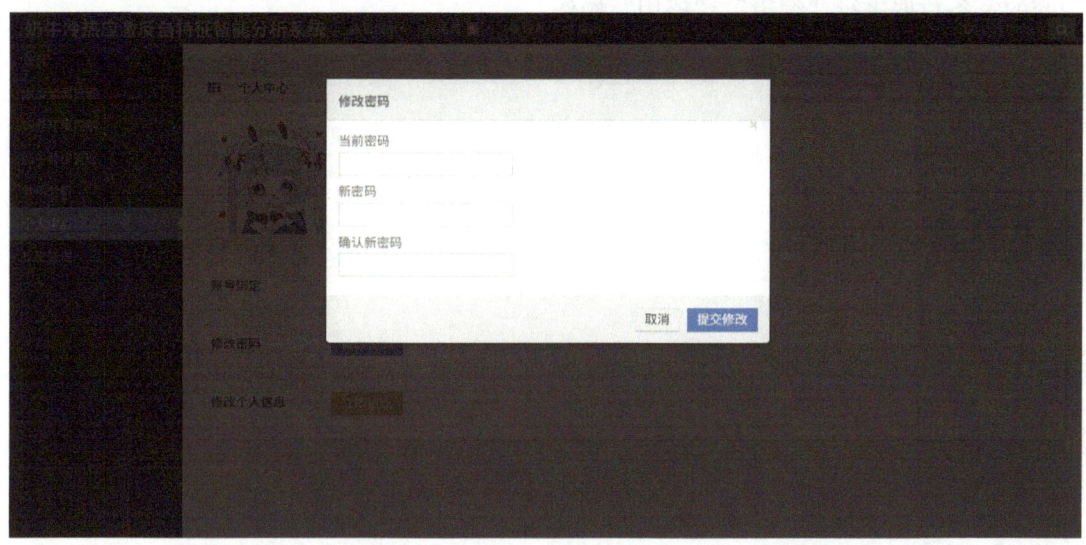

图2-192 奶牛冷热应激反刍特征智能分析系统个人中心修改密码页面

## 2.9.6.2 修改个人信息

点击个人中心页面的"修改个人信息"按钮,就会弹出修改个人信息的弹窗(图2-193),若点击"取消"按钮,将取消修改并弹出提示已取消修改,若输入修改信息后点击"保存更改"按钮,就完成个人信息修改并弹出提示修改成功。

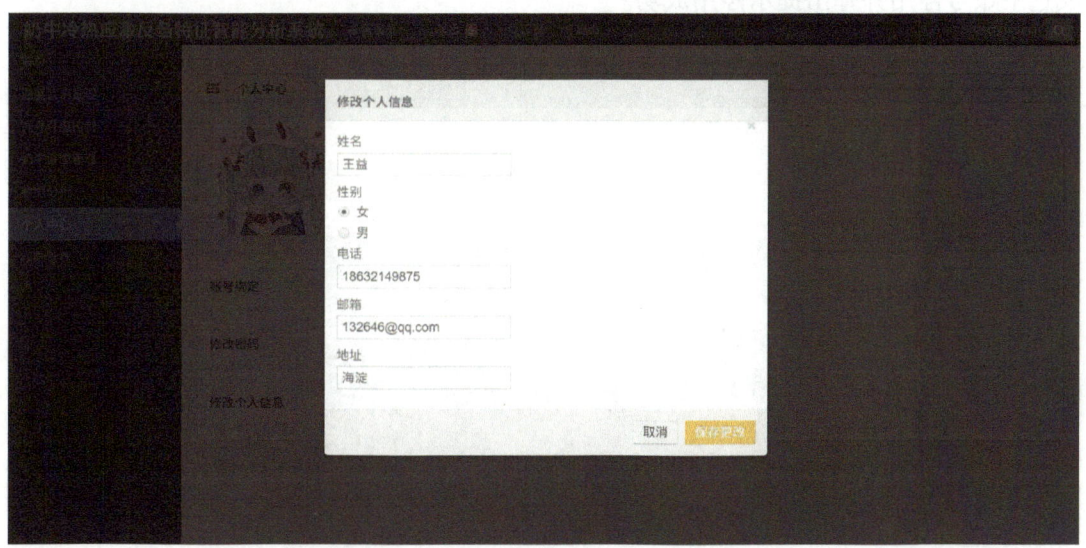

图2-193 奶牛冷热应激反刍特征智能分析系统个人中心修改个人信息页面

### 2.9.7 权限管理

点击首页左侧菜单栏中的"权限管理",进入权限管理页面(图2-194)。该页面展示的权限管理信息主要有序号、账号、姓名、角色权限、状态等信息,并且可对列表内容的每条数据进行"编辑""停用"操作。

图2-194　奶牛冷热应激反刍特征智能分析系统权限管理页面

#### 2.9.7.1 停用

点击权限管理页面右侧的"停用"按钮后,就会弹出确认停用弹窗(图2-195),点击"取消"按钮,将取消停用并弹出提示已取消停用,点击"确认停用"按钮,就完成选中账号停用并弹出提示停用成功。

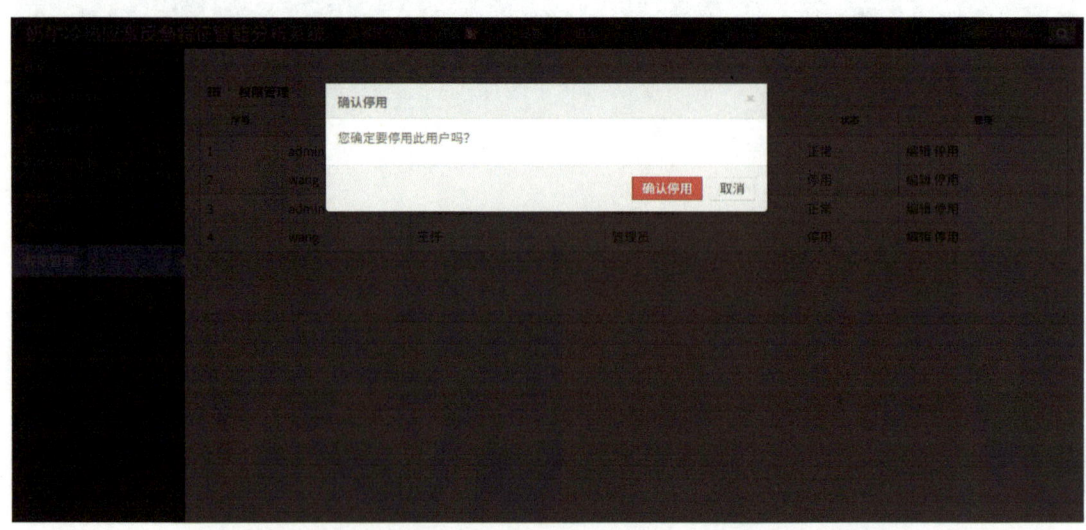

图2-195　奶牛冷热应激反刍特征智能分析系统权限管理停用页面

## 2.9.7.2 修改

点击权限管理页面右侧的"编辑"按钮,就会弹出输入修改信息的弹窗(图2-196),若点击"关闭"按钮,将取消修改并弹出提示已取消修改,若输入信息后点击"保存更改"按钮,就完成修改并弹出提示修改成功。

图2-196 奶牛冷热应激反刍特征智能分析系统权限管理修改页面

## 2.9.8 系统退出

点击系统主页的用户名下拉框后点击"退出系统"按钮(图2-197),点击弹出框中的"确定"按钮,则退出系统,回到系统的登录页面。

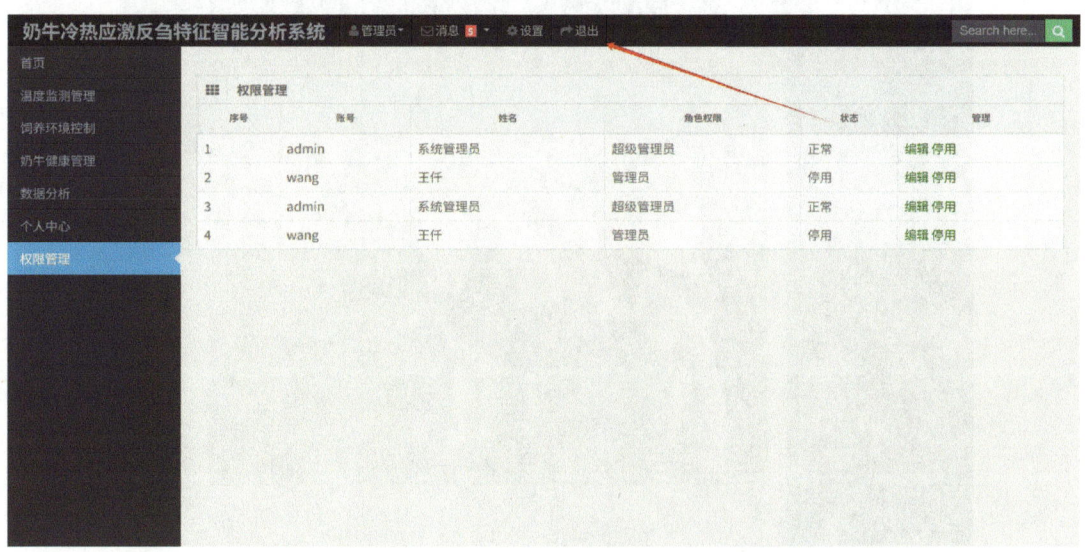

图2-197 奶牛冷热应激反刍特征智能分析系统系统退出页面

## 2.10 奶牛冷热应激日常行为采集分析系统

本节主要介绍系统登录、应激行为数据管理、系统用户管理、行为数据分析、数据分析结果、奶牛应激报警、系统退出等内容。

### 2.10.1 系统登录

奶牛冷热应激日常行为采集分析系统登录页面如图2-198所示。首先在该登录页面输入企业邮箱和密码，如正确便可以登录到系统主界面，否则重新输入企业邮箱和密码再次登录。系统首页如图2-199所示。

图2-198　奶牛冷热应激日常行为采集分析系统登录页面

图2-199　奶牛冷热应激日常行为采集分析系统首页

## 2.10.2 应激行为数据管理

点击系统首页左侧菜单栏中的"应激行为数据管理",进入应激行为数据管理页面(图2-200)。该页面展示应激行为数据管理信息,主要包括应激行为数据编号、数据名、上传时间等信息,还可对每条应激行为数据进行"编辑""删除"操作。

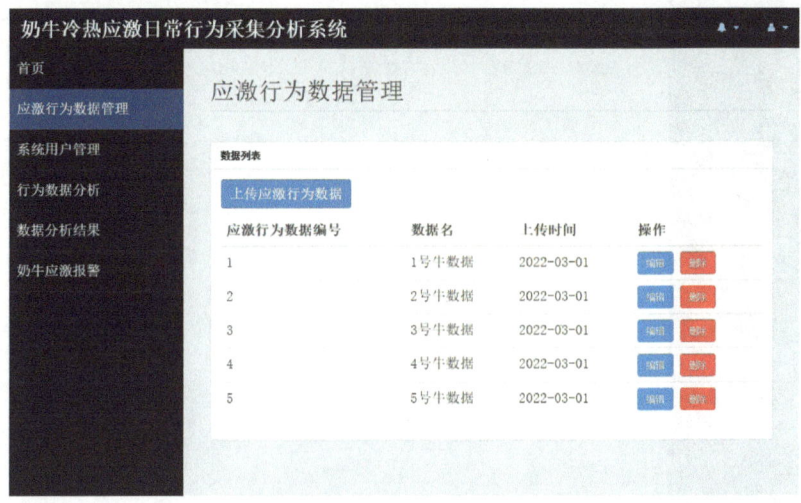

图2-200　奶牛冷热应激日常行为采集分析系统应激行为数据管理页面

### 2.10.2.1 上传

点击应激行为数据管理页面的"上传应激行为数据"按钮,就会弹出应激行为数据弹窗(图2-201),用于上传数据名等应激行为数据。点击"取消"按钮则退出弹窗并提示取消操作(图2-202),输入数据名信息后点击"确定"按钮,则上传数据,退出弹窗并提示操作成功(图2-203)。

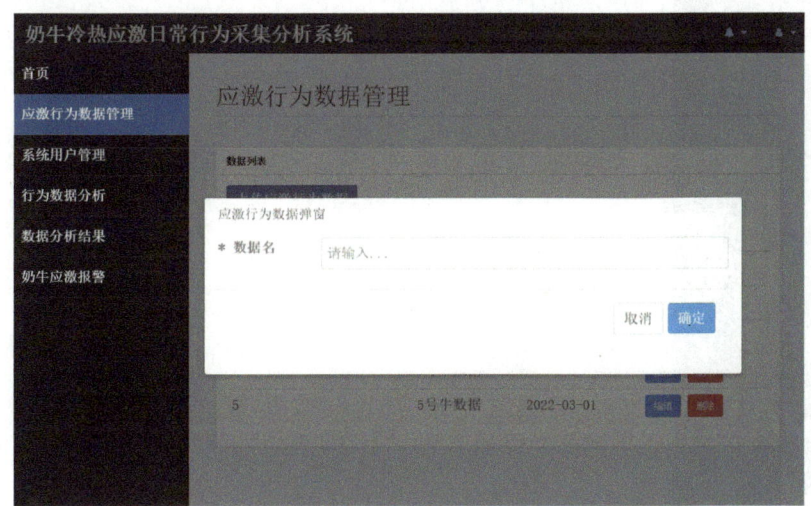

图2-201　奶牛冷热应激日常行为采集分析系统应激行为数据管理上传提示页面

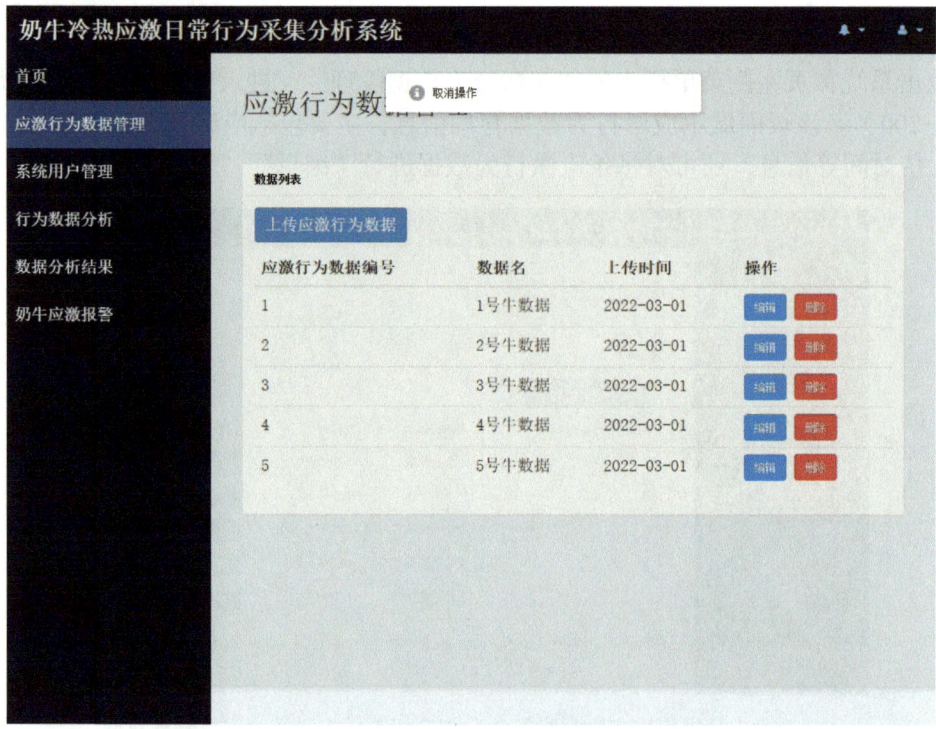

图2-202　奶牛冷热应激日常行为采集分析系统应激行为数据管理取消上传页面

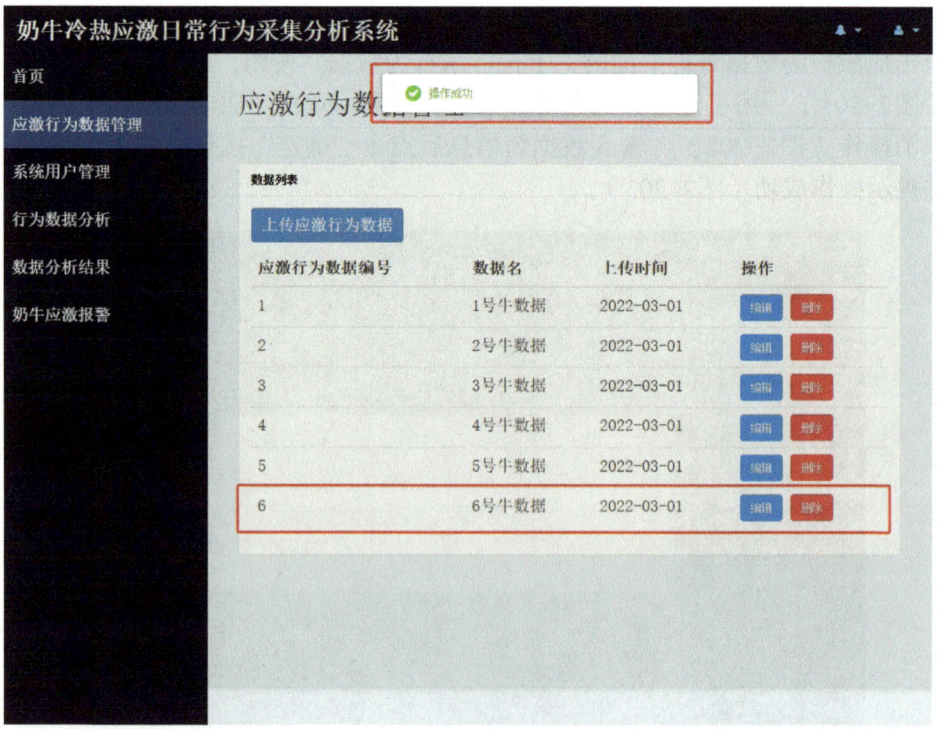

图2-203　奶牛冷热应激日常行为采集分析系统应激行为数据管理上传成功页面

## 2.10.2.2 编辑

点击应激行为数据管理页面右方的"编辑"按钮,就会弹出应激行为数据弹窗用于编辑应激行为数据信息(图2-204)。点击"取消"按钮将会退出应激行为数据弹窗并提示取消操作(图2-205),如果输入数据名信息点击"确定"按钮,就会完成编辑应激行为数据信息操作,并提示操作成功(图2-206)。

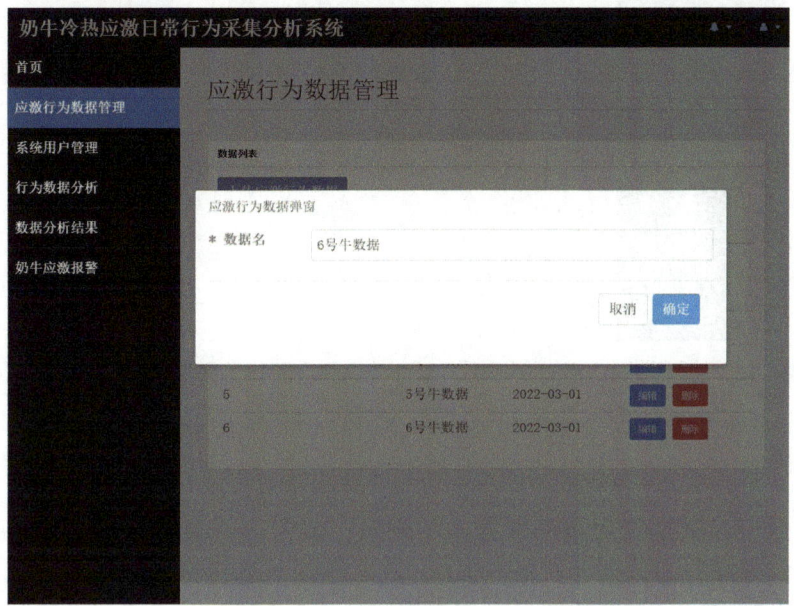

图2-204 奶牛冷热应激日常行为采集分析系统应激行为数据管理编辑提示页面

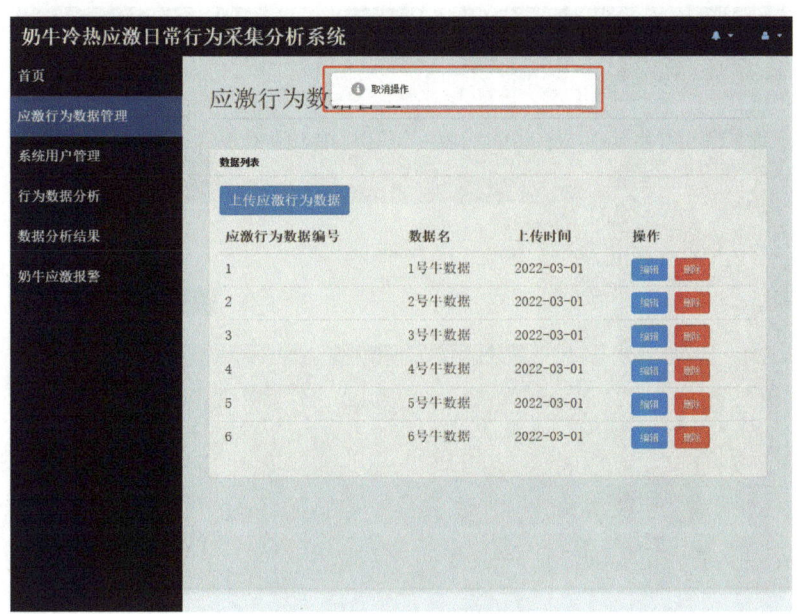

图2-205 奶牛冷热应激日常行为采集分析系统应激行为数据管理取消编辑页面

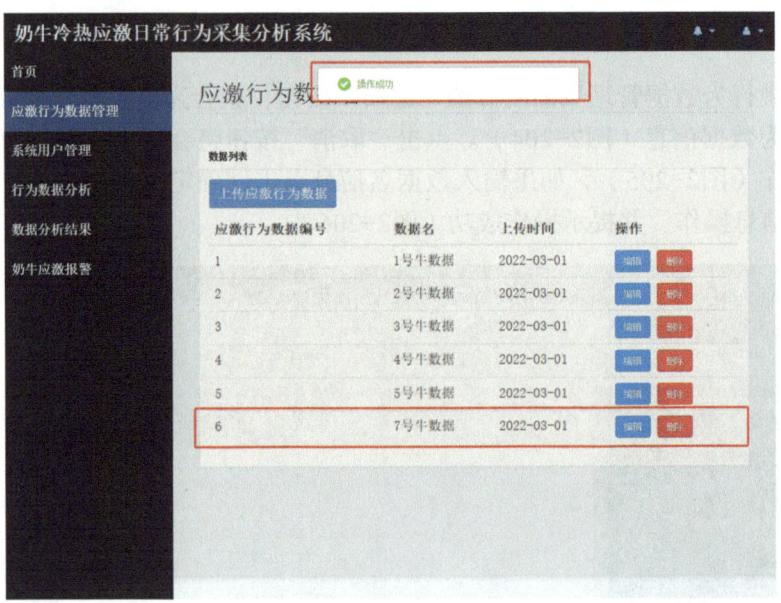

图2-206　奶牛冷热应激日常行为采集分析系统应激行为数据管理编辑成功页面

### 2.10.2.3　删除

点击应激行为数据管理页面右方的"删除"按钮，就会弹出删除信息弹窗用于再次确认删除该应激行为数据（图2-207）。进入删除信息弹窗后，如果点击"取消"按钮，将会退出删除信息弹窗并提示已取消删除（图2-208），点击"确定"按钮，就会完成删除应激行为数据信息操作并提示删除成功（图2-209）。

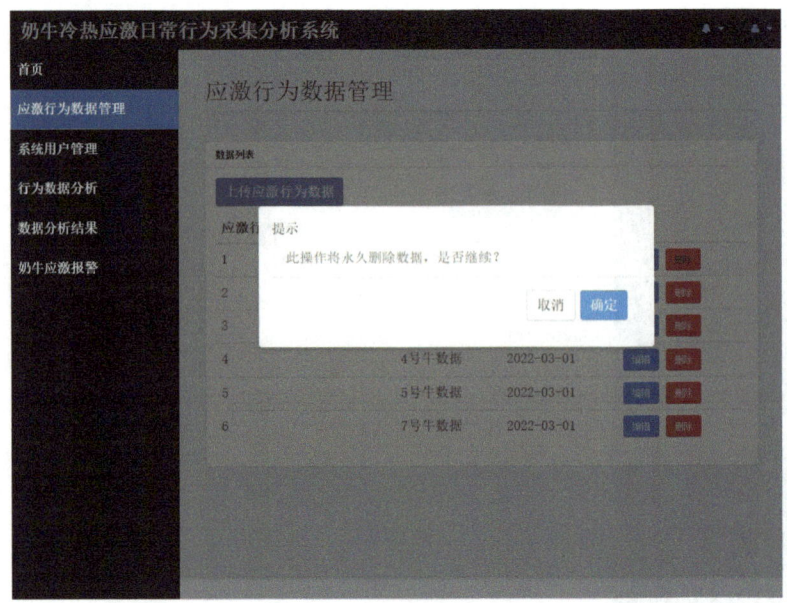

图2-207　奶牛冷热应激日常行为采集分析系统应激行为数据管理删除提示页面

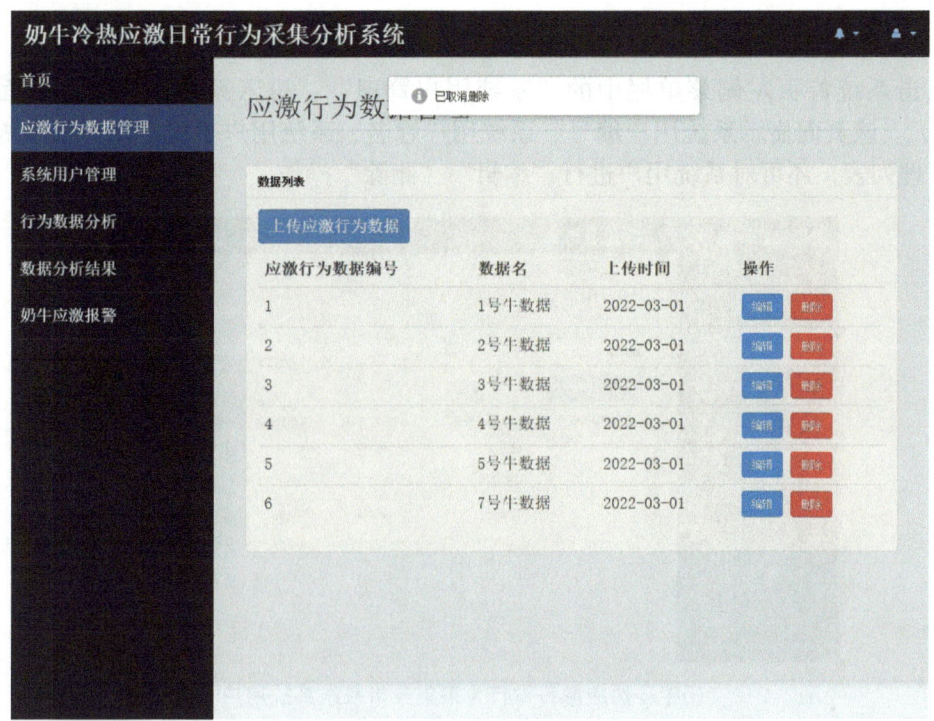

图2-208　奶牛冷热应激日常行为采集分析系统应激行为数据管理取消删除页面

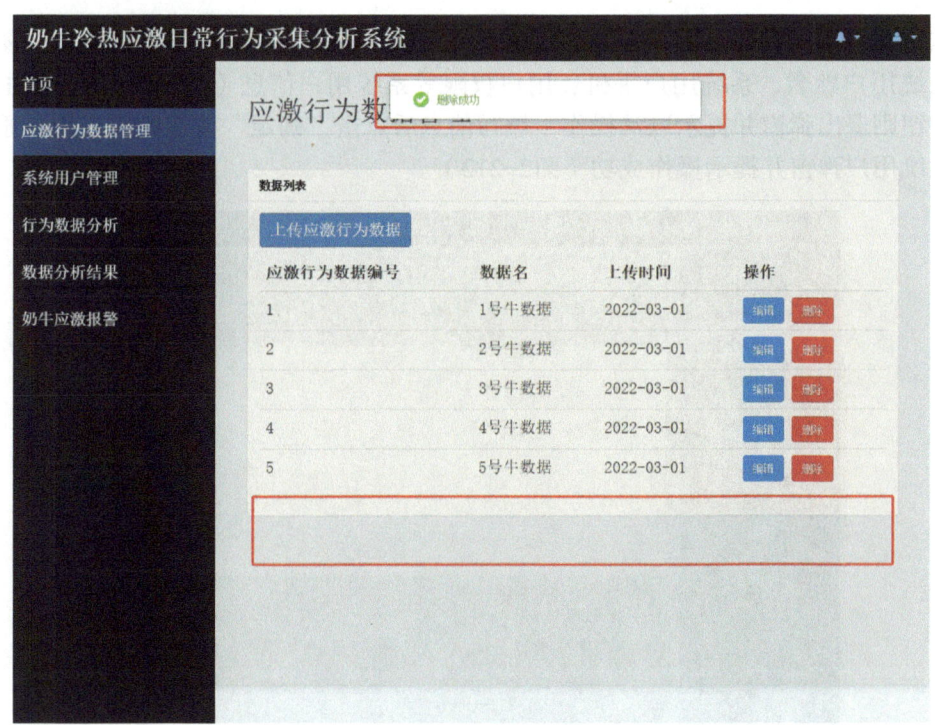

图2-209　奶牛冷热应激日常行为采集分析系统应激行为数据管理删除成功页面

### 2.10.3 系统用户管理

点击系统首页左侧菜单栏中的"系统用户管理",进入系统用户管理页面(图2-210)。该页面显示系统用户编号、系统用户姓名、系统用户手机、用户权限等系统用户管理列表,还可对系统用户进行"编辑""删除"操作。

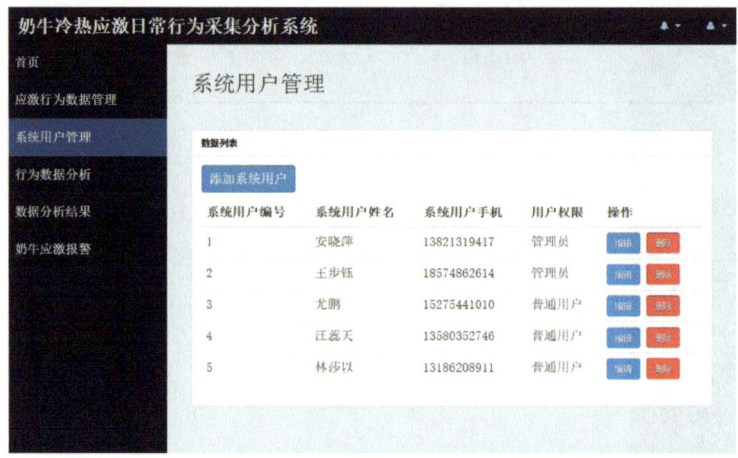

图2-210 奶牛冷热应激日常行为采集分析系统系统用户管理页面

#### 2.10.3.1 添加

点击系统用户管理页面上方的"添加系统用户"按钮,就会弹出系统用户弹窗用于添加系统用户姓名、系统用户手机、用户权限等系统用户信息(图2-211),点击"取消"按钮则退出弹窗并提示取消操作,填写信息后点击"确定"按钮则完成用户添加,退出系统用户弹窗并提示操作成功(图2-212)。

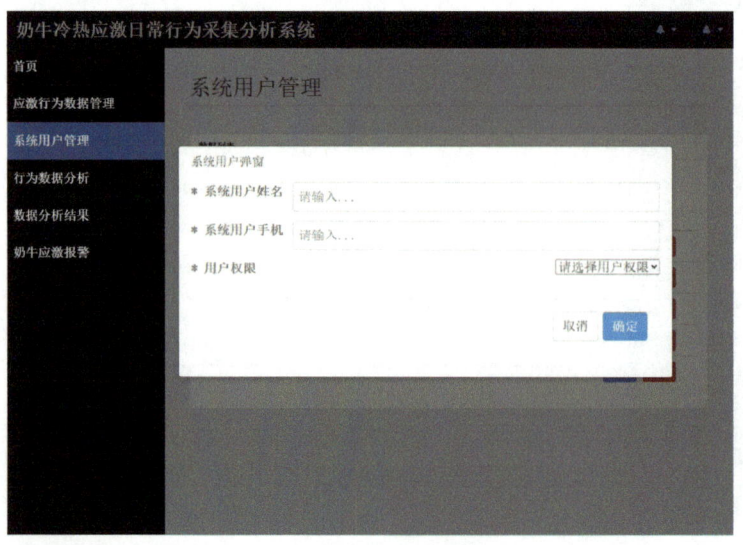

图2-211 奶牛冷热应激日常行为采集分析系统系统用户管理添加提示页面

第二章 奶牛日常行为体征管理

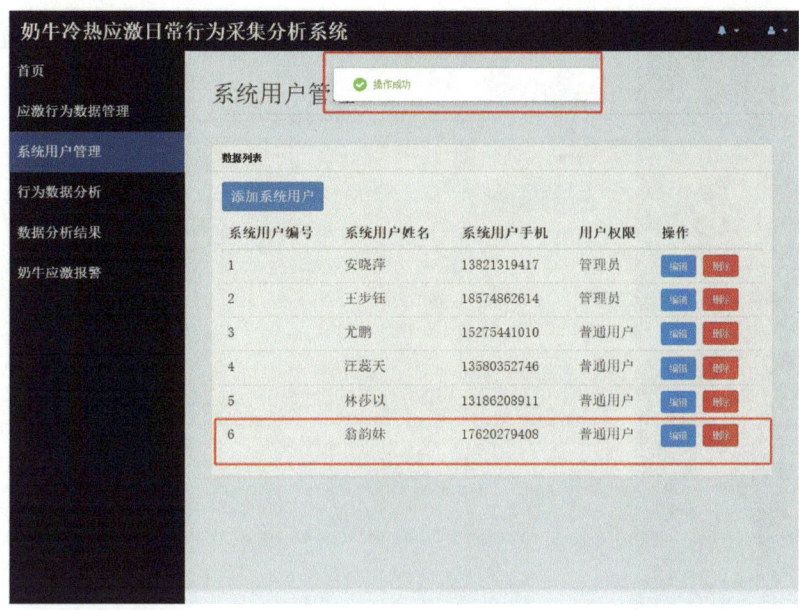

图2-212 奶牛冷热应激日常行为采集分析系统系统用户管理添加成功页面

### 2.10.3.2 编辑

点击系统用户管理页面右侧的"编辑"按钮,就会弹出系统用户弹窗用于编辑系统用户信息(图2-213)。进入系统用户弹窗后,可以编辑系统用户姓名、系统用户手机、用户权限等系统用户信息,点击"确定"按钮就会完成编辑系统用户信息操作并提示操作成功(图2-214)。

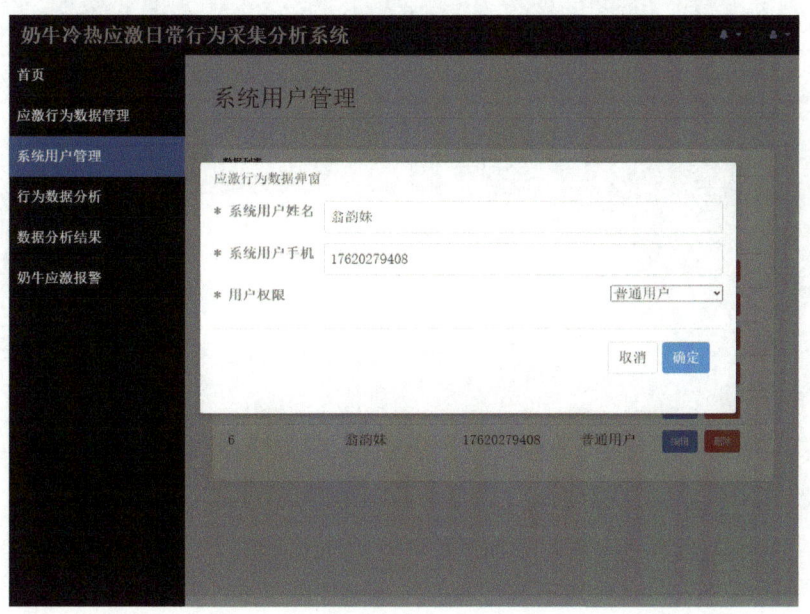

图2-213 奶牛冷热应激日常行为采集分析系统系统用户管理编辑提示页面

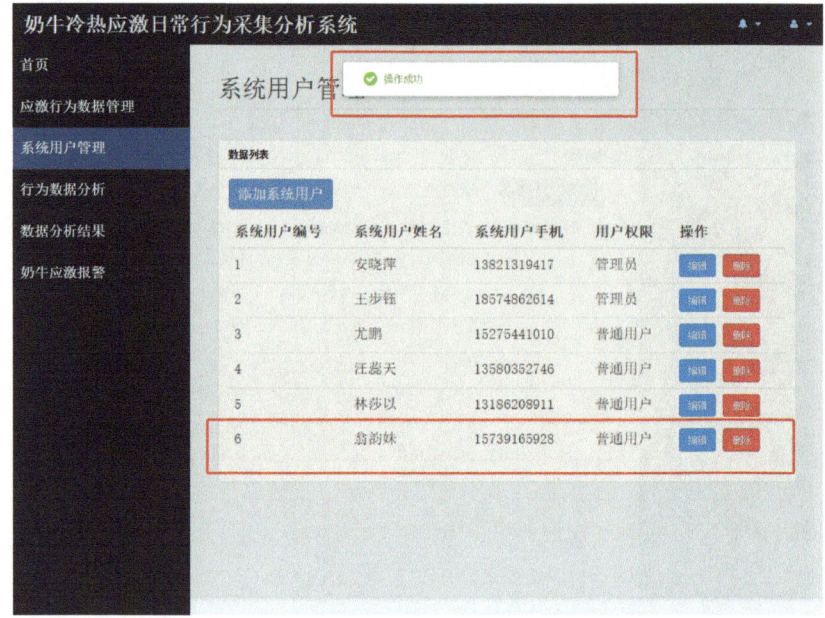

图2-214 奶牛冷热应激日常行为采集分析系统系统用户管理编辑成功页面

### 2.10.3.3 删除

点击系统用户管理页面右侧的"删除"按钮，就会弹出删除信息弹窗用于再次确认删除该系统用户信息（图2-215）。点击"确定"按钮就会完成删除系统用户信息操作，退出删除信息弹窗并提示操作成功（图2-216）。

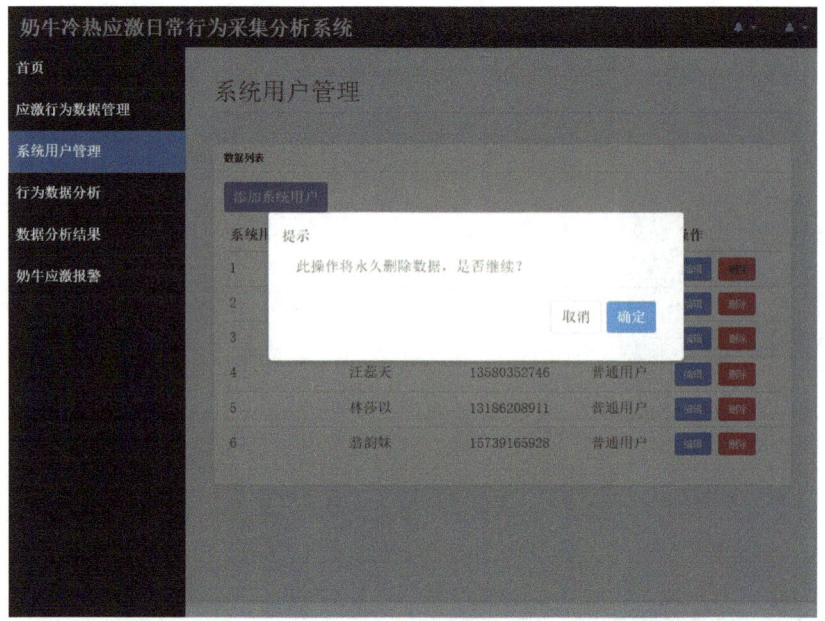

图2-215 奶牛冷热应激日常行为采集分析系统系统用户管理删除提示页面

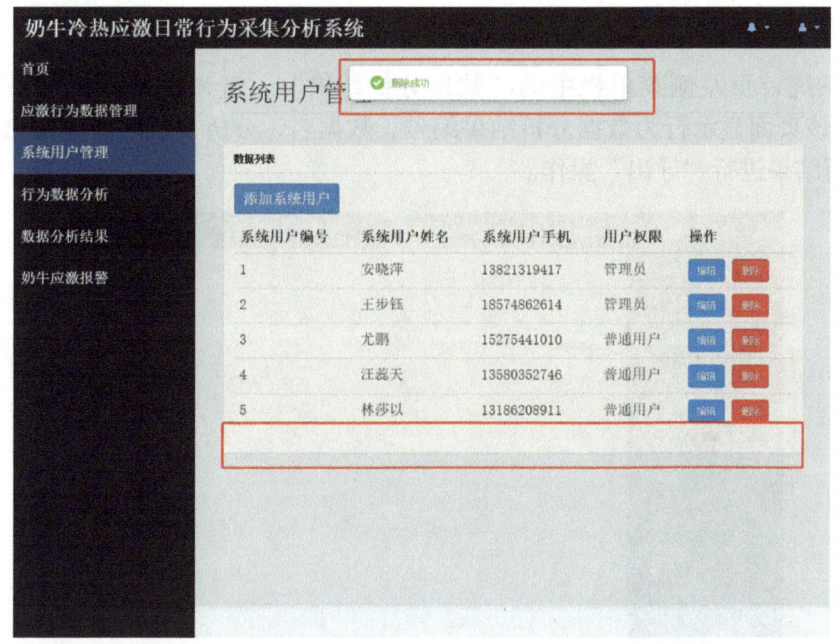

图2-216　奶牛冷热应激日常行为采集分析系统系统用户管理删除成功页面

## 2.10.4　行为数据分析

点击系统首页左侧菜单栏中的"行为数据分析",进入行为数据分析页面(图2-217)。该页面显示行为数据分析编号、数据名、分析状态等信息。

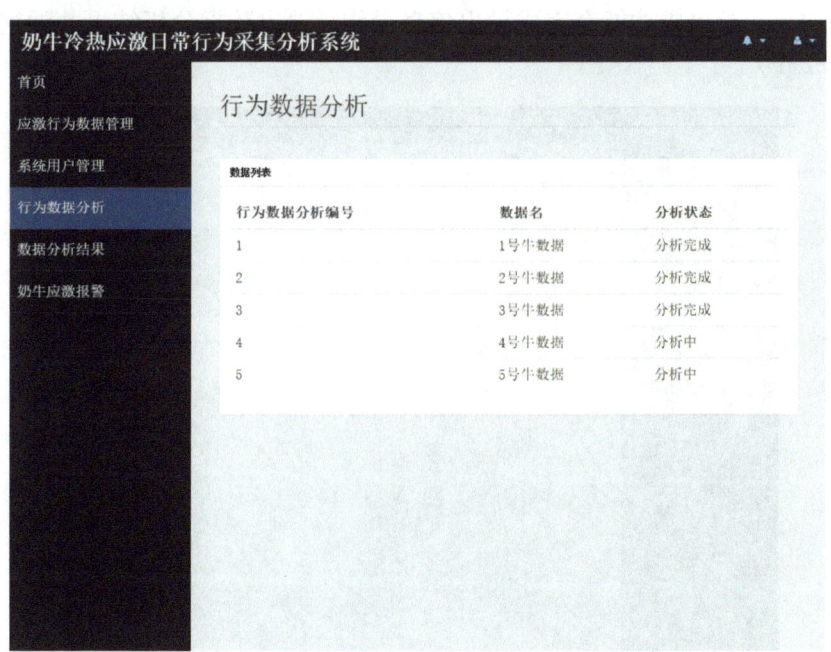

图2-217　奶牛冷热应激日常行为采集分析系统行为数据分析页面

### 2.10.5 数据分析结果

点击系统首页左侧菜单栏中的"数据分析结果",进入数据分析结果页面(图2-218)。该页面显示行为数据分析结果编号、数据名、分析完成时间等信息,还可以对数据分析结果进行"导出"操作。

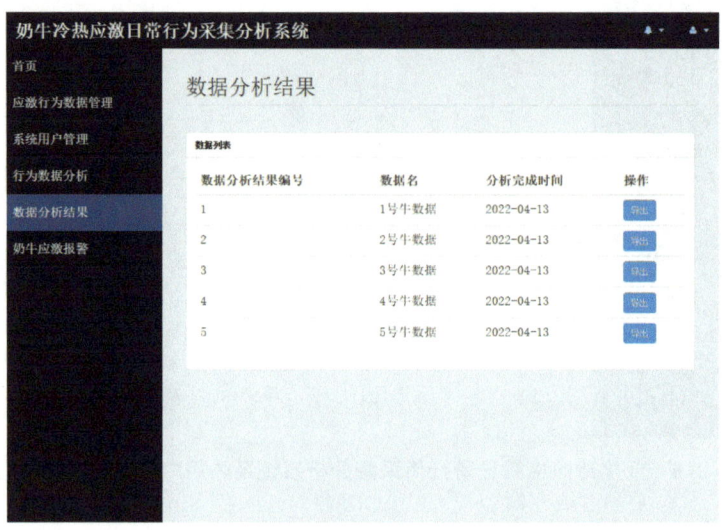

图2-218 奶牛冷热应激日常行为采集分析系统数据分析结果页面

点击数据分析结果页面操作列表中的"导出"按钮,就会弹出数据分析结果弹窗用于提示正在导出(图2-219)。如果导出失败将会退出数据分析结果弹窗并提示导出失败(图2-220),导出成功就会完成导出信息操作、退出数据分析结果并弹窗提示导出成功(图2-221)。

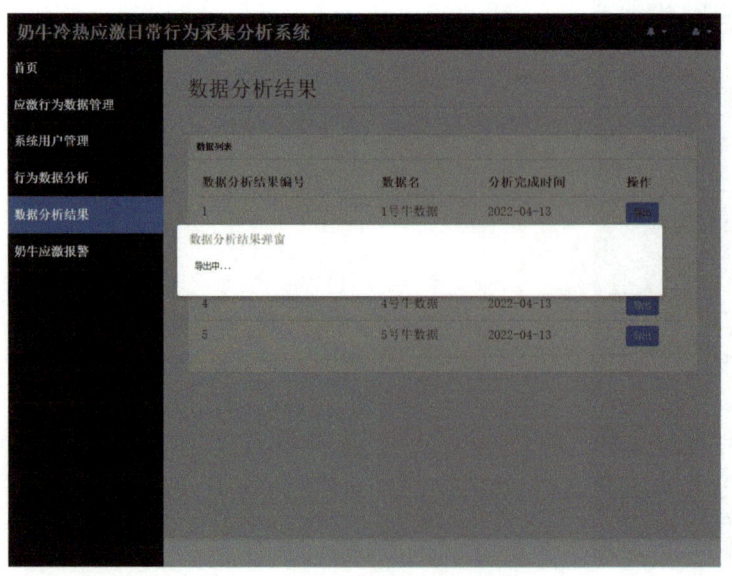

图2-219 奶牛冷热应激日常行为采集分析系统数据分析结果导出页面

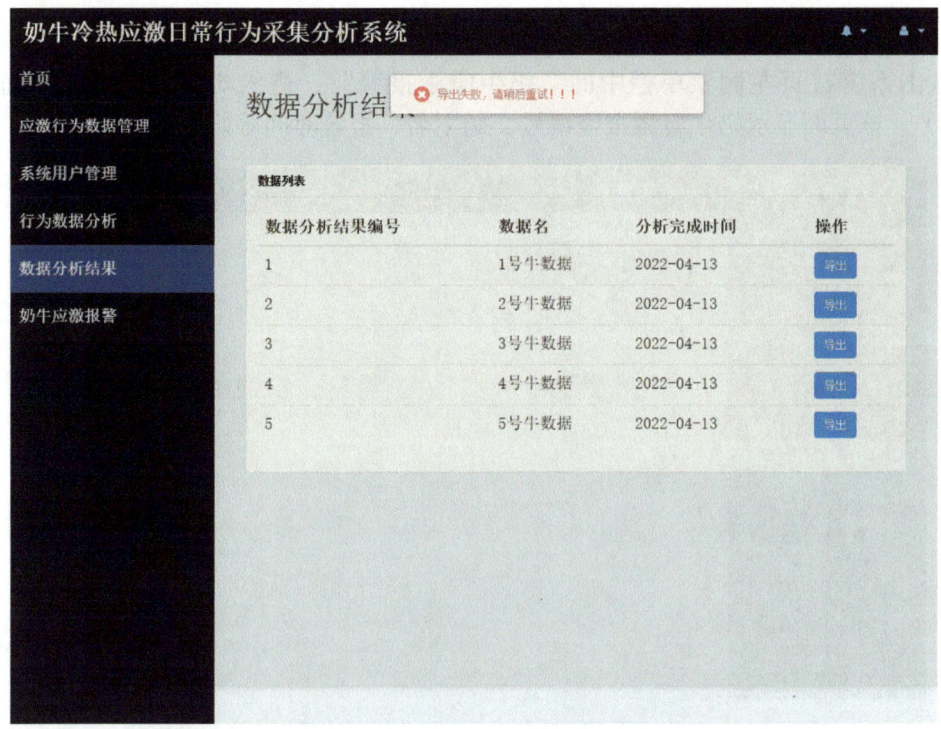

图2-220　奶牛冷热应激日常行为采集分析系统数据分析结果导出失败页面

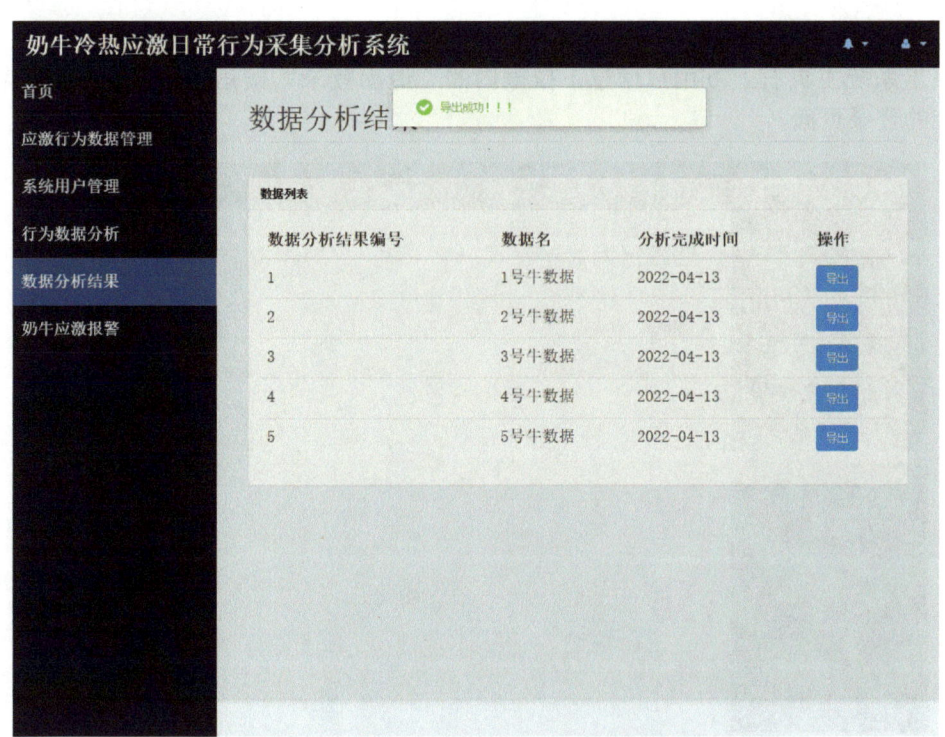

图2-221　奶牛冷热应激日常行为采集分析系统数据分析结果导出成功页面

### 2.10.6　奶牛应激报警

点击系统首页左侧菜单栏中的"奶牛应激报警",进入奶牛应激报警页面(图2-222)。该页面显示奶牛应激报警编号、奶牛名、报警时间等奶牛应激报警信息。

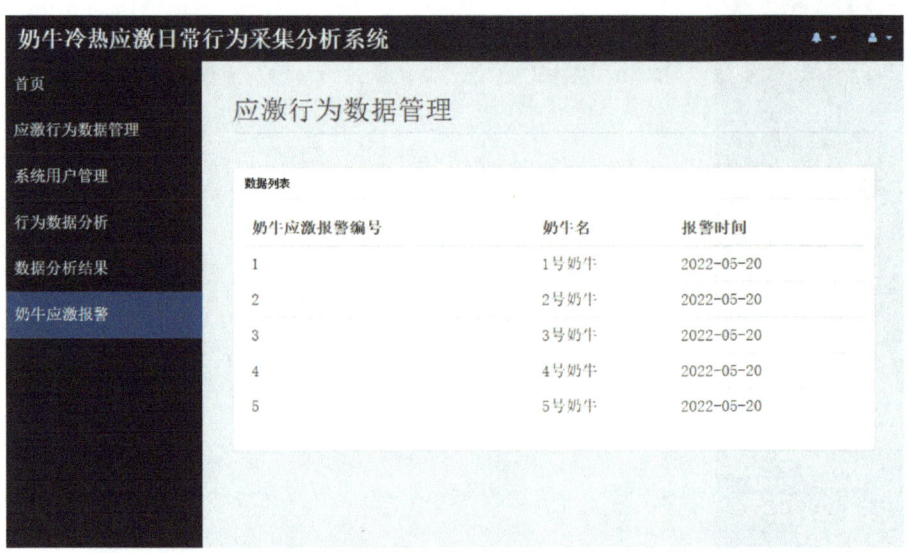

图2-222　奶牛冷热应激日常行为采集分析系统奶牛应激报警页面

### 2.10.7　系统退出

点击系统主页右上方用户信息下拉框内的"退出登录"按钮(图2-223),就会回到系统的登录页面。

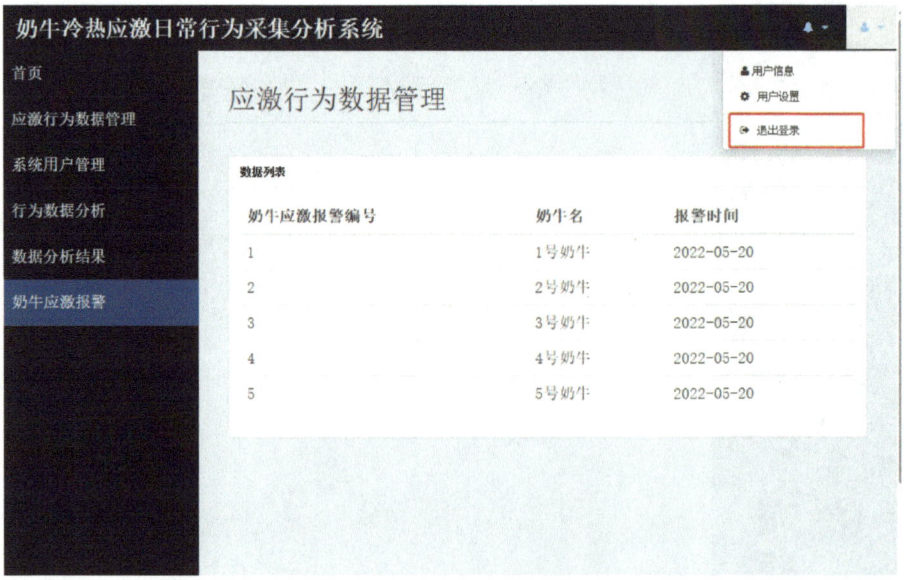

图2-223　奶牛冷热应激日常行为采集分析系统系统退出页面

## 2.11 热应激奶牛呼吸频率监测分析系统

热应激奶牛呼吸频率监测分析系统的开发目的是提供一种有效的方法,帮助农场主或养殖人员及时监测和分析奶牛的呼吸频率,从而准确评估奶牛的热应激状况。通过该系统,可以实时监测奶牛的健康状况,及早发现可能存在的问题,并采取相应的措施,以提高奶牛的生产性能和福利水平。本节主要介绍系统登录、传感器、数据共享、报警模块、管理评估和数据分析、系统退出等内容。

### 2.11.1 系统登录

热应激奶牛呼吸频率监测分析系统的登录页面如图2-224所示。该登录页面通常在系统启动时自动弹出,在输入用户名和密码后,点击"登录"按钮,系统会验证用户的身份,如果验证通过,用户就可以进入系统。

图2-224 热应激奶牛呼吸频率监测分析系统登录页面

### 2.11.2 传感器

进入系统后,点击系统主页左侧菜单栏中的"传感器",进入传感器页面(图2-225)。该页面主要展示数据采集时间、呼吸频率、体温、湿度、活动水平、状态描述等信息,还可对每条数据进行"编辑""删除"操作。

| 数据采集时间 | 呼吸频率 | 体温 | 湿度 | 活动水平 | 状态描述 | 操作 |
|---|---|---|---|---|---|---|
| 2023-12-11 08:00 | 20 | 38.5 | 60 | 一般活动 | 12.4 | 编辑 删除 |
| 2023-12-11 08:05 | 22 | 38.2 | 65 | 轻度活动 | 12.3 | 编辑 删除 |
| 2023-12-11 08:10 | 18 | 38.8 | 55 | 较高活动 | 12.5 | 编辑 删除 |
| 2023-12-11 08:15 | 23 | 38.7 | 70 | 非常活跃 | 12.7 | 编辑 删除 |
| 2023-12-11 08:20 | 21 | 38.4 | 58 | 一般活动 | 12.6 | 编辑 删除 |
| 2023-12-11 08:25 | 19 | 39 | 62 | 轻度活动 | 12.8 | 编辑 删除 |

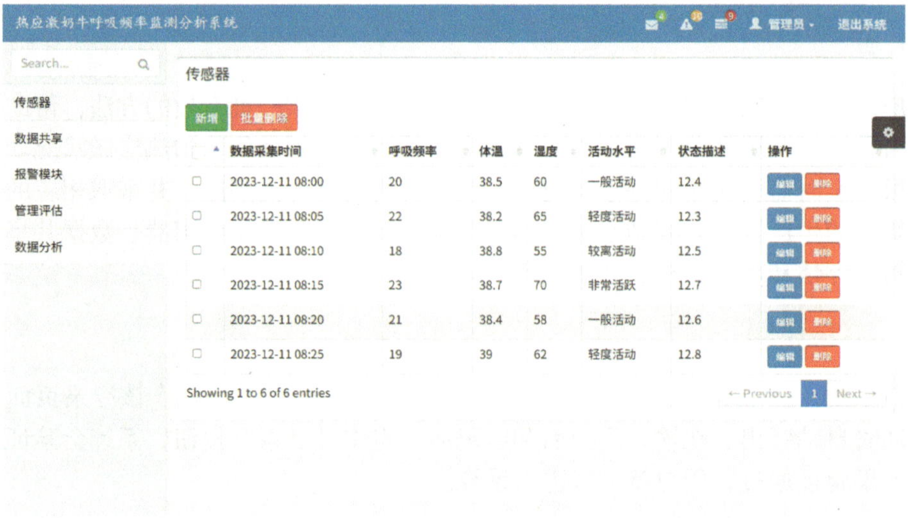

图2-225　热应激奶牛呼吸频率监测分析系统传感器页面

### 2.11.2.1　新增

点击传感器页面右上角的“新增”按钮，系统会自动弹出一个新增信息框（图2-226）。在信息框中填入数据采集时间、呼吸频率、体温、湿度、活动水平、状态描述等信息后点击“保存”按钮，数据则自动保存在传感器页面，并提示数据保存成功。

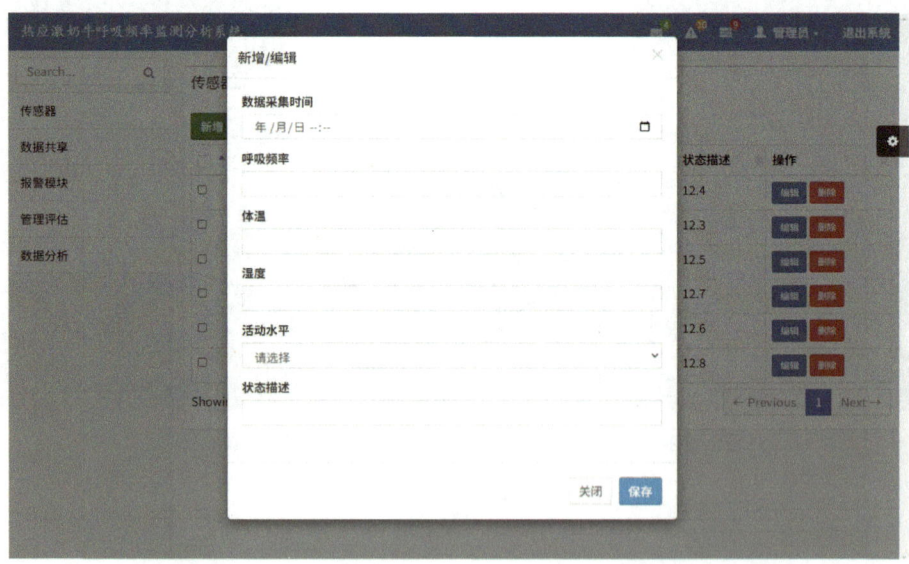

图2-226　热应激奶牛呼吸频率监测分析系统传感器新增页面

### 2.11.2.2　修改

点击传感器页面右侧操作列表中的“编辑”按钮，系统将弹出一个编辑信息框（图

2-227）。用户可以修改信息框中的所有内容，点击"保存"就会完成信息修改并提示操作成功。

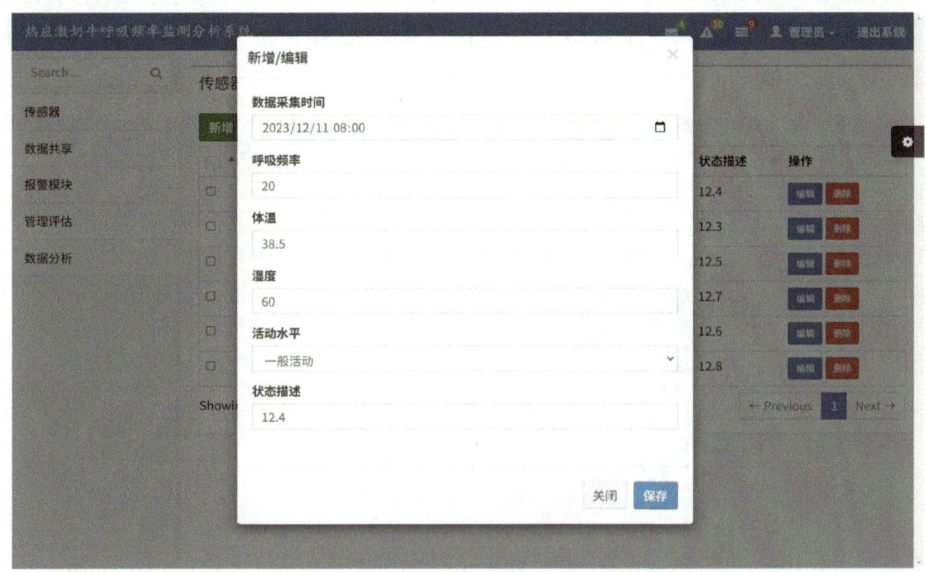

图2-227 热应激奶牛呼吸频率监测分析系统传感器修改页面

## 2.11.2.3 删除

点击传感器页面右侧操作列表中的"删除"按钮，就会弹出删除信息弹窗用于再次确认删除该传感器信息（图2-228）。点击"确定删除"按钮就会完成传感器信息删除并提示操作成功。

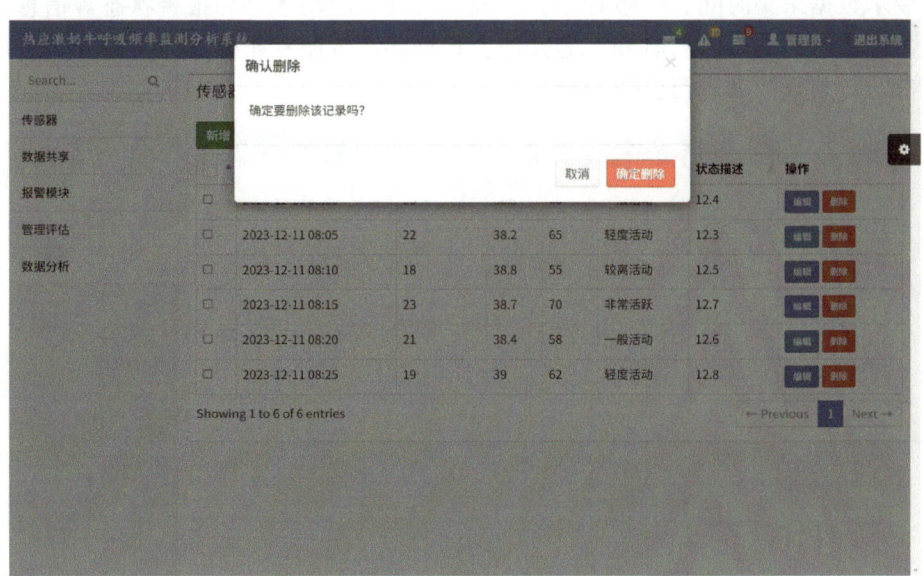

图2-228 热应激奶牛呼吸频率监测分析系统传感器删除页面

#### 2.11.2.4 全部删除

点击传感器页面右上方的"全部删除"按钮,就会弹出删除信息弹窗用于再次确认删除所勾选的传感器信息(图2-229)。点击"确定删除"按钮就会完成所选传感器信息删除并提示操作成功。

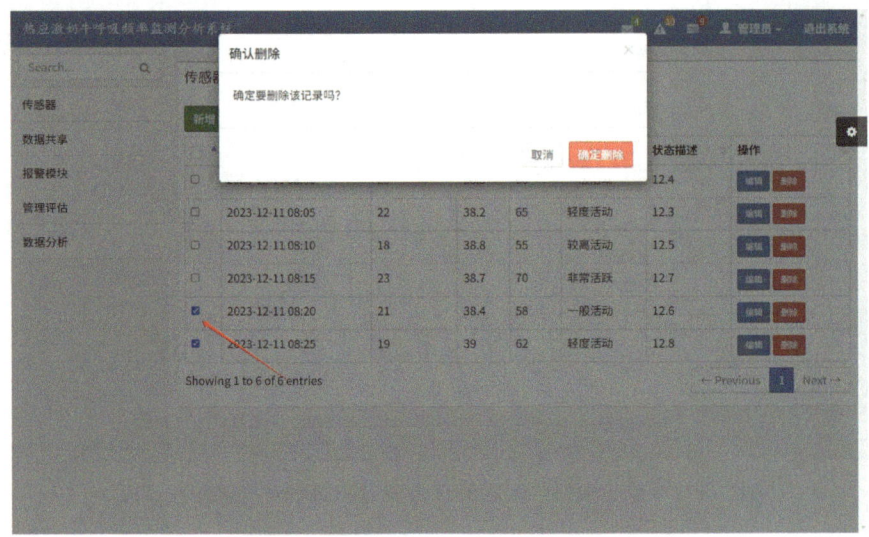

图2-229 热应激奶牛呼吸频率监测分析系统传感器全部删除页面

### 2.11.3 数据共享

点击系统主页左侧菜单栏中的"数据共享",进入数据共享页面(图2-230)。该页面主要展示数据采集时间、呼吸频率、体温、湿度、活动水平和报警状态等信息,还可对每条数据进行"编辑""删除"等操作。数据共享方便专家或其他相关人员进行远程指导和参与,共享数据进行合作分析。

图2-230 热应激奶牛呼吸频率监测分析系统数据共享页面

## 2.11.3.1 新增

点击数据共享页面右上角的"新增"按钮,系统会自动弹出一个新增信息框(图2-231)。在信息框中填入数据采集时间、呼吸频率、体温、湿度、活动水平和报警状态等信息后点击"保存"按钮,数据则自动保存在数据共享页面,并提示数据保存成功。

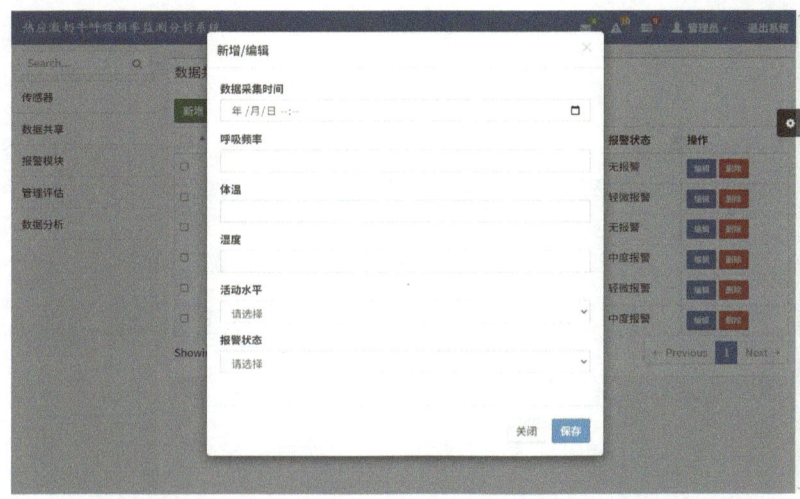

图2-231　热应激奶牛呼吸频率监测分析系统数据共享新增页面

## 2.11.3.2 修改

点击数据共享页面右侧操作列表中的"编辑"按钮,系统将弹出一个编辑信息框(图2-232)。用户可以修改信息框中的数据共享信息,点击"保存"按钮就会完成信息修改并提示操作成功。

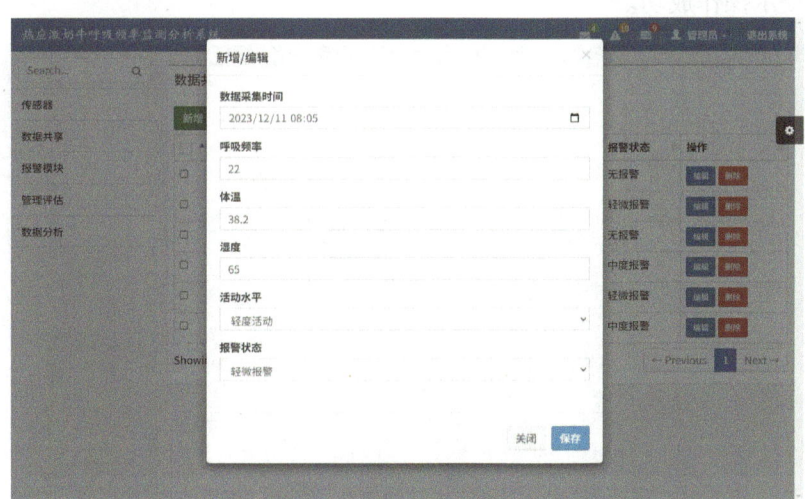

图2-232　热应激奶牛呼吸频率监测分析系统数据共享修改页面

### 2.11.3.3　删除

点击数据共享页面右侧操作列表中的"删除"按钮，就会弹出删除信息弹窗用于再次确认删除该共享数据（图2-233）。点击"确定删除"按钮就会完成数据共享信息删除并提示操作成功。

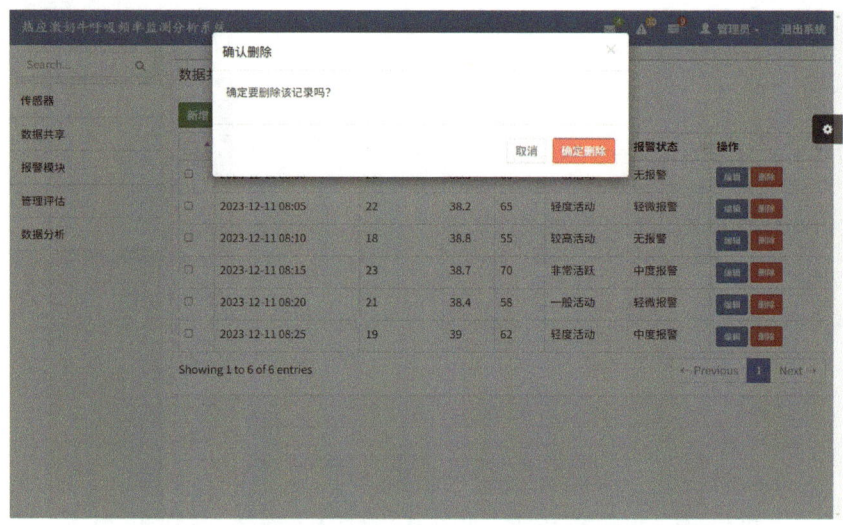

图2-233　热应激奶牛呼吸频率监测分析系统数据共享删除页面

### 2.11.3.4　全部删除

点击数据共享页面右上方的"全部删除"按钮，就会弹出删除信息弹窗用于再次确认删除所勾选的全部共享信息（图2-234）。点击"确定删除"按钮就会完成所选共享数据删除并提示操作成功。

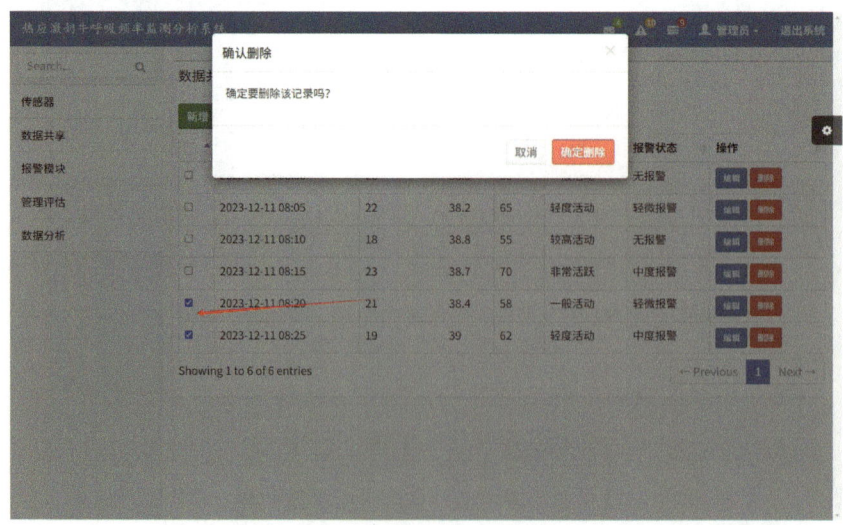

图2-234　热应激奶牛呼吸频率监测分析系统数据共享全部删除页面

## 2.11.4 报警模块

点击系统主页左侧菜单栏中的"报警模块",进入报警模块页面(图2-235)。该页面主要展示奶牛ID、监测时间、体温、湿度、呼吸频率、活动状态等信息,还可对每条数据进行"编辑""删除"等操作。报警模块根据预设的阈值,实时监测数据并触发报警,提醒养殖人员采取及时的保护措施。

图2-235 热应激奶牛呼吸频率监测分析系统报警模块页面

### 2.11.4.1 新增

点击报警模块页面右上角的"新增"符号,会自动弹出一个新增信息框(图2-236)。在信息框中填入奶牛ID、监测时间、体温、湿度、呼吸频率、活动状态信息后点击"保存"按钮,数据则自动保存在报警模块页面,并提示数据保存成功。

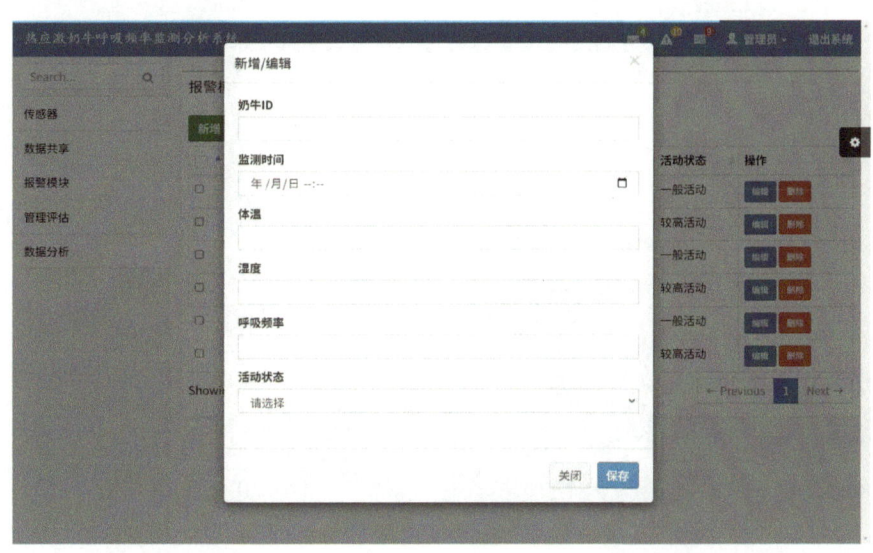

图2-236 热应激奶牛呼吸频率监测分析系统报警模块新增页面

## 2.11.4.2 修改

点击报警模块页面右侧操作列表中的"编辑"按钮，系统将自动弹出一个编辑信息框（图2-237）。用户可以修改信息框中的报警信息，点击"保存"按钮就会完成信息修改并提示操作成功。

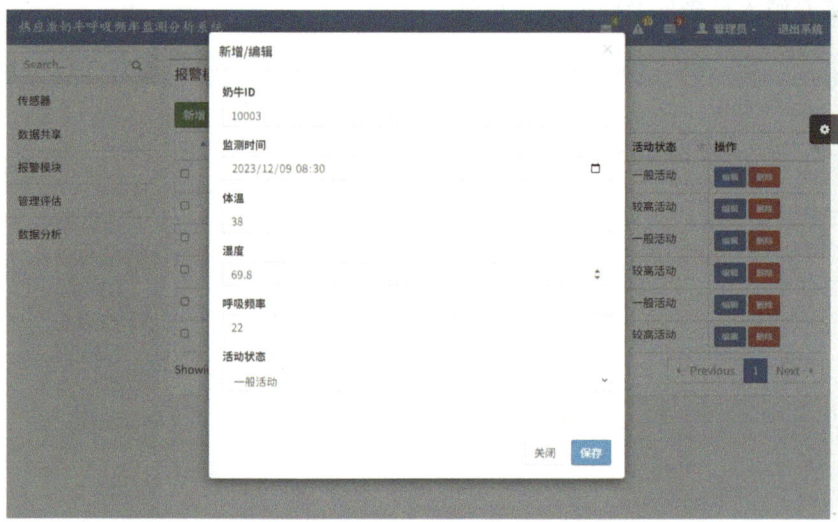

图2-237　热应激奶牛呼吸频率监测分析系统报警模块修改页面

## 2.11.4.3 删除

点击报警模块页面右侧操作列表中的"删除"按钮，就会弹出删除信息弹窗用于再次确认删除该报警信息（图2-238）。点击"确定删除"按钮就会完成报警信息删除并提示操作成功。

图2-238　热应激奶牛呼吸频率监测分析系统报警模块删除页面

### 2.11.4.4 全部删除

点击报警模块页面右上方的"全部删除"按钮，就会弹出删除信息弹窗用于再次确认删除所勾选的全部报警信息（图2-239）。点击"确定删除"按钮就会完成所选报警信息删除并提示操作成功。

图2-239　热应激奶牛呼吸频率监测分析系统报警模块全部删除页面

### 2.11.5　管理评估

点击系统主页左侧菜单栏中的"管理评估"，进入管理评估页面（图2-240）。该页面主要展示奶牛ID、呼吸频率、体温、活动水平、环境评估、管理评估等信息，还可对每条数据进行"编辑""删除"等操作。管理评估根据数据分析结果，评估养殖环境和管理措施的有效性，并为决策提供科学依据。

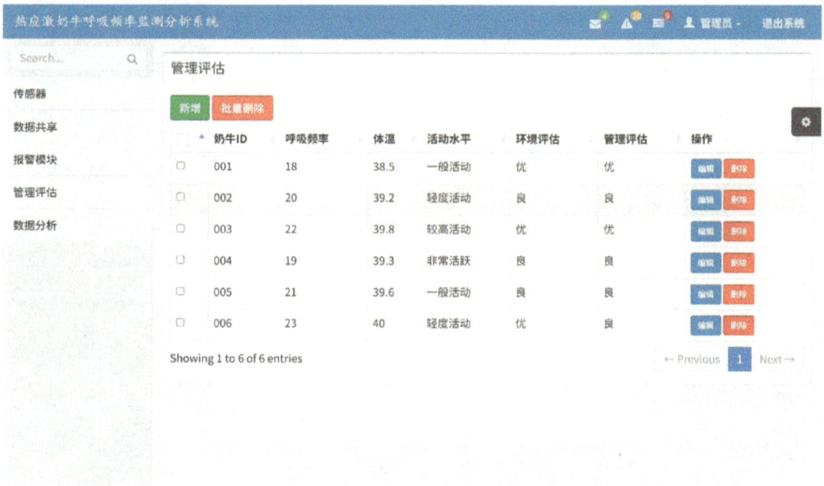

图2-240　热应激奶牛呼吸频率监测分析系统管理评估页面

#### 2.11.5.1 新增

点击管理评估页面右上角的"新增"按钮，会自动弹出一个新增信息框（图2-241）。在信息框中填入奶牛ID、呼吸频率、体温、活动水平、环境评估、管理评估等信息后点击"保存"按钮，数据则自动保存在管理评估页面，并提示数据保存成功。

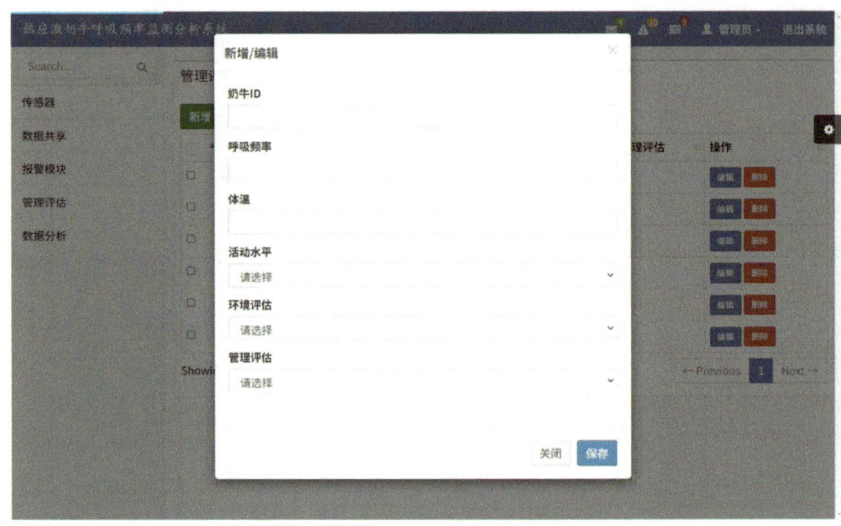

图2-241 热应激奶牛呼吸频率监测分析系统管理评估新增页面

#### 2.11.5.2 修改

点击管理评估页面右侧操作列表中的"编辑"按钮，系统将自动弹出一个编辑信息框（图2-242）。用户可以修改信息框中的管理评估信息，点击"保存"按钮就会完成信息修改并提示操作成功。

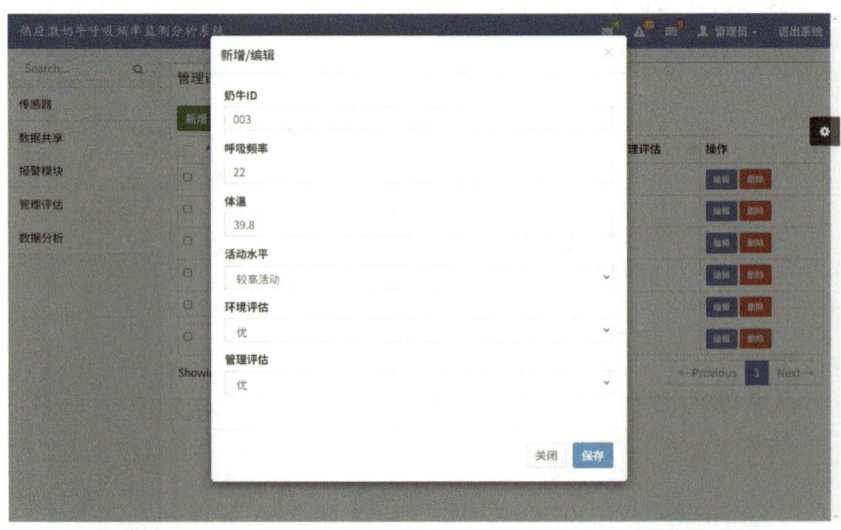

图2-242 热应激奶牛呼吸频率监测分析系统管理评估修改页面

### 2.11.5.3 删除

点击管理评估页面右侧操作列表中的"删除"按钮,就会弹出删除信息弹窗用于再次确认删除该管理评估信息(图2-243)。点击"确定删除"按钮就会完成管理评估信息删除并提示操作成功。

图2-243 热应激奶牛呼吸频率监测分析系统管理评估删除页面

### 2.11.5.4 全部删除

点击管理评估页面右上方的"全部删除"按钮,就会弹出删除信息弹窗用于再次确认删除所勾选的全部管理评估信息(图2-244)。点击"确定删除"按钮就会完成所选管理评估信息删除并提示操作成功。

图2-244 热应激奶牛呼吸频率监测分析系统管理评估全部删除页面

### 2.11.6 数据分析

点击系统主页左侧菜单栏中的"数据分析",进入数据分析页面(图2-245)。该页面主要展示记录日期、呼吸频率、活动水平、环境温度、湿度、分析结果等信息,还可对每条数据进行"编辑""删除"等操作。数据分析对采集到的数据进行深度分析和处理,判断奶牛是否存在热应激状况。

图2-245 热应激奶牛呼吸频率监测分析系统数据分析页面

#### 2.11.6.1 新增

点击数据分析页面右上角的"新增"按钮,系统会自动弹出一个新增信息框(图2-246)。在信息框中填入记录日期、呼吸频率、活动水平、环境温度、湿度、分析结果等信息后点击"保存"按钮,数据则自动保存在数据分析页面,并提示数据保存成功。

图2-246 热应激奶牛呼吸频率监测分析系统数据分析新增页面

### 2.11.6.2 修改

点击数据分析页面右侧操作列表中的"编辑"按钮,系统将自动弹出一个编辑信息框(图2-247)。用户可以修改信息框中的数据分析信息,点击"保存"按钮就会完成信息修改并提示操作成功。

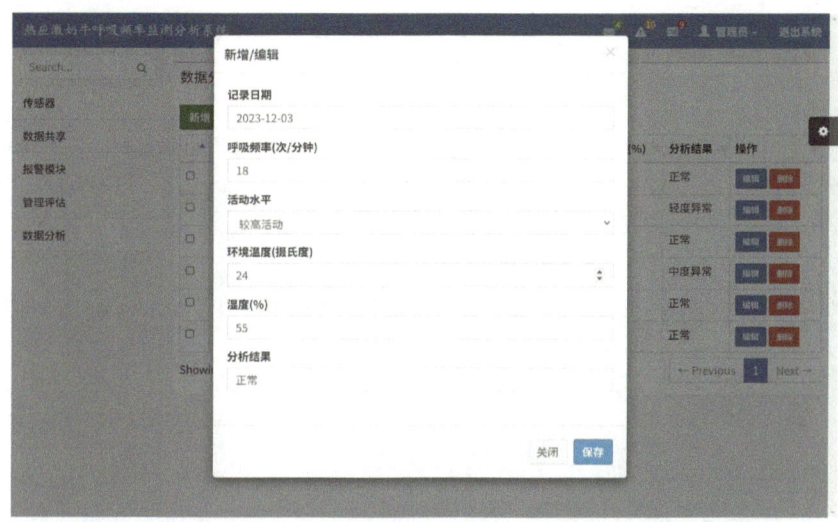

图2-247 热应激奶牛呼吸频率监测分析系统数据分析修改页面

### 2.11.6.3 删除

点击数据分析页面右侧操作列表中的"删除"按钮,就会弹出删除信息弹窗用于再次确认删除该数据信息(图2-248)。点击"确定删除"按钮就会完成数据删除并提示操作成功。

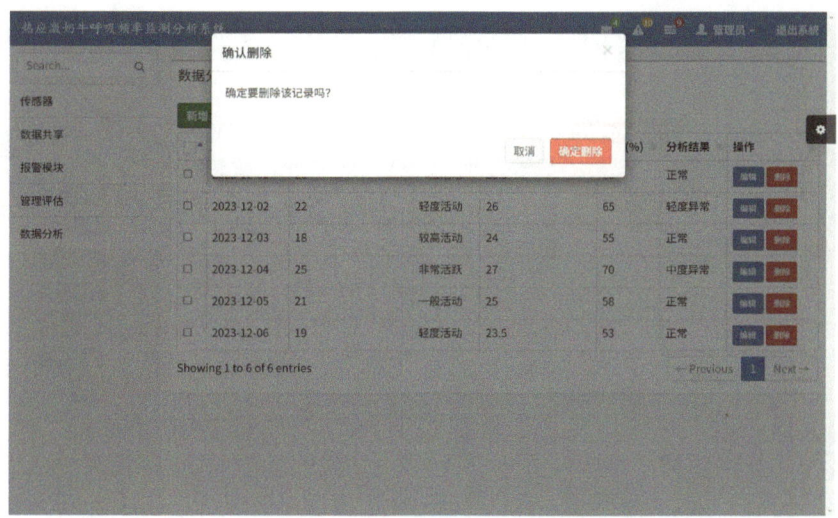

图2-248 热应激奶牛呼吸频率监测分析系统数据分析删除页面

#### 2.11.6.4　全部删除

点击数据分析页面右上方的"全部删除"按钮，就会弹出删除信息弹窗用于再次确认删除所勾选的全部数据分析信息（图2-249）。点击"确定删除"按钮就会完成所选数据删除并提示操作成功。

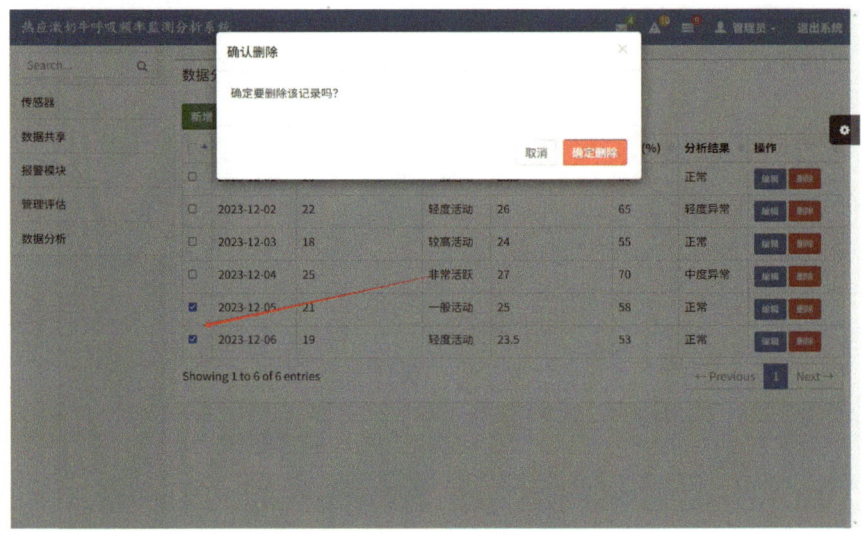

图2-249　热应激奶牛呼吸频率监测分析系统数据分析全部删除页面

### 2.11.7　系统退出

点击系统主页左下方的用户头像即可弹出退出系统选项，点击"退出系统"按钮即可退出系统（图2-250）。如果有未保存的数据，需要先将其保存。在保存数据之前，需要先确认数据的正确性和完整性，以免数据丢失或损坏。

图2-250　热应激奶牛呼吸频率监测分析系统退出页面

## 2.12 热应激期奶牛饮水特征智能分析系统

热应激期奶牛饮水特征智能分析系统利用人工智能技术对奶牛的饮水行为进行智能监测和分析，帮助养殖人员进行预警和预测，提前发现潜在的饮水异常情况，并及时采取相应措施，保障奶牛的健康和生产性能。本节主要介绍系统登录、热应激分析、饮水统计、健康状况、抗热应激营养方案、角色权限、系统退出等内容。

### 2.12.1 系统登录

热应激期奶牛饮水特征智能分析系统登录页面如图2-251所示。在登录页面输入账号、密码后点击"登录"按钮，当账号、密码与系统一致时，登录成功并跳转至首页（图2-252）。当用户输入的账号、密码与系统不一致时，需要重新登录。

图2-251　热应激期奶牛饮水特征智能分析系统登录页面

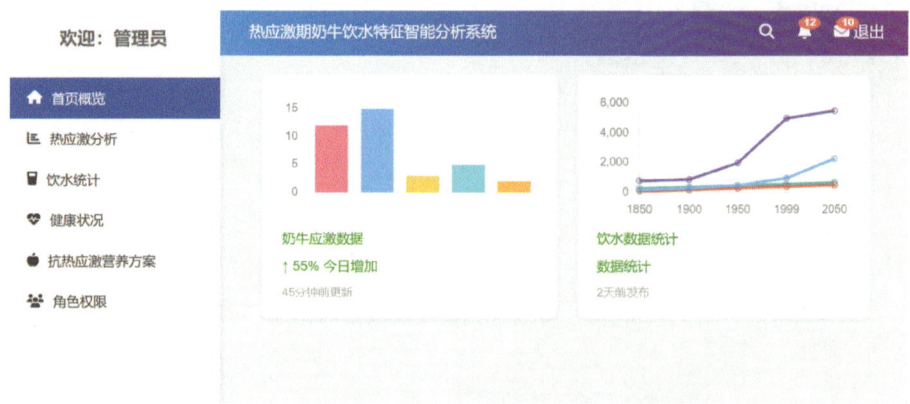

图2-252　热应激期奶牛饮水特征智能分析系统首页

### 2.12.2 热应激分析

进入系统首页后,点击左侧菜单栏中的"热应激分析"按钮,进入热应激分析页面(图2-253)。该页面展示了分析对象、热应激阈值、应激反馈、录入时间等信息,还可对每条信息进行"修改""删除"操作。

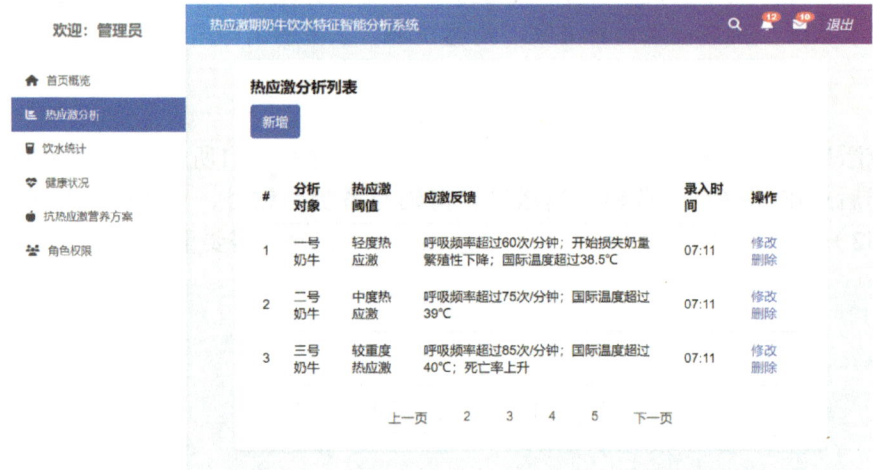

图2-253 热应激期奶牛饮水特征智能分析系统热应激分析页面

#### 2.12.2.1 新增

点击热应激分析页面的"新增"按钮,可直接跳转到信息新增输入页面,在表格中分别填写分析对象、热应激阈值、应激反馈、录入时间的内容,点击"确定"按钮。系统弹窗提示以确定新增内容(图2-254),点击"确定"按钮即可新增成功,并返回上一级页面,新增数据会展示在热应激分析页面上(图2-255)。

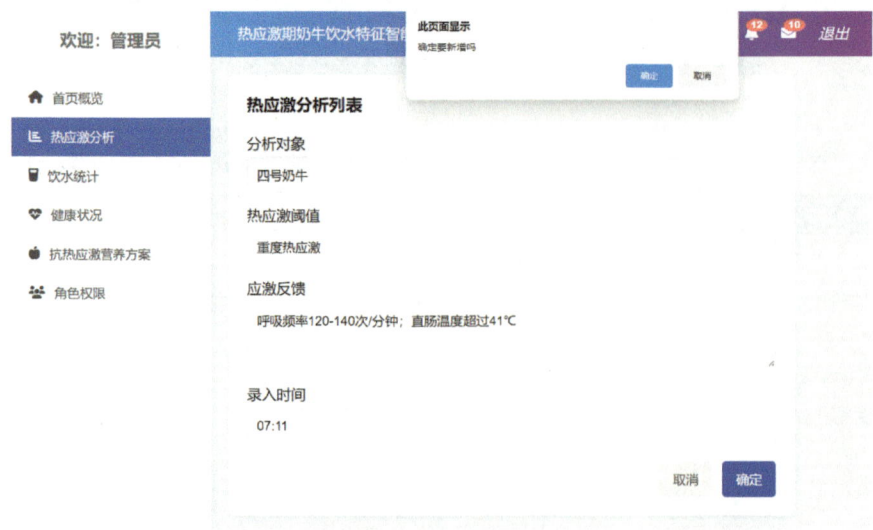

图2-254 热应激期奶牛饮水特征智能分析系统热应激分析新增页面

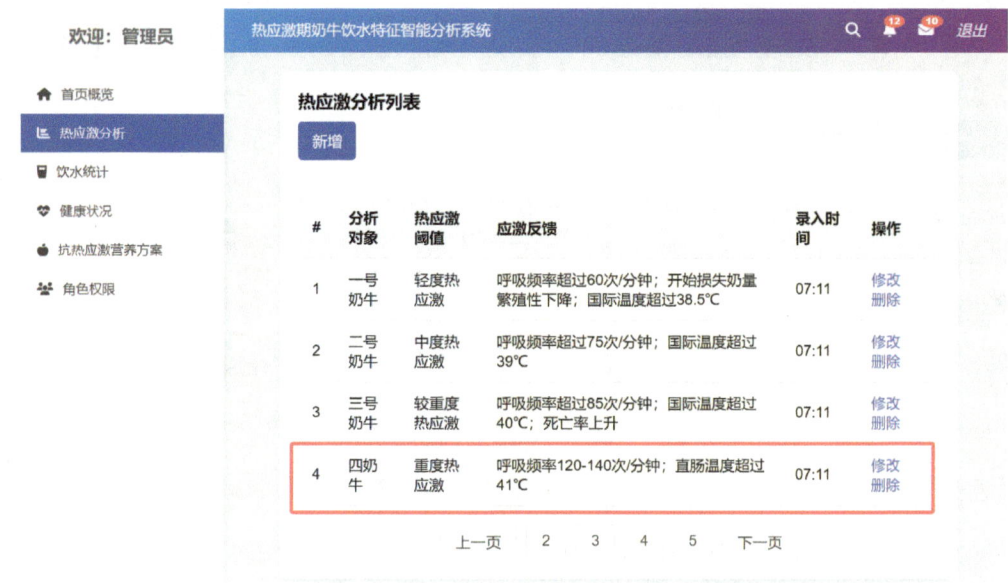

图2-255　热应激期奶牛饮水特征智能分析系统热应激分析新增成功页面

## 2.12.2.2　修改

点击热应激分析页面操作列表中的"修改"按钮，可直接跳转到对应的数据信息编辑输入界面，可对热应激分析相关数据进行修改，点击"确定"按钮弹窗提示以确认修改内容（图2-256）。点击"确定"按钮即可修改成功，并返回上一级页面，修改数据会展示在热应激分析页面上（图2-257）。

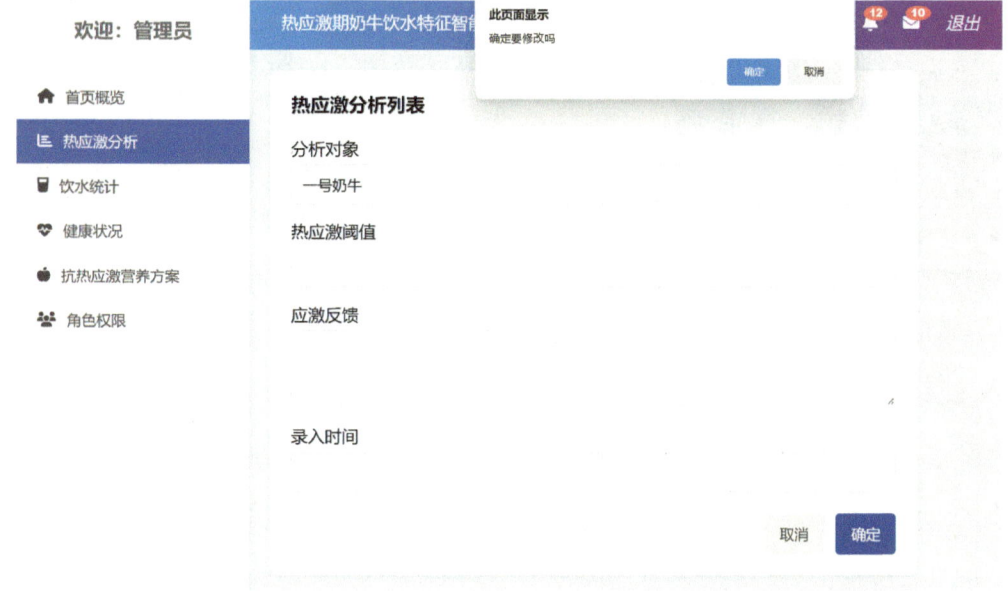

图2-256　热应激期奶牛饮水特征智能分析系统热应激分析修改页面

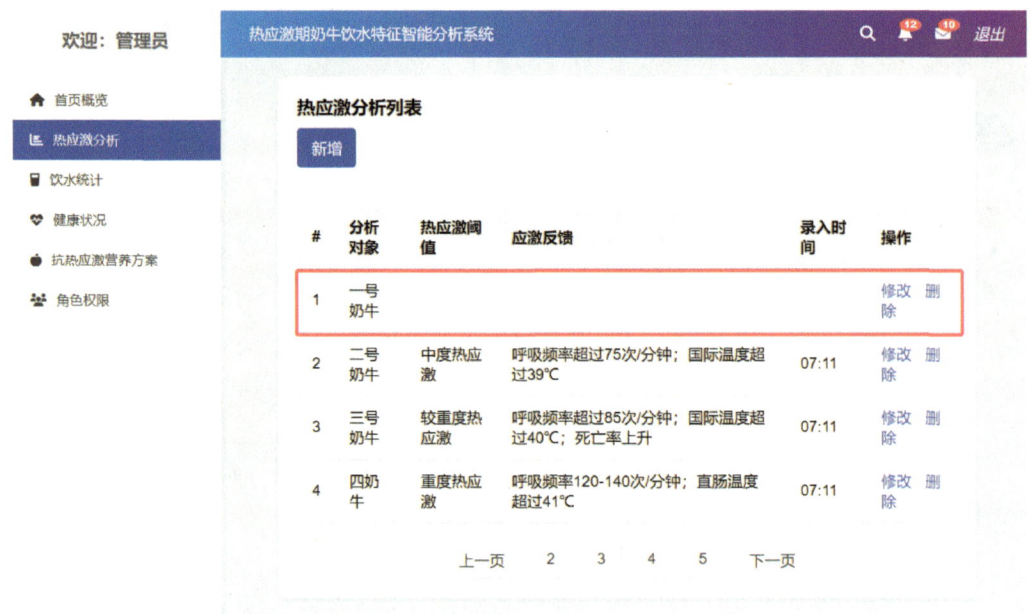

图2-257　热应激期奶牛饮水特征智能分析系统热应激分析修改成功页面

## 2.12.2.3　删除

点击热应激分析页面操作列表中的"删除"按钮，就会弹框显示是否选择删除热应激分析提示（图2-258）。点击"确定"按钮即可删除成功，并返回上一级页面，已删除的数据不会在热应激分析页面显示。

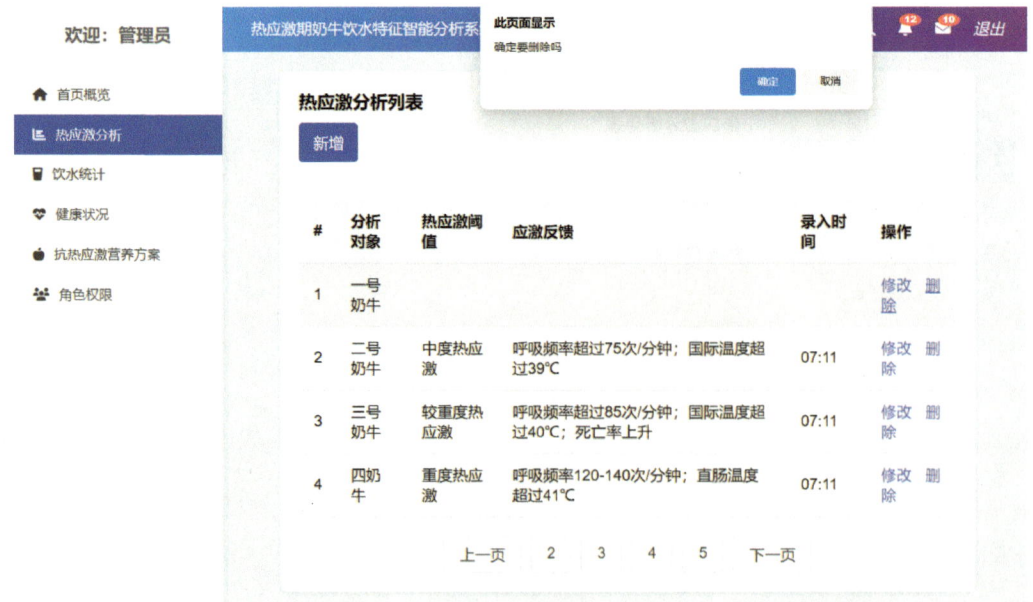

图2-258　热应激期奶牛饮水特征智能分析系统热应激分析删除页面

## 2.12.3 饮水统计

点击系统首页左侧菜单栏中的"饮水统计"按钮,进入饮水统计页面(图2-259)。该页面展示了监测对象、饮水量、饮水频率和创建时间等信息,还可对每条信息进行"修改""删除"操作。

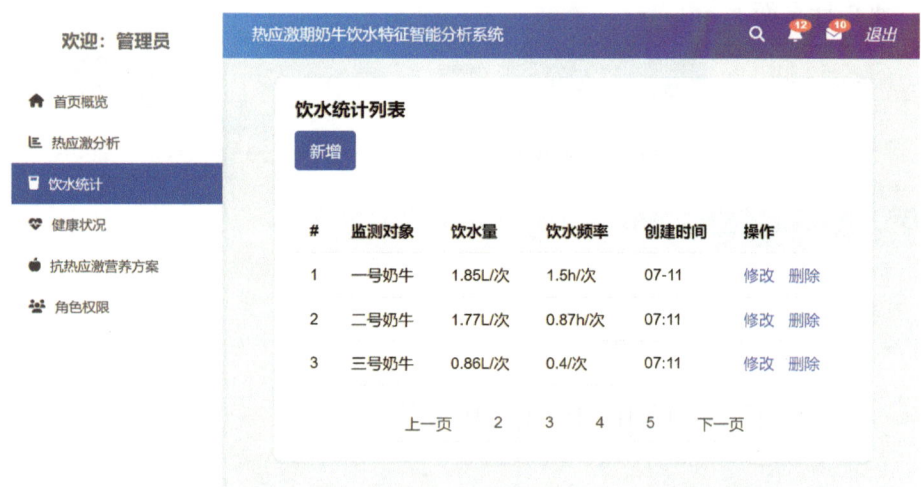

图2-259 热应激期奶牛饮水特征智能分析系统饮水统计页面

### 2.12.3.1 新增

点击饮水统计页面的"新增"按钮,可直接跳转到饮水信息新增输入页面,在表格中分别填写监测对象、饮水量、饮水频率和创建时间等内容,点击"确定"按钮。系统弹窗提示以确定新增内容(图2-260),点击"确定"按钮即可新增成功,并返回上一级页面,新增数据会展示在饮水统计页面。

图2-260 热应激期奶牛饮水特征智能分析系统饮水统计新增页面

### 2.12.3.2 修改

点击饮水统计页面操作列表中的"修改"按钮,可直接跳转到对应的数据信息编辑输入页面,可对饮水统计相关数据进行修改,点击"确定"按钮即弹窗提示以确认修改内容(图2-261)。点击"确定"按钮即可修改成功,并返回上一级页面,修改数据会展示在饮水统计页面上。

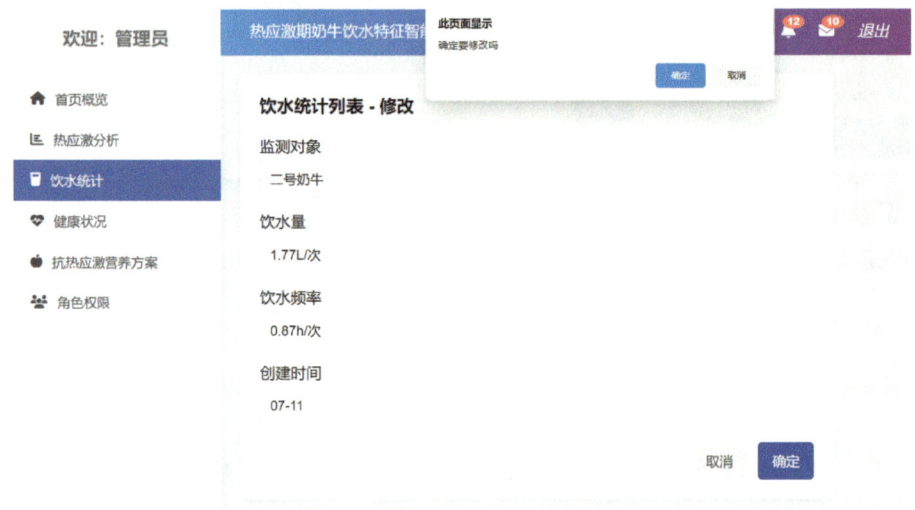

图2-261 热应激期奶牛饮水特征智能分析系统饮水统计修改页面

### 2.12.3.3 删除

点击饮水统计页面操作列表中的"删除"按钮,就会弹框显示是否选择删除该条数据(图2-262)。点击"确定"按钮即可删除成功,并返回上一级页面,已删除的数据不会在饮水统计页面显示。

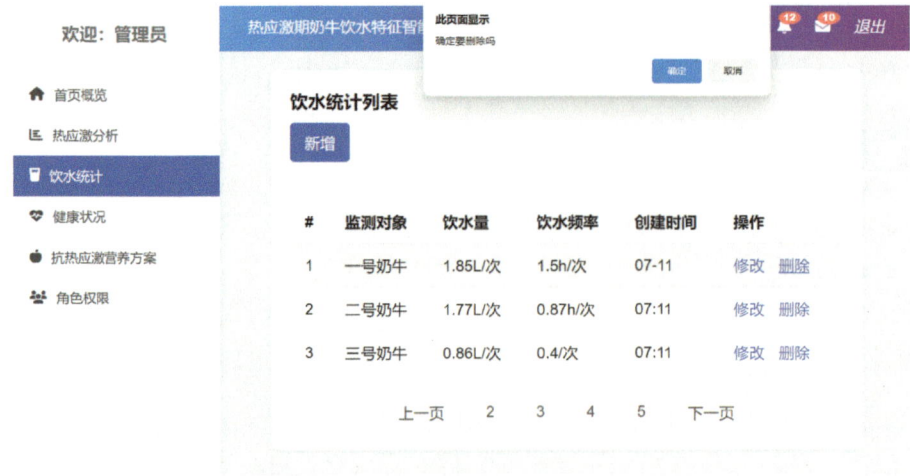

图2-262 热应激期奶牛饮水特征智能分析系统饮水统计删除页面

## 2.12.4 健康状况

点击系统首页左侧菜单栏中的"健康状况"按钮，进入健康状况页面（图2-263）。该页面展示了监测对象、体表温度、体内温度和管理时间等信息，还可对每条信息进行"修改""删除"操作。

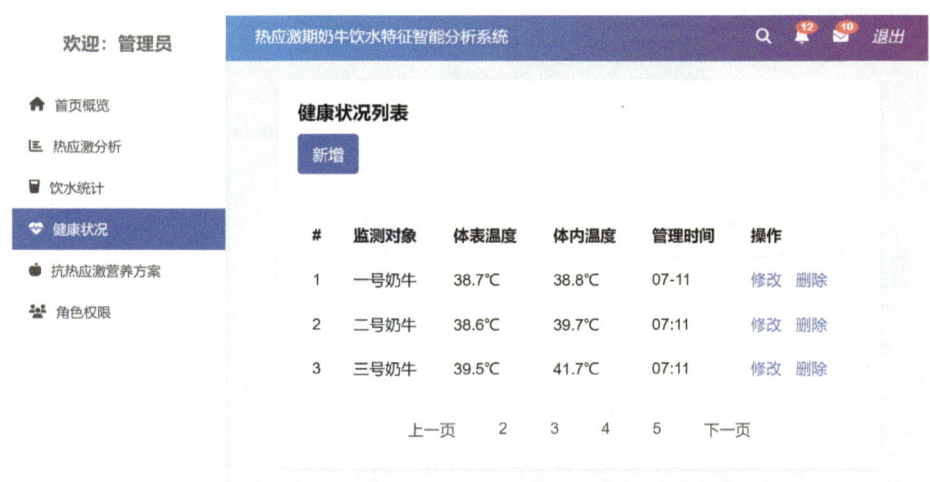

图2-263　热应激期奶牛饮水特征智能分析系统健康状况页面

### 2.12.4.1 新增

点击健康状况页面中的"新增"按钮，可直接跳转到健康状况信息新增输入页面，在表格中分别填写监测对象、体表温度、体内温度和管理时间等内容，点击"确定"按钮提交新增内容。此时，系统会弹窗提示是否确定新增内容（图2-264）。点击"确定"按钮即可新增成功，并返回上一级页面，新增数据会展示在健康状况页面。

图2-264　热应激期奶牛饮水特征智能分析系统健康状况新增页面

### 2.12.4.2 修改

点击健康状况页面操作列表中的"修改"按钮,可直接跳转到对应的数据信息编辑输入页面,可对健康状况相关数据进行修改,点击"确定"按钮即弹窗提示以确认修改内容(图2-265)。点击"确定"按钮即可修改成功,并返回上一级页面,修改数据会展示在健康状况页面上。

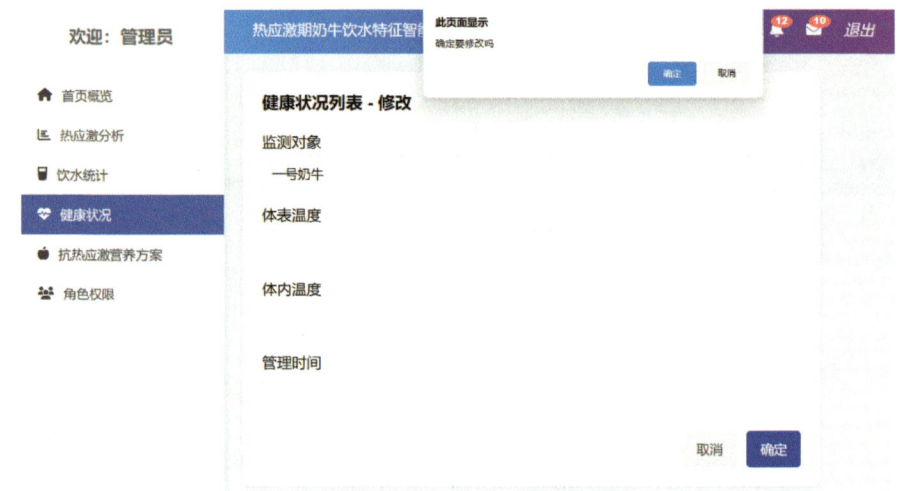

图2-265 热应激期奶牛饮水特征智能分析系统健康状况修改页面

### 2.12.4.3 删除

点击健康状况页面操作列表中的"删除"按钮,就会弹框显示是否选择删除健康状况提示(图2-266)。点击"确定"按钮即可删除成功,并返回上一级页面,已删除的数据不会在健康状况页面显示。

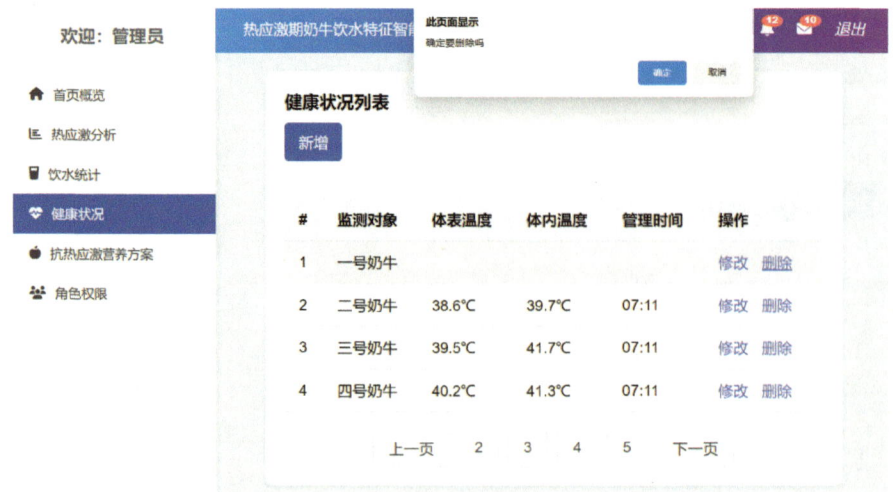

图2-266 热应激期奶牛饮水特征智能分析系统健康状况删除页面

## 2.12.5 抗热应激营养方案

点击系统首页左侧菜单栏中的"抗热应激营养方案"按钮，进入抗热应激营养方案页面（图2-267）。该页面展示了投喂方案、功能、添加量、添加时间等信息，还可对每条信息进行"修改""删除"操作。

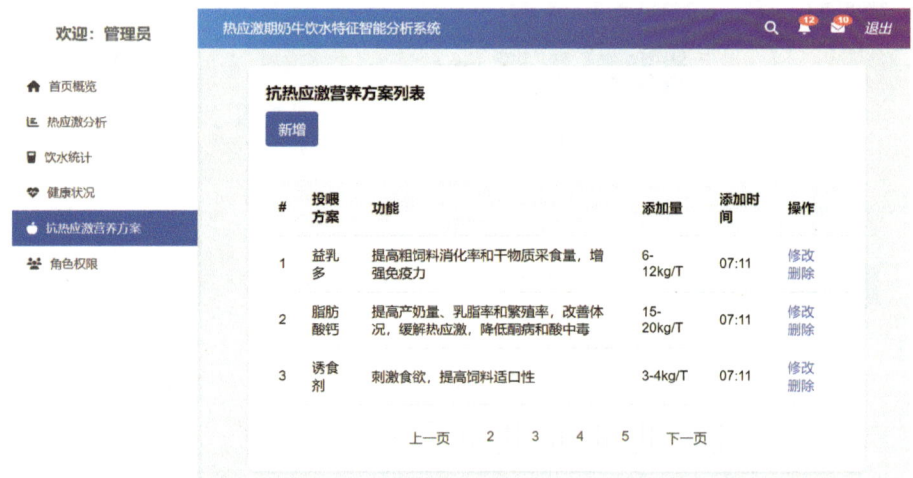

图2-267　热应激期奶牛饮水特征智能分析系统抗热应激营养方案页面

### 2.12.5.1　新增

点击抗热应激营养方案页面中的"新增"按钮，可直接跳转到抗热应激营养方案新增页面，在表格中分别填写投喂方案、功能、添加量、管理时间等内容，点击"确定"按钮，系统会提示是否确定新增内容（图2-268）。点击"确定"按钮则新增成功并返回上一级页面。

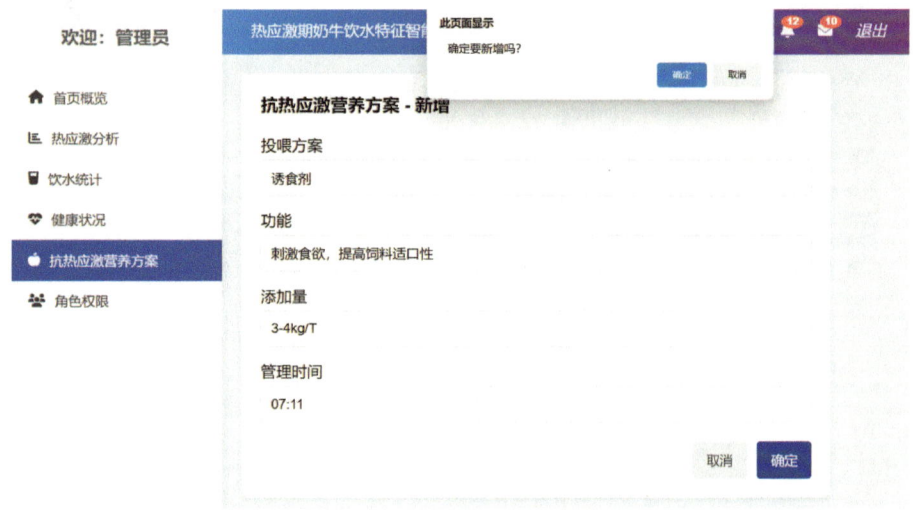

图2-268　热应激期奶牛饮水特征智能分析系统抗热应激营养方案新增页面

### 2.12.5.2 修改

点击抗热应激营养方案页面操作列表中的"修改"按钮，可直接跳转到对应的数据信息编辑输入页面，可对抗热应激营养方案相关数据进行修改，点击"确定"按钮进行保存。此时，系统提示是否确认修改（图2-269），点击"确定"按钮则修改成功，并返回上一级页面。

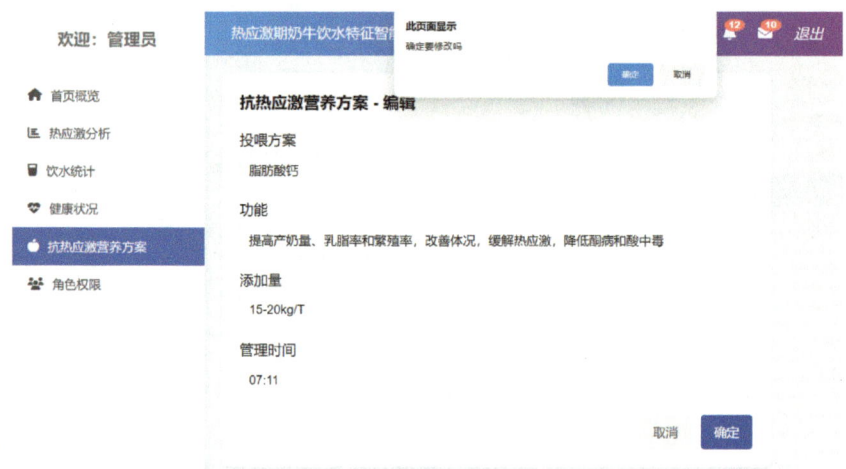

图2-269　热应激期奶牛饮水特征智能分析系统抗热应激营养方案修改页面

### 2.12.5.3 删除

点击抗热应激营养方案页面操作列表中的"删除"按钮，就会弹框显示是否选择删除抗热应激营养方案提示（图2-270）。点击"确定"按钮即可删除成功，点击"取消"按钮则取消本次删除，返回上一级页面。

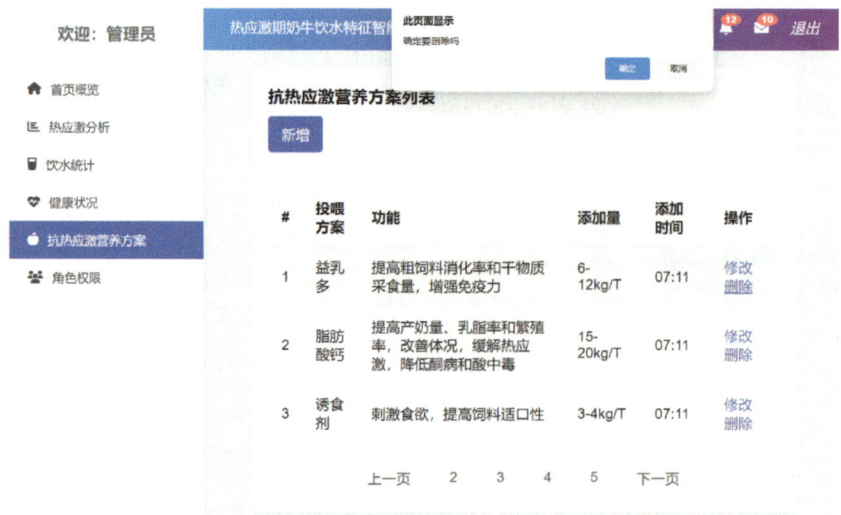

图2-270　热应激期奶牛饮水特征智能分析系统抗热应激营养方案删除页面

## 2.12.6 角色权限

点击系统首页左侧菜单栏中的"角色权限",进入角色权限页面(图2-271)。该页面可对管理员信息进行查看,主要显示用户名、登录密码、拥有权限、分配时间等信息,并可对角色权限列表中的数据进行"修改""删除"操作。

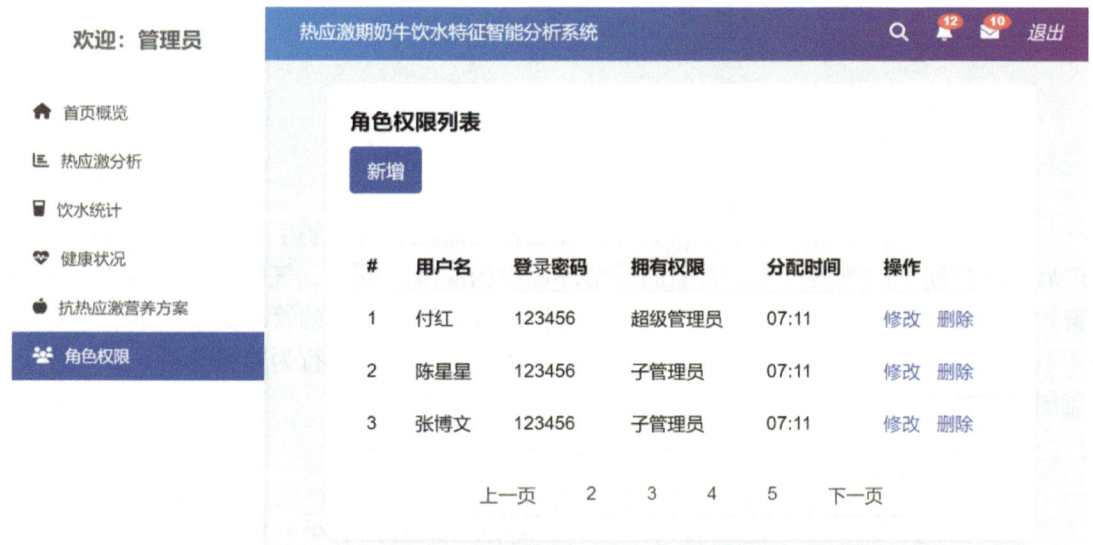

图2-271　热应激期奶牛饮水特征智能分析系统角色权限页面

## 2.12.7 系统退出

点击系统页面右上角的"退出"按钮,并弹框提示是否选择退出系统(图2-272),点击"确定"按钮后成功退出系统,会回到系统的登录页面。

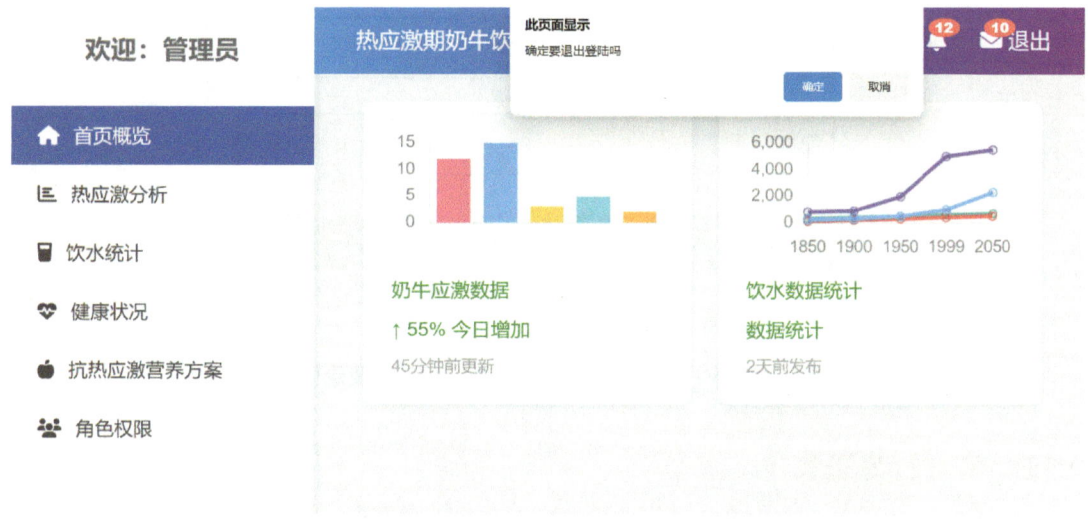

图2-272　热应激期奶牛饮水特征智能分析系统退出系统页面

# 第三章 围产期奶牛行为体征管理

## 3.1 奶牛围产期典型行为采集分析系统

奶牛围产期典型行为采集分析系统的开发旨在监测和分析奶牛在围产期（即产前、产后及哺乳期）的典型行为，并监测养殖环境中的温度、湿度、气体浓度等参数，帮助畜牧人员了解奶牛围产期行为变化规律和趋势，以便做出相应的管理决策。本节主要介绍系统登录、实时行为采集、行为异常监测、预警通知系统、行为趋势分析、养殖环境监测等内容。

### 3.1.1 系统登录

奶牛围产期典型行为采集分析系统的登录页面如图3-1所示。在登录页面输入用户名和密码后，点击"登录"按钮，系统会验证用户账号是否存在以及密码是否正确，若正确则登录成功，否则弹出错误提示信息。登陆成功后自动跳转到系统主页。

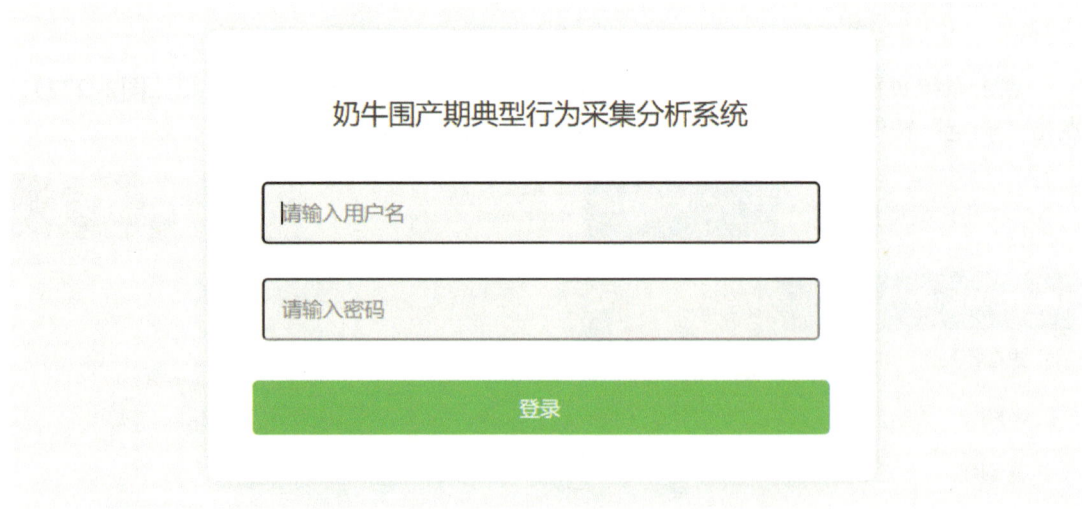

图3-1 奶牛围产期典型行为采集分析系统登录页面

### 3.1.2 实时行为采集

实时行为采集通过传感器或监控设备实时采集奶牛围产期的典型行为数据，如躺

## 第三章 围产期奶牛行为体征管理

卧、起立、进食等行为。点击系统主页左侧菜单栏中的"实时行为采集",进入实时行为采集页面(图3-2)。该页面主要展示了奶牛ID、行为类型、行为时间、行为特征时间、行为频率、行为强度等信息,还可对这些信息进行"编辑""删除"等操作。

图3-2 奶牛围产期典型行为采集分析系统实时行为采集页面

### 3.1.2.1 新增

点击实时行为采集页面中的"新增"按钮,系统会自动弹出一个专门用于录入数据的交互页面(图3-3),可分别输入奶牛ID、行为类型、行为时间、行为特征时间、行为频率、行为强度等信息内容,点击"确定"按钮,系统将会完成数据的添加操作,并在相应的数据集合中进行存储和管理。

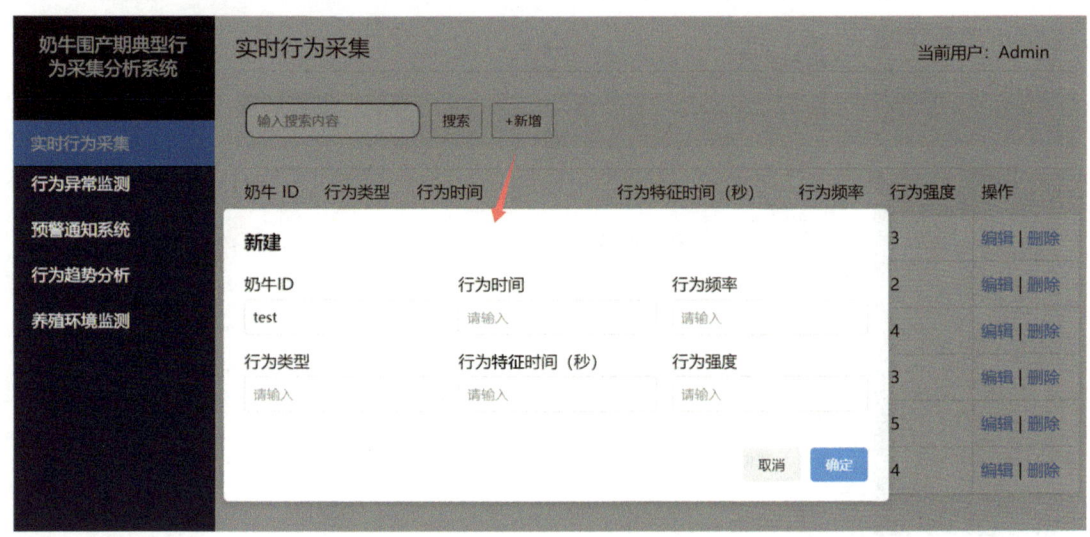

图3-3 奶牛围产期典型行为采集分析系统实时行为采集新增页面

#### 3.1.2.2 修改

点击实时行为采集页面操作列表中的"编辑"按钮,可自动弹出一个待修改数据的交互页面(图3-4),可对相关数据进行修改。修改完成后,用户可以点击"确定"按钮,将修改后的数据保存到系统中。

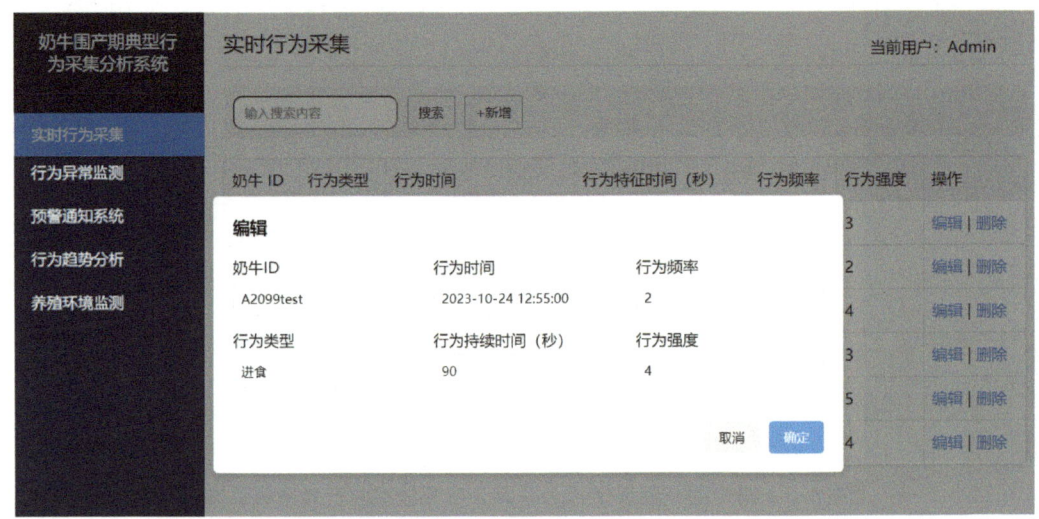

图3-4　奶牛围产期典型行为采集分析系统实时行为采集修改页面

#### 3.1.2.3 删除

点击实时行为采集页面某一行数据操作列表中的"删除"按钮,就会弹框再次确认是否要执行删除操作(图3-5)。点击"确定"按钮后,该行数据将会被永久删除,系统也会相应地更新数据集合和相关统计信息。

图3-5　奶牛围产期典型行为采集分析系统实时行为采集删除页面

### 3.1.3 行为异常监测

行为异常监测利用机器学习算法或规则引擎对采集到的行为数据进行分析，实时检测奶牛是否出现异常行为，如疾病、不适等情况。点击系统主页左侧菜单栏中的"行为异常监测"，进入行为异常监测页面（图3-6）。该页面主要展示了奶牛ID、行为类型、监测时间、异常分数、是否异常、异常描述等信息，还可对这些信息进行"编辑""删除"等操作。

图3-6 奶牛围产期典型行为采集分析系统行为异常监测页面

#### 3.1.3.1 新增

点击行为异常监测页面中的"新增"按钮，系统会自动显示一个专门用于录入数据的交互界面（图3-7），可分别输入奶牛ID、行为类型、监测时间、异常分数、是否异常、异常描述等信息内容，点击"确定"按钮，系统将会完成数据的添加操作，并将其保存和管理在相应的数据集合中。

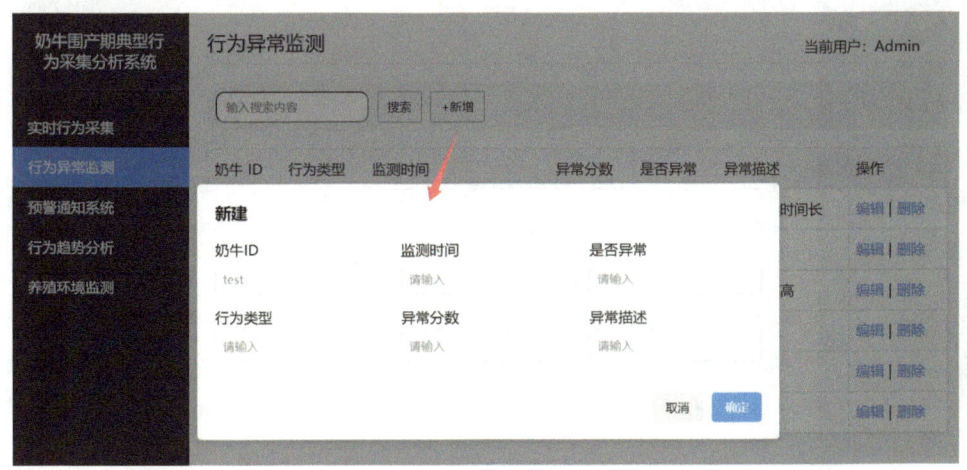

图3-7 奶牛围产期典型行为采集分析系统行为异常监测新增页面

### 3.1.3.2 修改

点击行为异常监测页面操作列表中的"编辑"按钮，可自动弹出一个待修改数据的交互页面（图3-8），可对相关数据进行修改。修改完成后，用户可以点击"确定"按钮，将修改后的数据保存到系统中。

图3-8　奶牛围产期典型行为采集分析系统行为异常监测修改页面

### 3.1.3.3 删除

点击行为异常监测页面某一行数据操作列表中的"删除"按钮，就会弹框再次确认是否要执行删除操作（图3-9）。点击"确定"按钮后，该行数据将会被永久删除，系统也会相应地更新数据集合和相关统计信息。

图3-9　奶牛围产期典型行为采集分析系统行为异常监测删除页面

## 3.1.4 预警通知系统

当检测到奶牛出现异常行为时，预警通知系统能够自动发送预警通知给牧场管理人员，便于及时采取措施进行干预和治疗。点击系统主页左侧菜单栏中的"预警通知系统"，进入预警通知系统页面（图3-10）。该页面主要展示了奶牛ID、通知类型、通知时间、通知消息、是否已读、接收人等信息，还可对这些信息进行"编辑""删除"等操作。

图3-10  奶牛围产期典型行为采集分析系统预警通知系统页面

### 3.1.4.1 新增

点击预警通知系统页面中的"新增"按钮，系统会自动打开一个专门用于录入数据的交互页面（图3-11），可分别输入奶牛ID、通知类型、通知时间、通知消息、是否已读、接收人等信息内容，点击"确定"按钮，系统将会完成数据的添加操作，并将其保存和管理在相应的数据集合中。

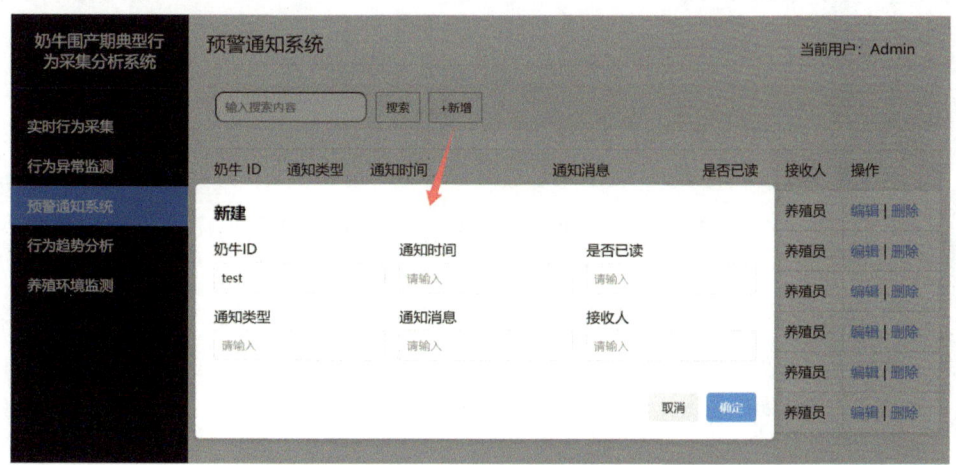

图3-11  奶牛围产期典型行为采集分析系统预警通知系统新增页面

### 3.1.4.2 修改

点击预警通知系统页面操作列表中的"编辑"按钮，可自动弹出一个待修改数据的交互页面（图3-12），可对相关数据进行必要的修改。修改完成后，用户可以点击"确定"按钮，将修改后的数据保存到系统中。

图3-12 奶牛围产期典型行为采集分析系统预警通知系统修改页面

### 3.1.4.3 删除

点击预警通知系统页面某一行数据操作列表中的"删除"按钮，就会弹框再次确认是否要执行删除操作（图3-13）。点击"确定"按钮后，该行数据将会被永久删除，系统也会相应地更新数据集合和相关统计信息。

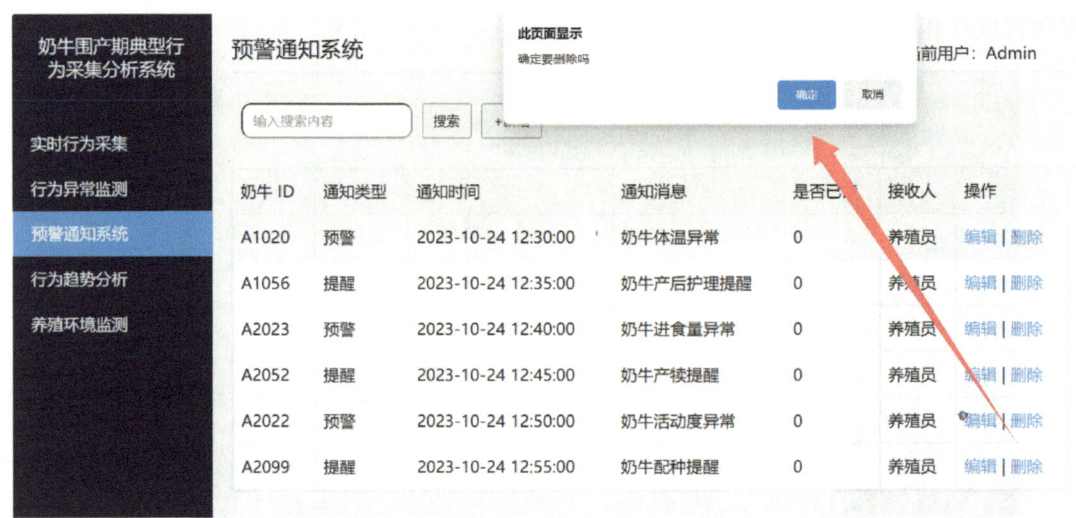

图3-13 奶牛围产期典型行为采集分析系统预警通知系统删除页面

## 3.1.5 行为趋势分析

行为趋势分析可对奶牛围产期的典型行为数据进行趋势分析，帮助相关人员了解奶牛的行为规律和变化趋势，以便作出相应的管理决策。点击系统主页左侧菜单栏中的"行为趋势分析"，进入行为趋势分析页面（图3-14）。该页面主要展示了奶牛ID、行为类型、行为时间、持续时间、位置、描述等信息，还可对这些信息进行"编辑""删除"等操作。

图3-14 奶牛围产期典型行为采集分析系统行为趋势分析页面

### 3.1.5.1 新增

点击行为趋势分析页面中的"新增"按钮，系统会自动弹出一个专门用于录入数据的交互页面（图3-15），可分别输入奶牛ID、行为类型、行为时间、持续时间、位置、描述等信息内容，点击"确定"按钮，系统将会完成数据的添加操作，并将其保存和管理在相应的数据集合中。

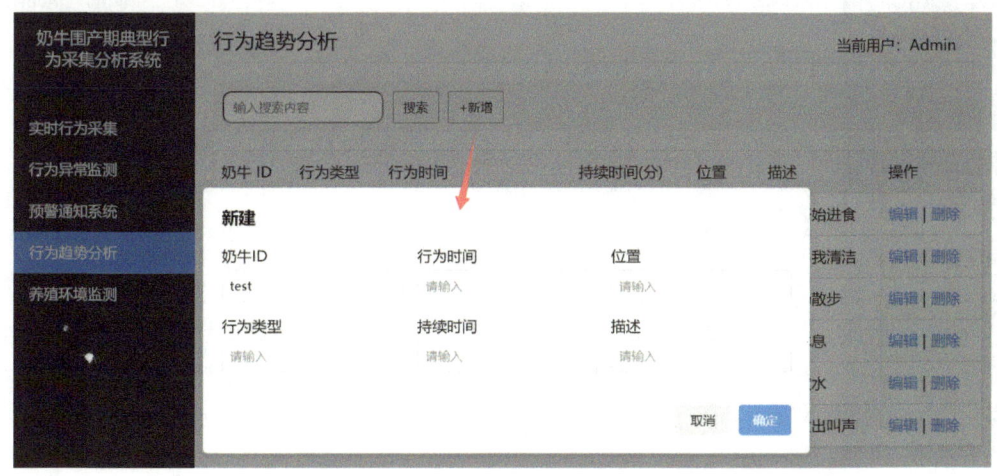

图3-15 奶牛围产期典型行为采集分析系统行为趋势分析新增页面

### 3.1.5.2 修改

点击行为趋势分析页面操作列表中的"编辑"按钮，可自动弹出一个待修改数据的交互页面（图3-16），可对相关数据进行必要的修改。修改完成后，用户可以点击"确定"按钮，将修改后的数据保存到系统中。

图3-16 奶牛围产期典型行为采集分析系统行为趋势分析修改页面

### 3.1.5.3 删除

点击行为趋势分析页面某一行数据操作列表中的"删除"按钮，就会弹框再次确认是否要执行删除操作（图3-17）。点击"确定"按钮后，该行数据将会被永久删除，系统也会相应地更新数据集合和相关统计信息。

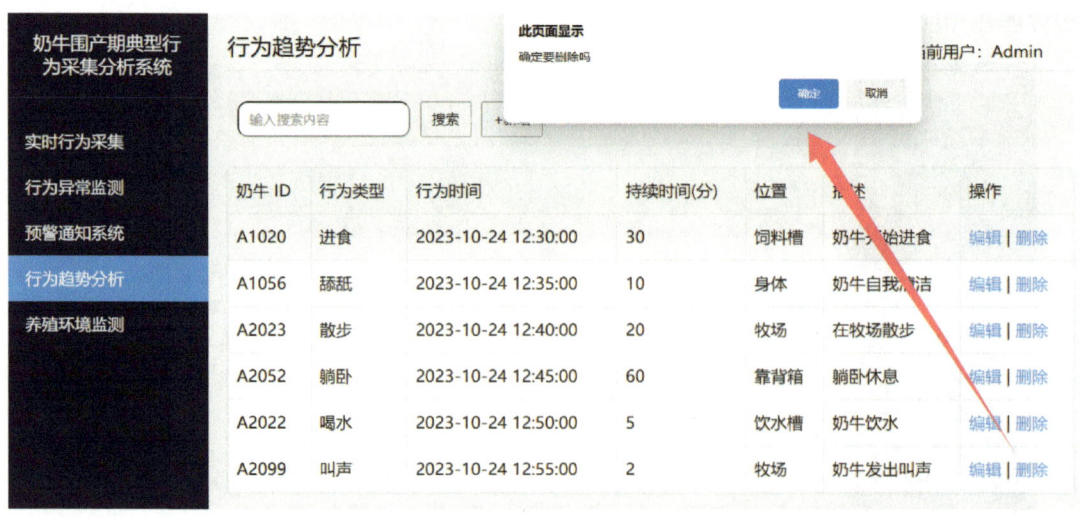

图3-17 奶牛围产期典型行为采集分析系统行为趋势分析删除页面

## 3.1.6 养殖环境监测

养殖环境监测可监测养殖环境中的温度、湿度、气体浓度等因素，为奶牛的行为分析提供更全面的信息。点击系统主页左侧菜单栏中的"养殖环境监测"，进入养殖环境监测页面（图3-18）。该页面主要展示了奶牛ID、温度、湿度、光照度、空气质量、监控时间等信息，还可对这些信息进行"编辑""删除"等操作。

图3-18 奶牛围产期典型行为采集分析系统养殖环境监测页面

### 3.1.6.1 新增

点击养殖环境监测页面中的"新增"按钮，系统会自动弹出一个专门用于录入数据的交互页面（图3-19），可分别输入奶牛ID、温度、湿度、光照度、空气质量、监控时间等信息内容，点击"确定"按钮，系统将会完成数据的添加操作，并将其保存和管理在相应的数据集合中。

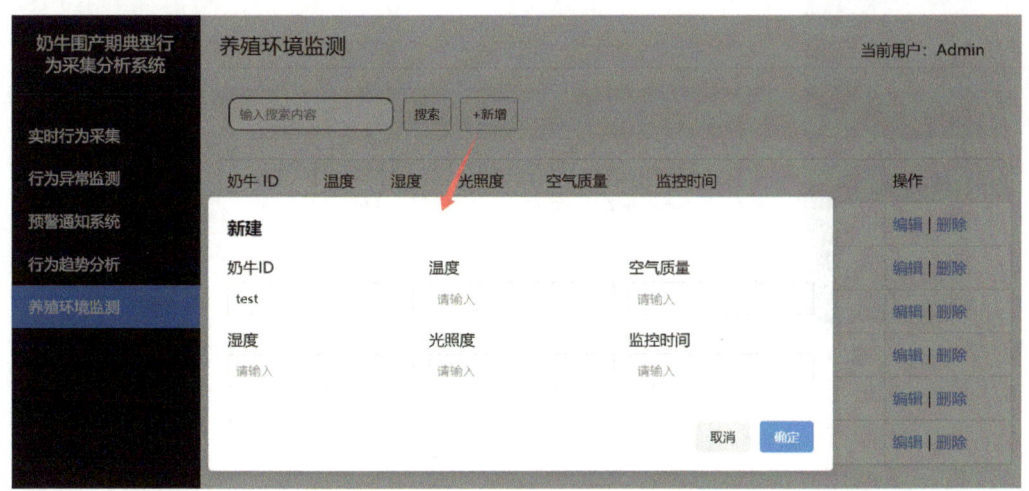

图3-19 奶牛围产期典型行为采集分析系统养殖环境监测新增页面

#### 3.1.6.2 修改

点击养殖环境监测页面操作列表中的"编辑"按钮,可自动弹出一个待修改数据的交互页面(图3-20),可对相关数据进行必要的修改。修改完成后,用户可以点击"确定"按钮,将修改后的数据保存到系统中。

图3-20 奶牛围产期典型行为采集分析系统养殖环境监测修改页面

#### 3.1.6.3 删除

点击养殖环境监测页面某一行数据操作列表中的"删除"按钮,就会弹框再次确认是否要执行删除操作(图3-21)。点击"确定"按钮后,该行数据将会被永久删除,系统也会相应地更新数据集合和相关统计信息。

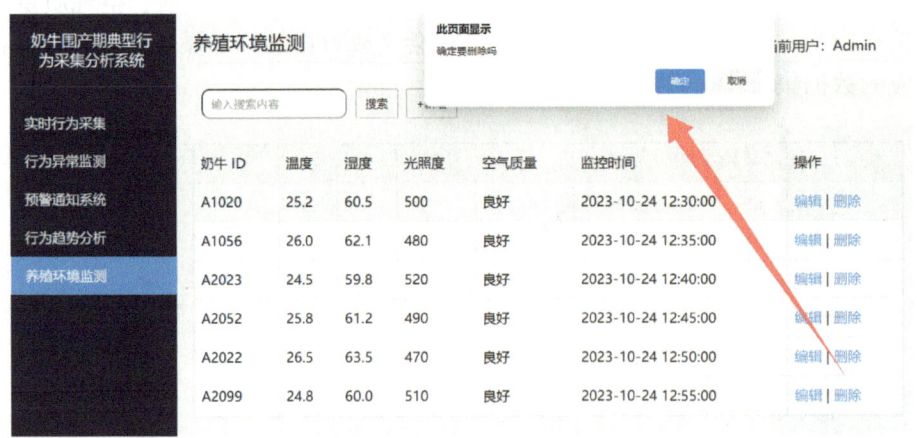

图3-21 奶牛围产期典型行为采集分析系统养殖环境监测删除页面

### 3.1.7 系统退出

将鼠标移到系统主页右上方的用户头像上时,系统会响应并弹出退出系统的选项

（图3-22）。点击"退出系统"后会弹出确认退出的提示，用户点击"确定"按钮来执行退出系统的操作。

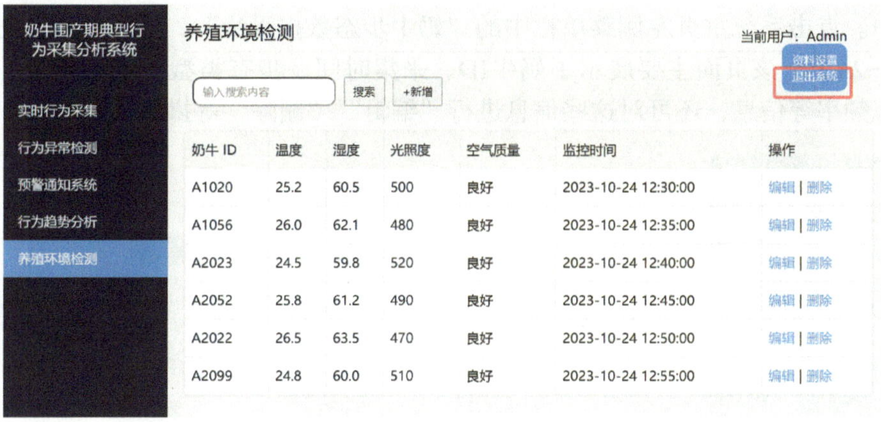

图3-22　奶牛围产期典型行为采集分析系统退出页面

## 3.2　围产期奶牛步态监测分析系统

围产期奶牛步态监测分析系统旨在通过对奶牛步态的监测和分析，对奶牛的健康状况进行评估，并提供相应的建议和措施，如饲养管理、营养调整等，提高奶牛的生产效率和健康状况。本节主要介绍系统登录、奶牛步态数据采集、数据预处理、围产期监测、健康评估与建议、奶牛档案管理、系统退出等内容。

### 3.2.1　系统登录

围产期奶牛步态监测分析系统登录页面如图3-23所示。在该页面输入正确的用户名和密码，点击"登录"按钮。系统会验证用户账号是否存在以及密码是否正确，若正确则登录成功，否则弹出错误提示信息。

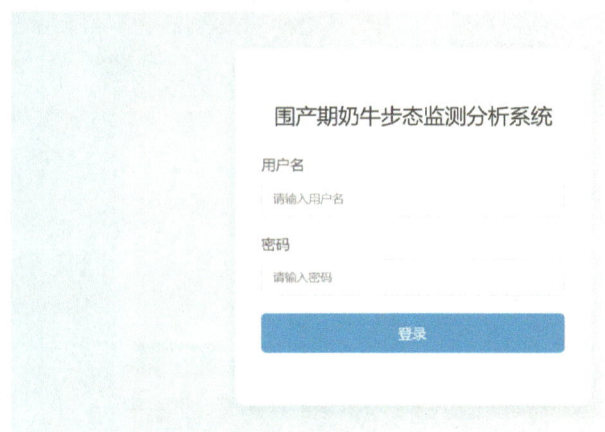

图3-23　围产期奶牛步态监测分析系统登录页面

### 3.2.2 奶牛步态数据采集

奶牛步态数据采集通过传感器或其他设备实时采集奶牛的步态数据，并将其存储在数据库中。点击系统主页左侧菜单栏中的"奶牛步态数据采集"，进入奶牛步态采集页面（图3-24）。该页面主要展示了奶牛ID、采集时间、步态类型、步态状态、步态速度、步态频率等信息，还可对这些信息进行"编辑""删除"等操作。

图3-24 围产期奶牛步态监测分析系统奶牛步态数据采集页面

#### 3.2.2.1 新增

点击奶牛步态数据采集页面中的"新增记录"按钮，系统会自动弹出一个专门用于录入数据的交互页面（图3-25），可分别输入奶牛ID、采集时间、步态类型、步态状态、步态速度、步态频率等信息内容，点击"确认提交"按钮，系统将会完成数据的添加操作，并在相应的数据集合中进行存储和管理。

图3-25 围产期奶牛步态监测分析系统奶牛步态数据采集新增页面

#### 3.2.2.2 修改

点击奶牛步态数据采集页面操作列表中的"编辑"按钮，可自动弹出一个待修改数据的交互页面（图3-26），可对相关数据进行必要的修改。修改完成后，用户可以点击"保存更改"按钮，将修改后的数据保存到系统中。

图3-26　围产期奶牛步态监测分析系统奶牛步态数据采集修改页面

#### 3.2.2.3 删除

点击奶牛步态数据采集页面某一行数据操作列表中的"删除"按钮，就会弹框再次确认是否要执行删除操作（图3-27）。点击"确定"按钮后，该行数据将会被永久删除，系统也会相应地更新数据集合和相关统计信息。

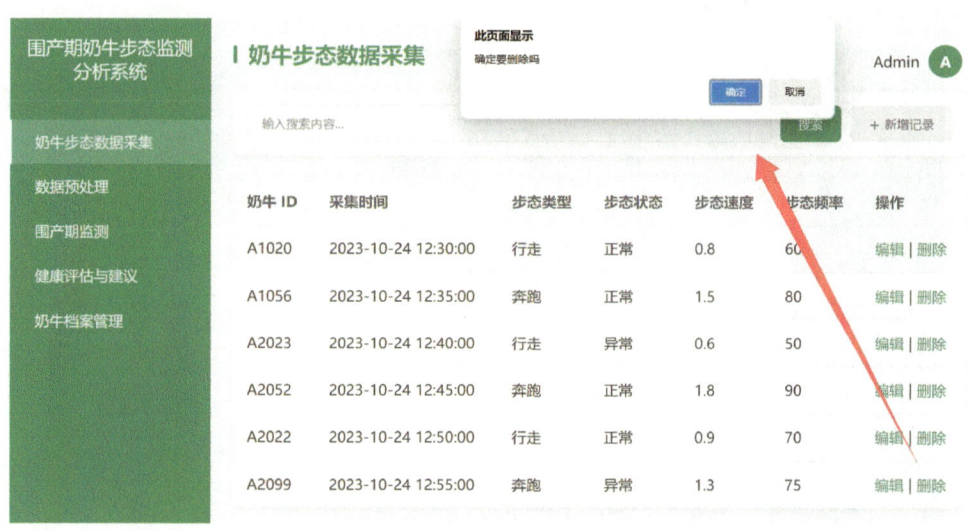

图3-27　围产期奶牛步态监测分析系统奶牛步态数据采集删除页面

### 3.2.3 数据预处理

数据预处理对采集到的奶牛步态数据进行预处理，包括去除噪声、数据校正和标准化等操作，以确保数据的准确性和一致性。点击系统主页左侧菜单栏中的"数据预处理"，进入数据预处理页面（图3-28）。该页面主要展示了奶牛ID、采集时间、体温、体重、产奶量、健康状态等信息，还可对这些信息进行"编辑""删除"等操作。

图3-28　围产期奶牛步态监测分析系统数据预处理页面

#### 3.2.3.1　新增

点击数据预处理页面中的"新增记录"按钮，系统会自动弹出一个专门用于录入数据的交互页面（图3-29），可分别输入奶牛ID、采集时间、体温、体重、产奶量、健康状态等信息内容，点击"确认提交"按钮，系统将会完成数据的添加操作，并在相应的数据集合中进行存储和管理。

图3-29　围产期奶牛步态监测分析系统数据预处理新增页面

#### 3.2.3.2 修改

点击数据预处理页面操作列表中的"编辑"按钮，可自动弹出一个待修改数据的交互界面（图3-30），可对相关数据进行必要的修改。修改完成后，用户可以点击"保存更改"按钮，将修改后的数据保存到系统中。

图3-30 围产期奶牛步态监测分析系统数据预处理修改页面

#### 3.2.3.3 删除

点击数据预处理页面某一行数据操作列表中的"删除"按钮，就会弹框再次确认是否要执行删除操作（图3-31）。点击"确定"按钮后，该行数据将会被永久删除，系统也会相应地更新数据集合和相关统计信息。

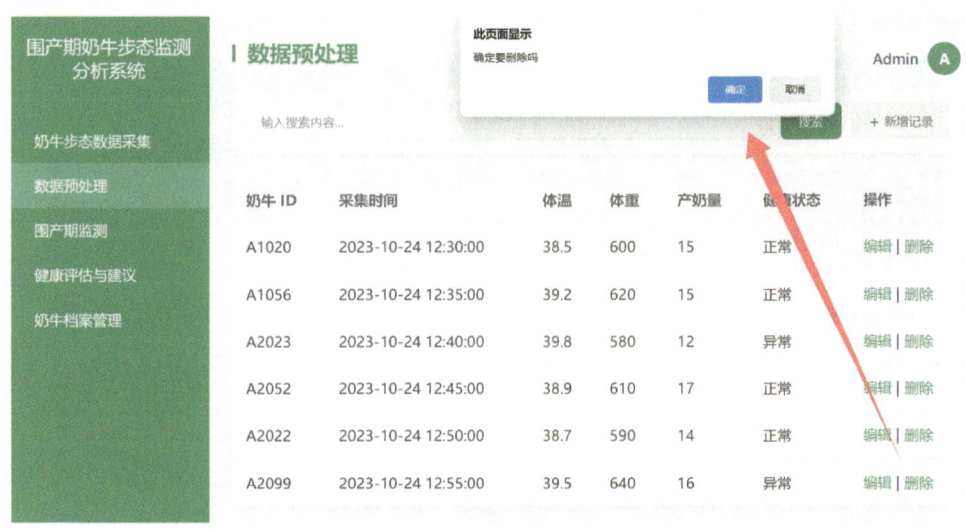

图3-31 围产期奶牛步态监测分析系统数据预处理删除页面

### 3.2.4 围产期监测

围产期监测利用步态数据和相关指标，监测奶牛的围产期状态，包括预测分娩日期、判断是否处于临产阶段等。点击系统主页左侧菜单栏中的"围产期监测"，进入围产期监测页面（图3-32）。该页面主要展示了奶牛ID、采集时间、步数、步幅、蹄落时间、摆蹄时间等信息，还可对这些信息进行"编辑""删除"等操作。

图3-32 围产期奶牛步态监测分析系统围产期监测页面

#### 3.2.4.1 新增

点击围产期监测页面中的"新增记录"按钮，系统会自动弹出一个专门用于录入数据的交互页面（图3-33），可分别输入奶牛ID、采集时间、步数、步幅、蹄落时间、摆蹄时间等信息内容，点击"确认提交"按钮，系统将会完成数据的添加操作，并在相应的数据集合中进行存储和管理。

图3-33 围产期奶牛步态监测分析系统围产期监测新增页面

### 3.2.4.2 修改

点击围产期监测页面操作列表中的"编辑"按钮,可自动弹出一个待修改数据的交互界面(图3-34),可对相关数据进行必要的修改。修改完成后,用户可以点击"保存更改"按钮,将修改后的数据保存到系统中。

图3-34 围产期奶牛步态监测分析系统围产期监测修改页面

### 3.2.4.3 删除

点击围产期监测页面某一行数据操作列表中的"删除"按钮,就会弹框再次确认是否要执行删除操作(图3-35)。点击"确定"按钮后,该行数据将会被永久删除,系统也会相应地更新数据集合和相关统计信息。

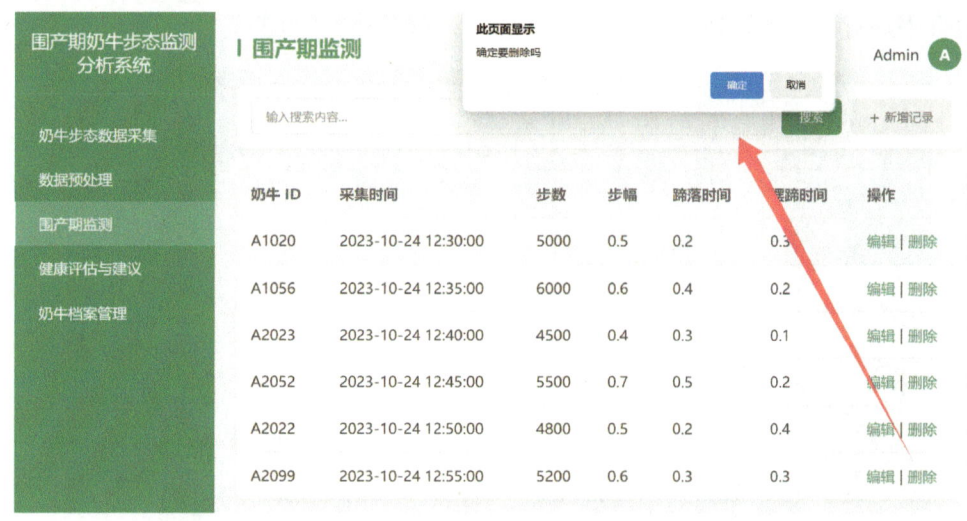

图3-35 围产期奶牛步态监测分析系统围产期监测删除页面

### 3.2.5 健康评估与建议

健康评估与建议基于步态数据和其他相关信息，对奶牛的健康状况进行评估，并提供相应的建议和措施，如饲养管理、营养调整等。点击系统主页左侧菜单栏中的"健康评估与建议"，进入健康评估与建议页面（图3-36）。该页面主要展示了奶牛ID、评估时间、体重、体温、心率、建议等信息，还可对这些信息进行"编辑""删除"等操作。

图3-36　围产期奶牛步态监测分析系统健康评估与建议页面

#### 3.2.5.1　新增

点击健康评估与建议页面中的"新增记录"按钮，系统会自动弹出一个专门用于录入数据的交互页面（图3-37），可分别输入奶牛ID、评估时间、体重、体温、心率、建议等信息内容，点击"确认提交"按钮，系统将会完成数据的添加操作，并在相应的数据集合中进行存储和管理。

图3-37　围产期奶牛步态监测分析系统健康评估与建议新增页面

### 3.2.5.2 修改

点击健康评估与建议页面操作列表中的"编辑"按钮，可自动弹出一个待修改数据的交互页面（图3-38），可对相关数据进行必要的修改。修改完成后，用户可以点击"保存更改"按钮，将修改后的数据保存到系统中。

图3-38 围产期奶牛步态监测分析系统健康评估与建议修改页面

### 3.2.5.3 删除

点击健康评估与建议页面某一行数据操作列表中的"删除"按钮，就会弹框再次确认是否要执行删除操作（图3-39）。点击"确定"按钮后，该行数据将会被永久删除，系统也会相应地更新数据集合和相关统计信息。

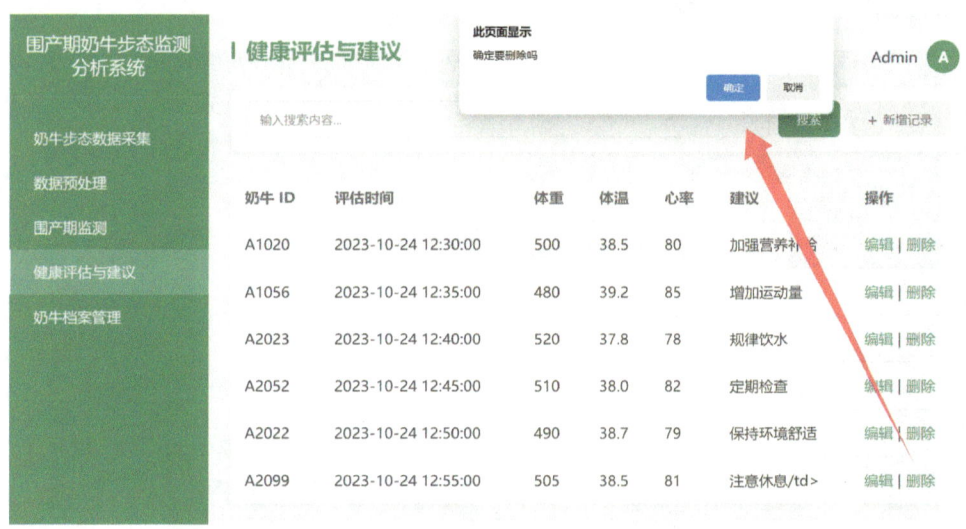

图3-39 围产期奶牛步态监测分析系统健康评估与建议删除页面

## 3.2.6 奶牛档案管理

奶牛档案管理建立奶牛的个体档案，包括基本信息、步态数据、健康记录等，方便用户对奶牛进行跟踪管理和历史查询。点击系统主页左侧菜单栏中的"奶牛档案管理"，进入奶牛档案管理页面（图3-40）。该页面主要展示了奶牛ID、奶牛姓名、出生日期、品种、体重、健康状态等信息，还可对这些信息进行"编辑""删除"等操作。

图3-40　围产期奶牛步态监测分析系统奶牛档案管理页面

### 3.2.6.1 新增

点击奶牛档案管理页面中的"新增记录"按钮，系统会自动弹出一个专门用于录入数据的交互页面（图3-41），可分别输入奶牛ID、奶牛姓名、出生日期、品种、体重、健康状态等信息内容，点击"确认提交"按钮，系统将会完成数据的添加操作，并在相应的数据集合中进行存储和管理。

图3-41　围产期奶牛步态监测分析系统奶牛档案管理新增页面

### 3.2.6.2 修改

点击奶牛档案管理页面操作列表中的"编辑"按钮,可自动弹出一个待修改数据的交互页面(图3-42),可对相关数据进行必要的修改。修改完成后,用户可以点击"保存更改"按钮,会将修改后的数据保存到系统中。

图3-42　围产期奶牛步态监测分析系统奶牛档案管理修改页面

### 3.2.6.3 删除

点击奶牛档案管理页面某一行数据操作列表中的"删除"按钮,就会弹框再次确认是否要执行删除操作(图3-43)。点击"确定"按钮后,该行数据将会被永久删除,系统也会相应地更新数据集合和相关统计信息。

图3-43　围产期奶牛步态监测分析系统奶牛档案管理删除页面

### 3.2.7 系统退出

将鼠标移到系统主页右上方的用户头像上时,系统会响应并弹出退出系统的选项(图3-44)。点击"退出系统"会弹出确认退出的提示,点击"确定"按钮即可退出系统,返回到登录页面。

图3-44 围产期奶牛步态监测分析系统退出系统页面

## 3.3 围产期奶牛体况智能分析系统

围产期奶牛体况智能分析系统的开发旨在采用智能化技术,对奶牛在围产期间的体况进行自动化监测,并分析奶牛的营养状况、健康状态以及相关生理指标,帮助养殖场管理者更好地了解每头奶牛的围产期体况,及时发现异常情况并采取相应的预防措施,从而提高奶牛的健康水平和产奶效率,减少疾病风险和生产损失。本节主要介绍系统登录、奶牛信息管理模块、数据处理模块、体况评估模块、健康监测模块和数据展示与报告模块、系统退出等内容。

### 3.3.1 系统登录

围产期奶牛体况智能分析系统登录页面如图3-45所示。输入邮箱地址和密码之后,点击"登录"按钮即可登录成功。

图3-45　围产期奶牛体况智能分析系统登录页面

## 3.3.2　奶牛信息管理模块

奶牛信息管理模块用于管理奶牛的基本信息。点击系统左侧菜单栏中的"奶牛信息管理模块"，进入奶牛信息管理模块页面（图3-46）。该页面主要展示了奶牛ID、品种、年龄、产次、配种信息、备注信息等。这些信息都可以通过最上面一行的输入框进行条件筛选查询，还可对这些信息进行"编辑""删除"等操作。

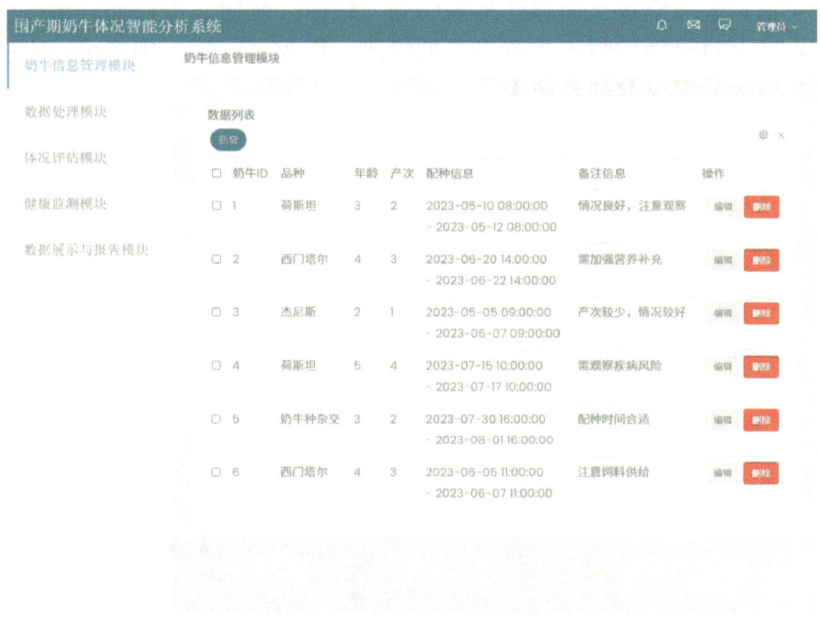

图3-46　围产期奶牛体况智能分析系统奶牛信息管理模块页面

#### 3.3.2.1 新增

点击奶牛信息管理模块页面右上角的"新增"按钮,系统会自动弹出一个专门用于录入数据的交互页面(图3-47),可分别输入奶牛ID、品种、年龄、产次、配种信息、备注信息等内容,点击"确定"按钮,系统将会完成数据的添加操作,并在相应的数据集合中进行存储和管理。

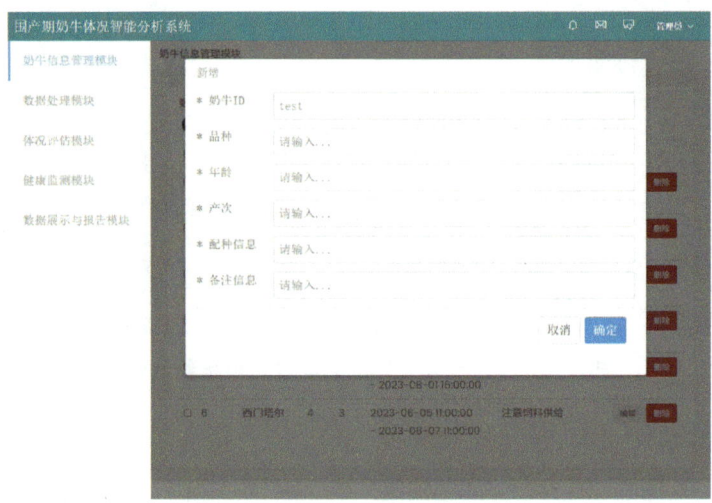

图3-47 围产期奶牛体况智能分析系统奶牛信息管理模块新增页面

#### 3.3.2.2 修改

点击奶牛信息管理模块页面操作列表中的"编辑"按钮,可自动弹出一个编辑信息框(图3-48),可对里面的数据进行必要的修改。修改完成后,用户可以点击"确定"按钮,将修改后的数据保存到系统中。

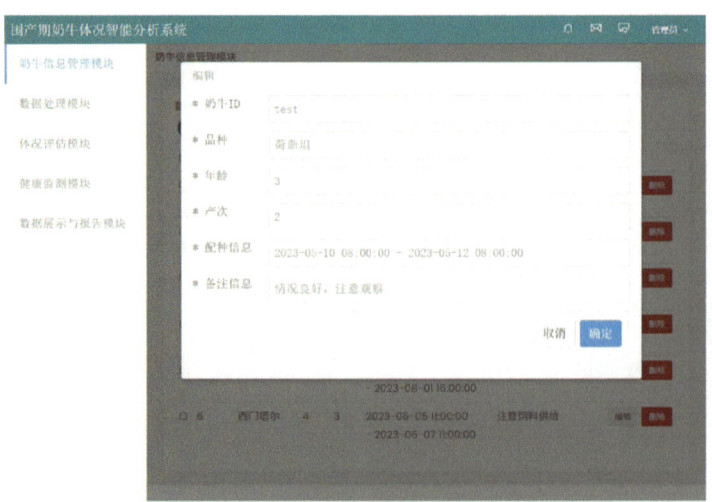

图3-48 围产期奶牛体况智能分析系统奶牛信息管理模块修改页面

### 3.3.2.3 删除

点击奶牛信息管理模块页面某一行数据操作列表中的"删除"按钮，就会弹框再次确认是否要执行删除操作（图3-49）。点击"确定"按钮后，该行数据将会被永久删除，系统也会相应地更新数据集合和相关统计信息。

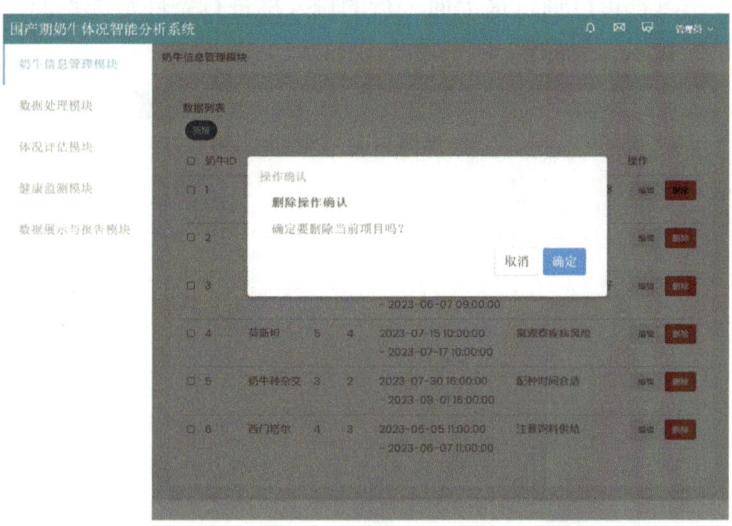

图3-49 围产期奶牛体况智能分析系统奶牛信息管理模块删除页面

### 3.3.2.4 批量删除

点击全选按钮即可全部选中数据，也可以通过数据前面的复选框选中某一部分想删除的数据，然后点击页面右上角的"全部删除"按钮，系统会弹窗提示是否确认删除操作（图3-50），点击"确定"按钮后就可以批量删除数据。

图3-50 围产期奶牛体况智能分析系统奶牛信息管理模块批量删除页面

### 3.3.3 数据处理模块

数据处理模块主要对采集的奶牛数据进行处理和清洗，去除异常值和噪声，并进行数据整合和归档。点击系统左侧菜单栏中的"数据处理模块"，进入数据处理模块页面（图3-51）。该页面主要展示了奶牛ID、奶牛体重、体况、心率、体温、瘤胃健康状况等信息。这些信息都可以通过最上面一行的输入框进行条件筛选查询，还可对这些信息进行"编辑""删除"等操作。

图3-51 围产期奶牛体况智能分析系统数据处理模块页面

#### 3.3.3.1 新增

点击数据处理模块页面右上角的"新增"按钮，系统会自动弹出一个专门用于录入数据的交互页面（图3-52），可分别输入奶牛ID、奶牛体重、体况、心率、体温、瘤胃健康状况等信息内容，点击"确定"按钮，系统将会完成数据的添加操作，并在相应的数据集合中进行存储和管理。

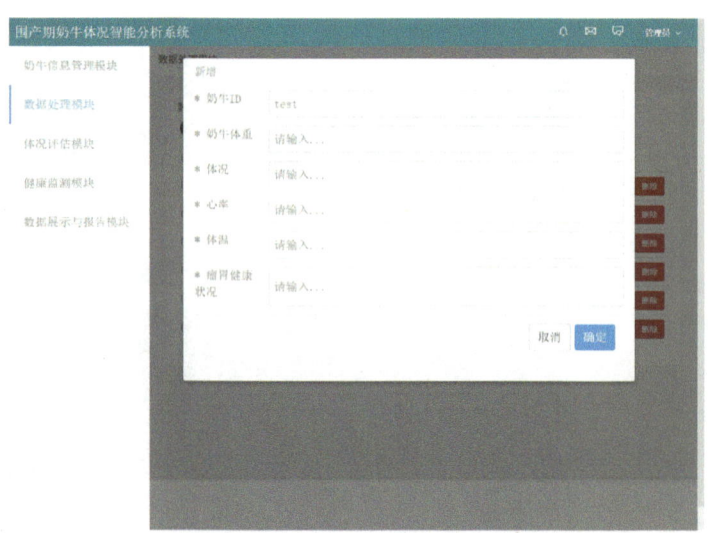

图3-52 围产期奶牛体况智能分析系统数据处理模块新增页面

### 3.3.3.2 修改

点击数据处理模块页面操作列表中的"编辑"按钮,可自动弹出一个编辑信息框(图3-53),可对其中的数据进行必要的修改。修改完成后,用户可以点击"确定"按钮,将修改后的数据保存到系统中。

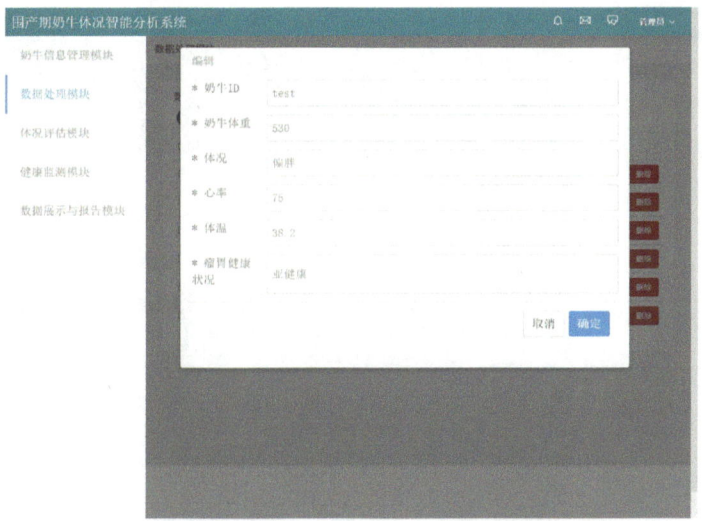

图3-53 围产期奶牛体况智能分析系统数据处理模块修改页面

### 3.3.3.3 删除

点击数据处理模块页面某一行数据操作列表中的"删除"按钮,就会弹框再次确认是否要执行删除操作(图3-54)。点击"确定"按钮后,该行数据将会被永久删除,系统也会相应地更新数据集合和相关统计信息。

图3-54 围产期奶牛体况智能分析系统数据处理模块删除页面

#### 3.3.3.4 批量删除

点击全选按钮即可全部选中数据，也可以通过数据前面的复选框选中某一部分想删除的数据，然后点击页面右上角的"全部删除"按钮，系统会弹窗提示是否确认删除操作（图3-55），点击"确定"按钮后就可以批量删除数据。

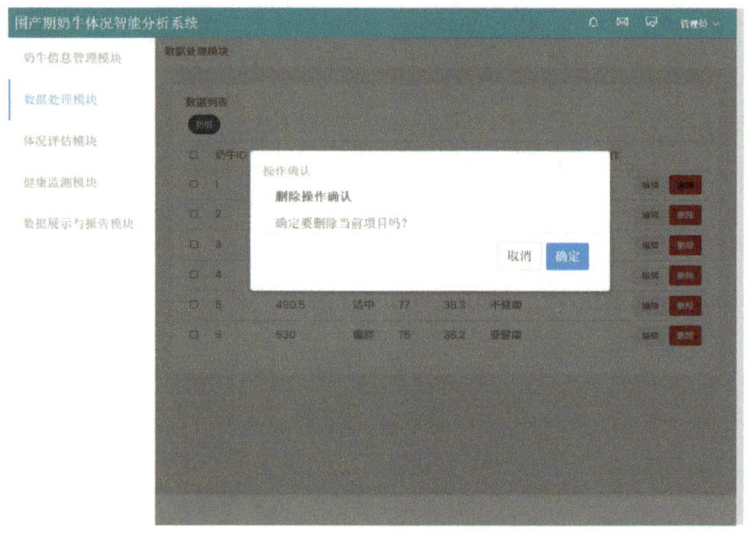

图3-55 围产期奶牛体况智能分析系统数据处理模块批量删除页面

### 3.3.4 体况评估模块

体况评估模块主要是基于采集的数据，通过算法或模型对奶牛的体况进行评估和分析。点击系统左侧菜单栏中的"体况评估模块"，进入体况评估模块页面（图3-56）。该页面主要展示了奶牛ID、评估日期、奶牛体重、体况评分、瘤胃健康状况、繁殖状态等信息。这些信息都可以通过页面最上面一行的输入框进行条件筛选查询，还可对这些信息进行"编辑""删除"等操作。

图3-56 围产期奶牛体况智能分析系统体况评估模块页面

### 3.3.4.1 新增

点击体况评估模块页面右上角的"新增"按钮,系统会自动弹出一个专门用于录入数据的交互页面(图3-57),可分别输入奶牛ID、评估日期、奶牛体重、体况评分、瘤胃健康状况、繁殖状态等信息内容,点击"确定"按钮,系统将会完成数据的添加操作,并在相应的数据集合中进行存储和管理。

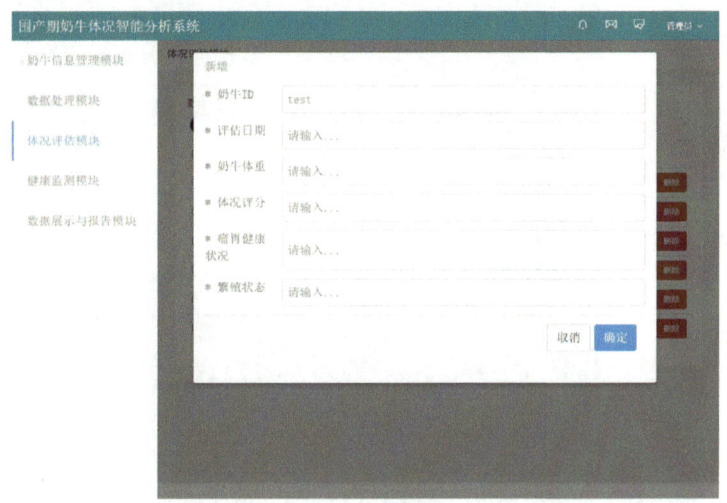

图3-57 围产期奶牛体况智能分析系统体况评估模块新增页面

### 3.3.4.2 修改

点击体况评估模块页面操作列表中的"编辑"按钮,可自动弹出一个编辑信息框(图3-58),可对其中的数据进行必要的修改。修改完成后,用户可以点击"确定"按钮,将修改后的数据保存到系统中。

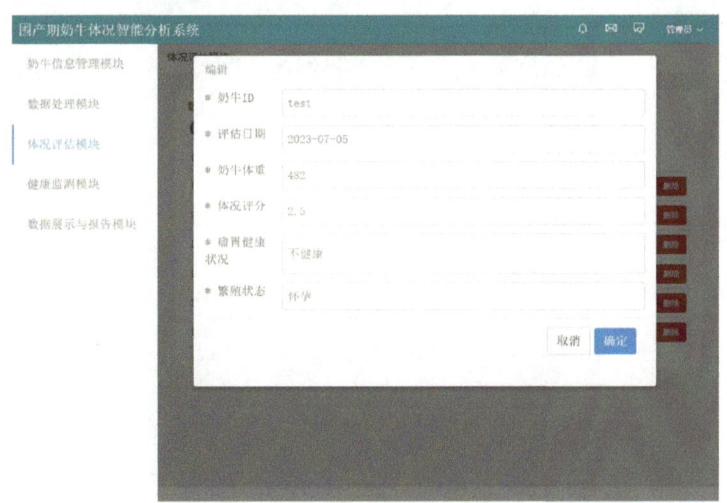

图3-58 围产期奶牛体况智能分析系统体况评估模块修改页面

#### 3.3.4.3 删除

点击体况评估模块页面某一行数据操作列表中的"删除"按钮，就会弹框再次确认是否要执行删除操作（图3-59）。点击"确定"按钮后，该行数据将会被永久删除，系统也会相应地更新数据集合和相关统计信息。

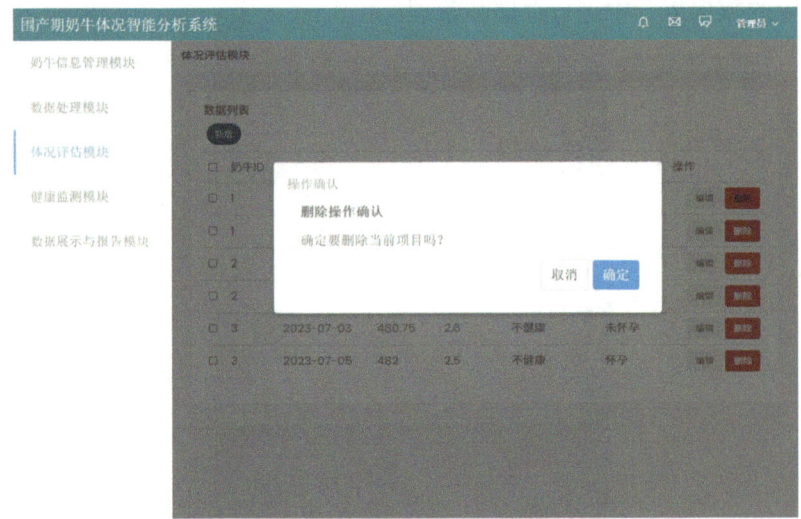

图3-59　围产期奶牛体况智能分析系统体况评估模块删除页面

#### 3.3.4.4 批量删除

点击"全选"按钮即可全部选中数据，也可以通过数据前面的复选框选中某一部分想删除的数据，然后点击页面右上角的"全部删除"按钮，系统会弹窗提示是否确认删除操作（图3-60），点击"确定"按钮后就可以批量删除数据。

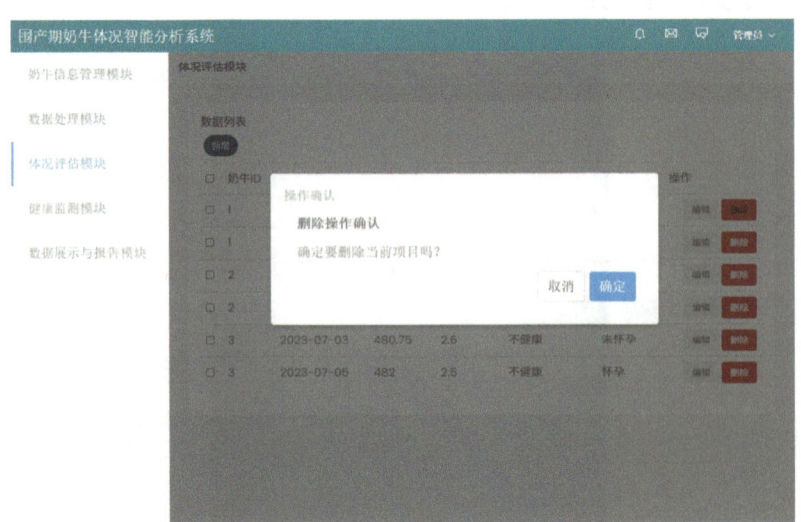

图3-60　围产期奶牛体况智能分析系统体况评估模块批量删除页面

## 3.3.5 健康监测模块

健康监测模块用于监测奶牛的健康状况，通过对采集的数据进行实时分析，监测奶牛是否存在潜在的健康问题或异常情况。点击系统左侧菜单栏中的"健康监测模块"，进入健康监测模块页面（图3-61）。该页面主要展示了奶牛ID、记录日期、奶牛体重、体况体温、奶牛活动量、奶牛健康状况等信息。这些信息都可以通过页面最上面一行的输入框进行条件筛选查询，还可对这些信息进行"编辑""删除"等操作。

图3-61　围产期奶牛体况智能分析系统健康监测模块页面

### 3.3.5.1　新增

点击健康监测模块页面右上角的"新增"按钮，系统会自动弹出一个专门用于录入数据的交互界面（图3-62），可分别输入奶牛ID、记录日期、奶牛体重、奶牛体温、奶牛活动量、奶牛健康状况等信息内容，点击"确定"按钮，系统将会完成数据的添加操作，并在相应的数据集合中进行存储和管理。

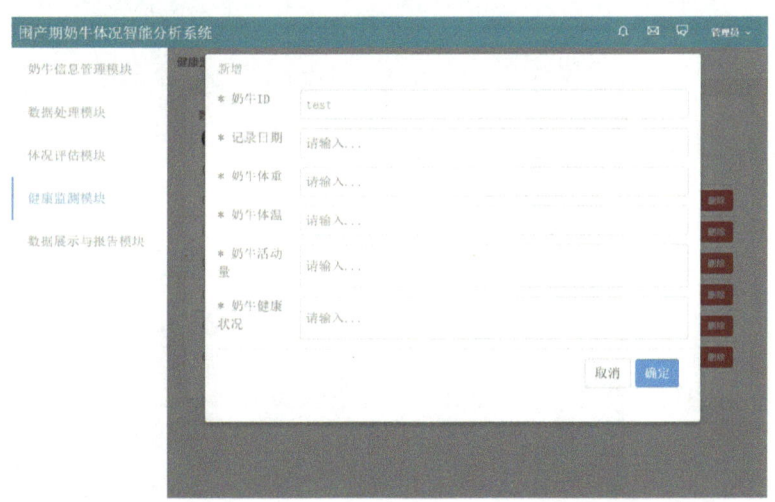

图3-62　围产期奶牛体况智能分析系统健康监测模块新增页面

### 3.3.5.2 修改

点击健康监测模块页面操作列表中的"编辑"按钮，可自动弹出一个编辑信息框（图3-63），可对其中的数据进行必要的修改。修改完成后，用户可以点击"确定"按钮，将修改后的数据保存到系统中。

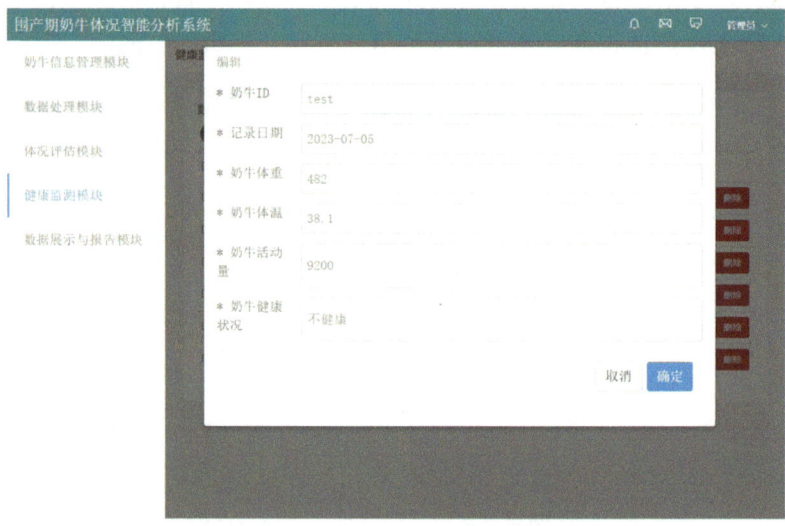

图3-63 围产期奶牛体况智能分析系统健康监测模块修改页面

### 3.3.5.3 删除

点击健康监测模块页面某一行数据操作列表中的"删除"按钮，就会弹框再次确认是否要执行删除操作（图3-64）。点击"确定"按钮后，该行数据将会被永久删除，系统也会相应地更新数据集合和相关统计信息。

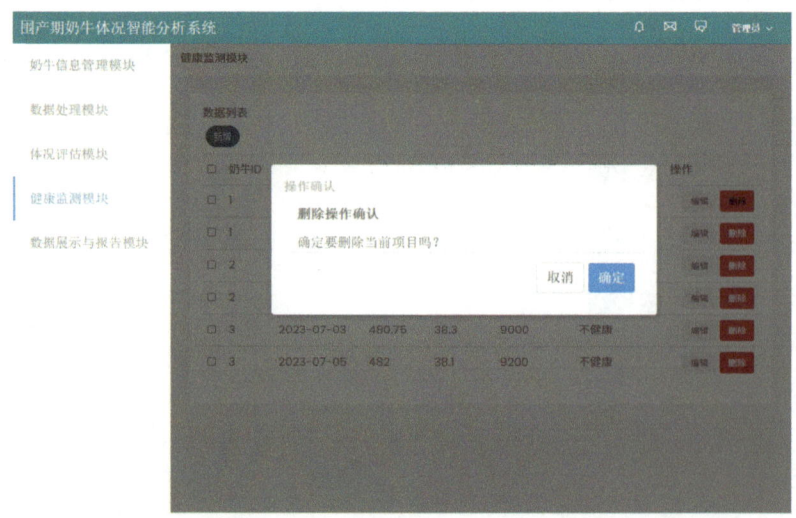

图3-64 围产期奶牛体况智能分析系统健康监测模块删除页面

### 3.3.5.4 批量删除

点击"全选"按钮即可全部选中数据，也可以通过数据前面的复选框选中某一部分想删除的数据，然后点击页面右上角的"全部删除"按钮，系统会弹窗提示是否确认删除操作（图3-65），点击"确定"按钮后就可以批量删除数据。

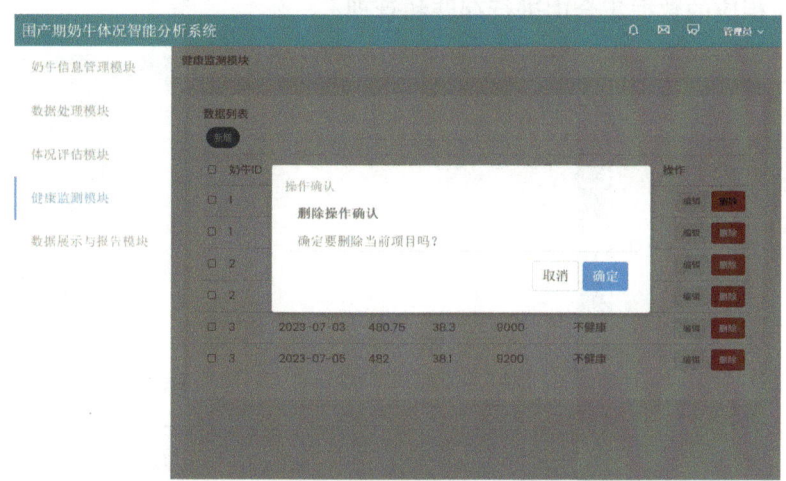

图3-65　围产期奶牛体况智能分析系统健康监测模块批量删除页面

## 3.3.6　数据展示与报告模块

数据展示与报告模块主要用于将分析结果通过图表、统计数据、健康曲线等方式可视化展示奶牛的体况情况，为养殖人员提供参考和决策依据。点击系统左侧菜单栏中的"数据展示与报告模块"，进入数据展示与报告模块页面（图3-66）。该页面主要展示了奶牛ID、记录日期、奶牛体重、奶牛体温、奶牛活动量、奶牛状况等信息。这些信息都可以通过页面最上面一行的输入框进行条件筛选查询，还可对这些信息进行"编辑""删除"等操作。

图3-66　围产期奶牛体况智能分析系统数据展示与报告模块页面

#### 3.3.6.1 新增

点击数据展示与报告模块页面右上角的"新增"按钮，系统会自动弹出一个专门用于录入数据的交互界面（图3-67），可分别输入奶牛ID、记录日期、奶牛体重、奶牛体温、奶牛活动量、奶牛状况等信息内容，点击"确定"按钮，系统将会完成数据的新增操作，并在相应的数据集合中进行存储和管理。

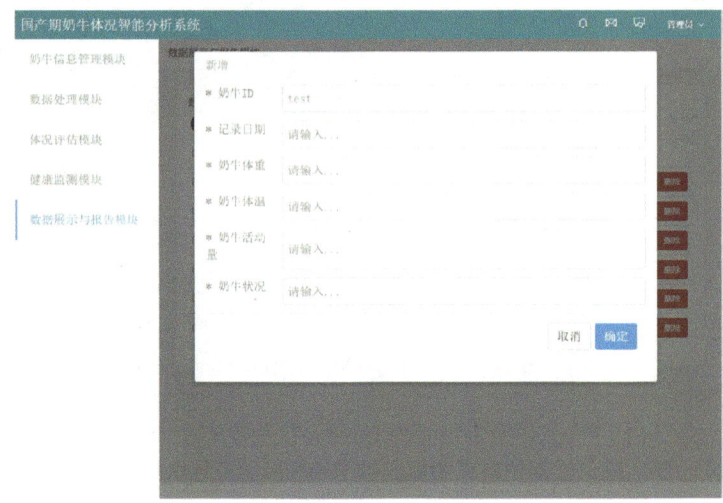

图3-67　围产期奶牛体况智能分析系统数据展示与报告模块新增页面

#### 3.3.6.2 修改

点击数据展示与报告模块页面某一行数据操作列表中的"编辑"按钮，可自动弹出一个编辑信息框，可对其中的数据进行必要的修改。修改完成后，用户可以点击"确定"按钮，将修改后的数据保存到系统中（图3-68）。

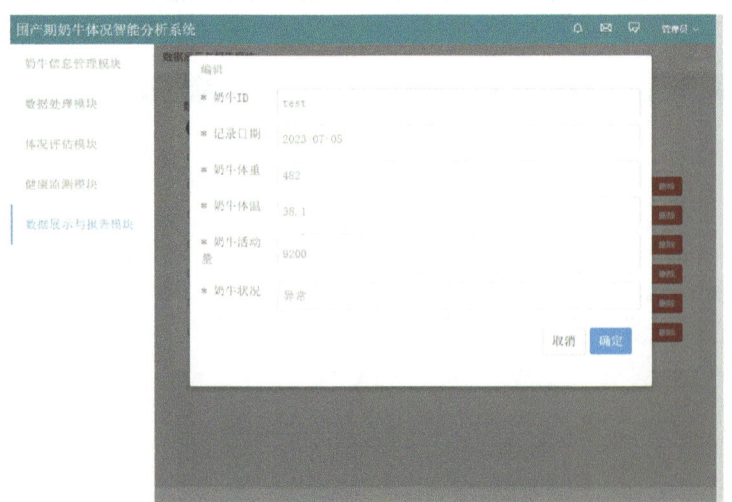

图3-68　围产期奶牛体况智能分析系统数据展示与报告模块修改页面

### 3.3.6.3 删除

点击数据展示与报告模块页面某一行数据操作列表中的"删除"按钮,就会弹框再次确认是否要执行删除操作(图3-69)。点击"确定"按钮后,该行数据将会被永久删除,系统也会相应地更新数据集合和相关统计信息。

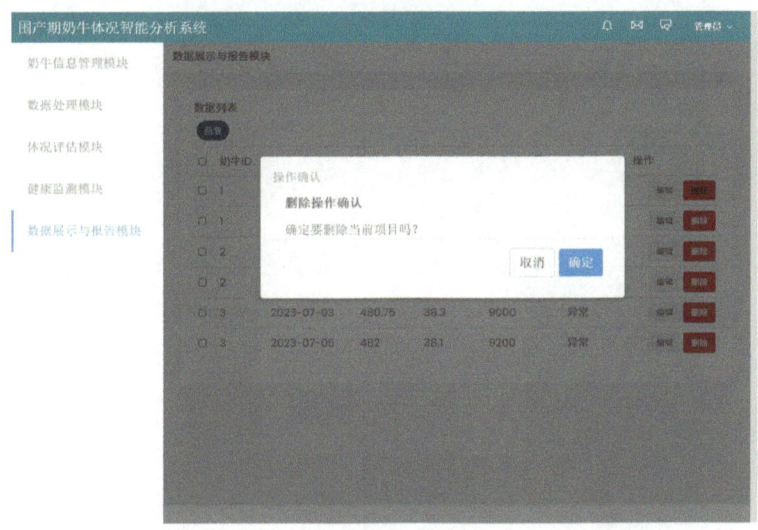

图3-69 围产期奶牛体况智能分析系统数据展示与报告模块删除页面

### 3.3.6.4 批量删除

点击"全选"按钮即可全部选中数据,也可以通过数据前面的复选框选中某一部分想删除的数据,然后点击页面右上角的"全部删除"按钮,系统会弹窗提示是否确认删除操作(图3-70),点击"确定"按钮后就可以批量删除数据。

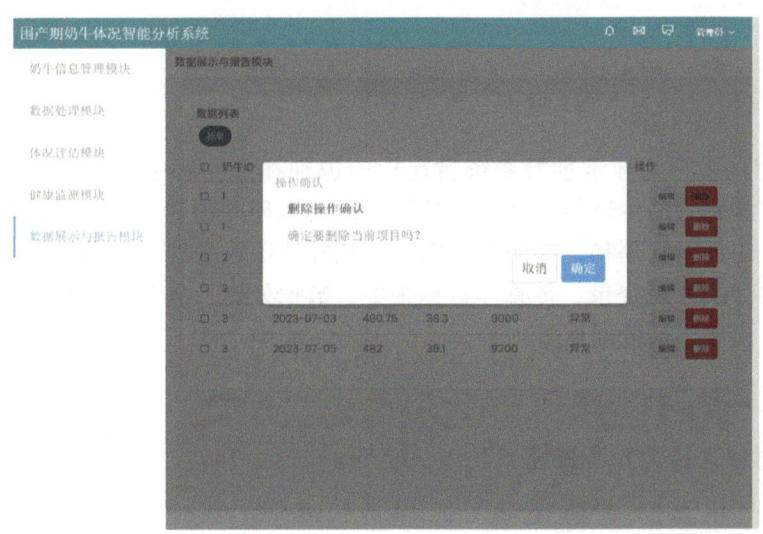

图3-70 围产期奶牛体况智能分析系统数据展示与报告模块批量删除页面

### 3.3.7 系统退出

点击主页右上角用户头像即可弹出"退出"选项,点击"退出"后弹出确认退出的提示(图3-71),点击"确定"按钮即可退出系统。

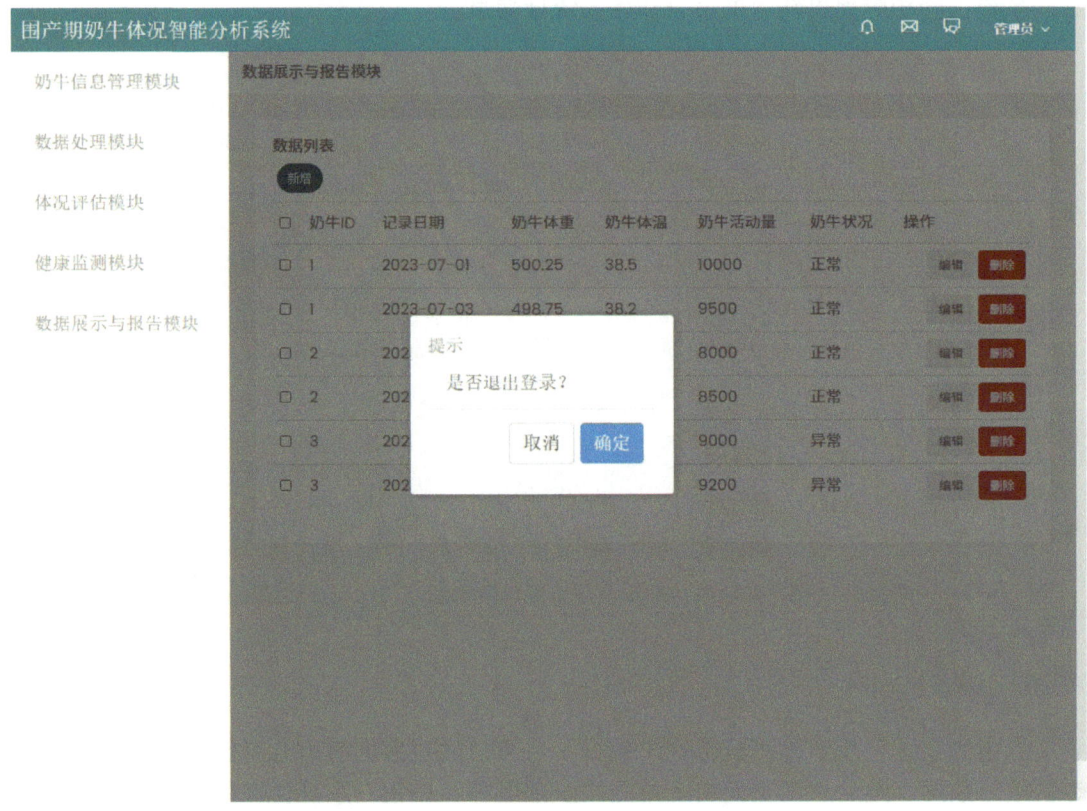

图3-71 围产期奶牛体况智能分析系统退出页面

## 3.4 奶牛产前日常行为异常预警系统

奶牛产前日常行为异常预警系统旨在提前识别和预测奶牛在产前可能出现的异常情况,通过监测奶牛的生理指标和行为特征,及时发现并预警潜在的健康问题或生产风险,保障奶牛的健康和福利,提高生产效益,减轻养殖人员的工作负担。

本节主要介绍系统登录、传感器数据采集、数据处理、异常检测模块、数据存储模块、用户报告模块、系统退出等内容。

### 3.4.1 系统登录

奶牛产前日常行为异常预警系统登录页面如图3-72所示。输入用户名和密码后,点击"登录"按钮即可登录成功。

第三章　围产期奶牛行为体征管理

图3-72　奶牛产前日常行为异常预警系统登录页面

## 3.4.2　传感器数据采集

传感器数据采集通过安装在奶牛身上的传感器设备，采集奶牛的生理和行为数据，例如温度、湿度、活动程度等。点击系统主页左侧菜单栏中的"传感器数据采集"，进入传感器数据采集页面（图3-73）。该页面主要展示奶牛ID、时间、温度、湿度、活动程度、反刍时间等信息，还可对这些信息进行"编辑""删除"等操作。

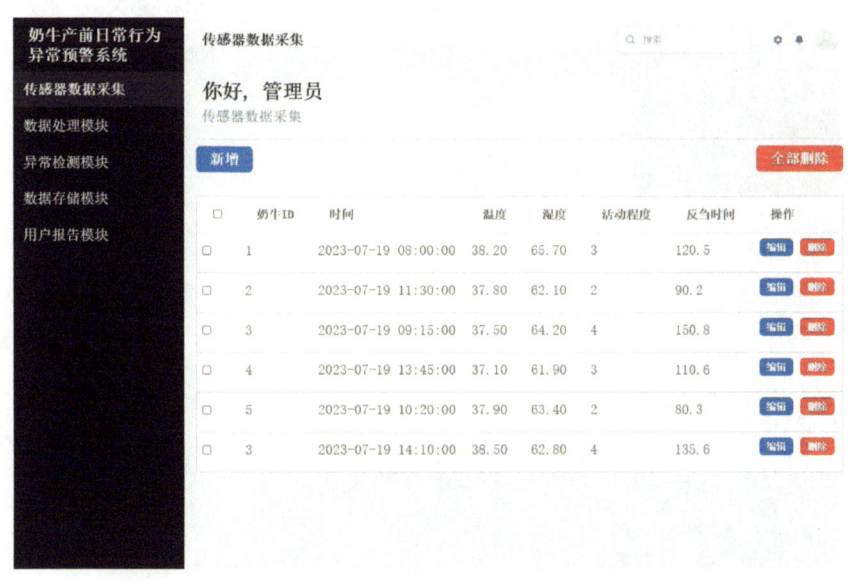

图3-73　奶牛产前日常行为异常预警系统传感器数据采集页面

· 183 ·

#### 3.4.2.1 新增

点击传感器数据采集页面"新增"按钮之后,系统会自动弹出一个新建信息框(图3-74),录入奶牛ID、时间、温度、湿度、活动程度、反刍时间等信息后,点击"确定"按钮即可完成传感器数据的新增操作。

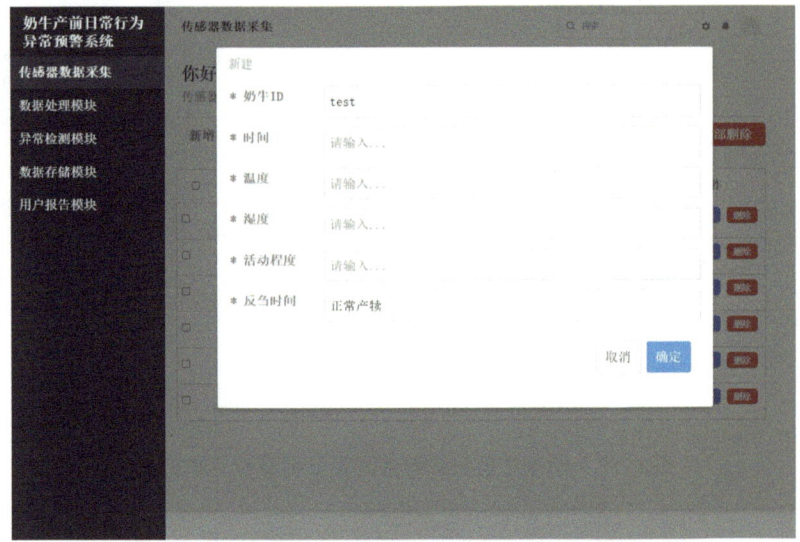

图3-74 奶牛产前日常行为异常预警系统传感器数据采集新增页面

#### 3.4.2.2 修改

点击传感器数据采集页面操作列表中的"编辑"按钮,就可以弹出编辑信息框(图3-75),可对里面的数据进行修改,点击"确定"按钮即完成数据修改。

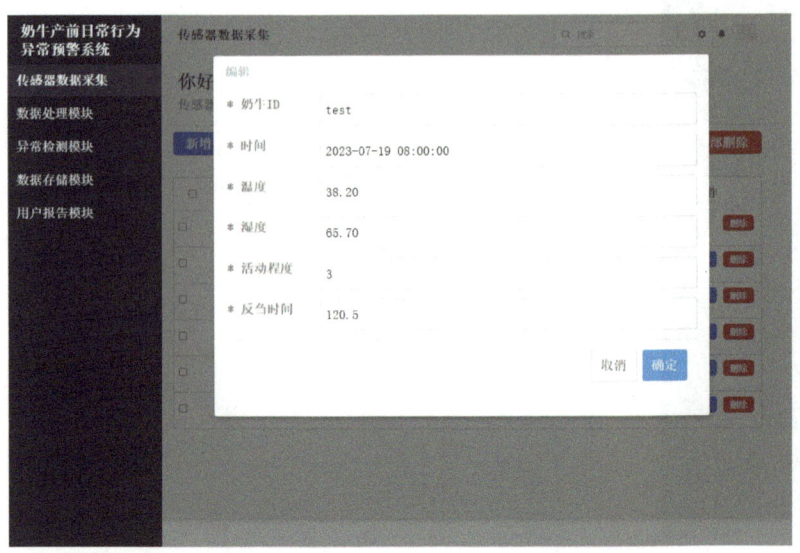

图3-75 奶牛产前日常行为异常预警系统传感器数据采集修改页面

### 3.4.2.3 删除

点击传感器数据采集页面操作列表中的"删除"按钮,就会跳出删除确认提示(图3-76),点击"确定"按钮即可完成当前行数据的删除。

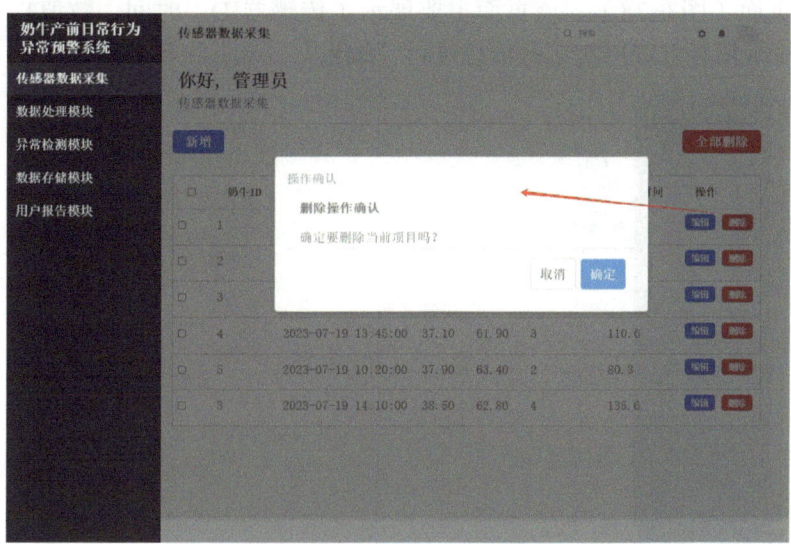

图3-76 奶牛产前日常行为异常预警系统传感器数据采集删除页面

### 3.4.2.4 批量删除

点击传感器数据采集页面的"全选"按钮,即可选中全部数据,也可以通过数据行前面的复选框选中某一部分想删除的数据,然后点击页面右上方的"全部删除"按钮(图3-77),可以完成批量数据的删除。

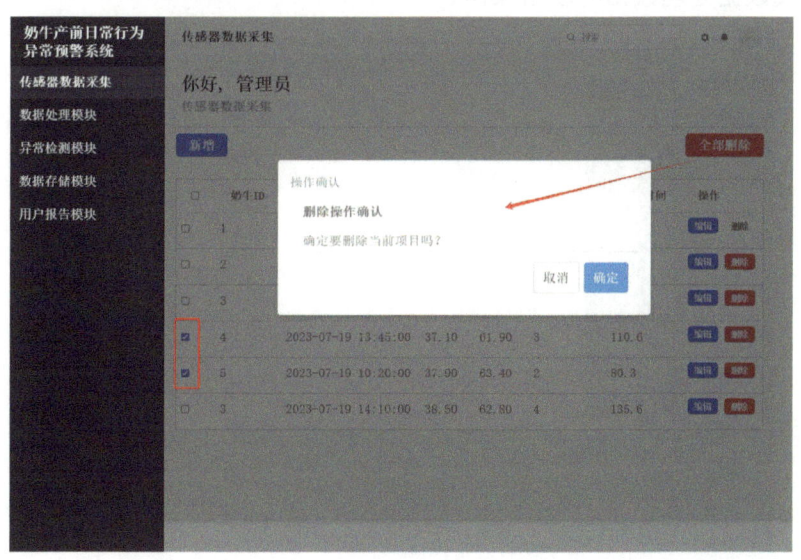

图3-77 奶牛产前日常行为异常预警系统传感器数据采集批量删除页面

### 3.4.3 数据处理模块

数据处理模块可对传感器采集到的数据进行处理和分析，提取出关键特征和指标，包含时间、数值和分析结果。点击系统主页左侧菜单栏中的"数据处理模块"，进入数据处理模块页面（图3-78）。该页面主要展示了传感器ID、时间、数值1、数值2、分析结果、备注等信息，并可对这些信息进行"编辑""删除"等操作。

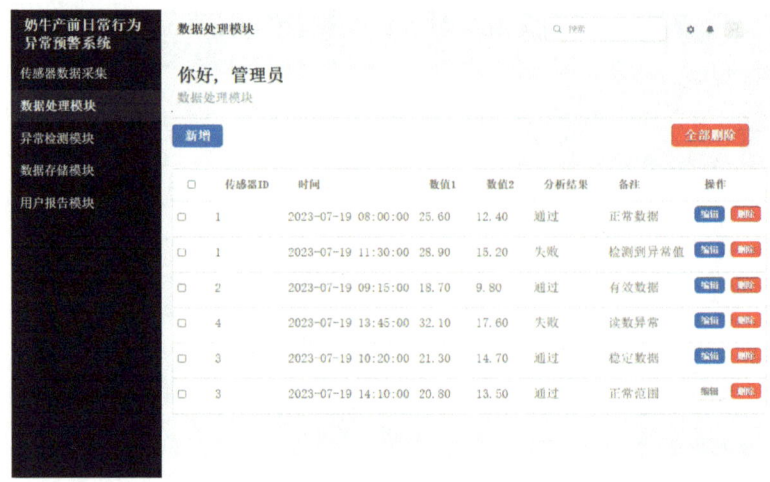

图3-78 奶牛产前日常行为异常预警系统数据处理模块页面

#### 3.4.3.1 新增

点击数据处理模块页面"新增"按钮之后，系统会自动弹出一个新建信息框（图3-79），录入传感器ID、时间、数值1、数值2、分析结果、备注等信息，点击"确定"按钮即可完成数据处理数据的新增操作。

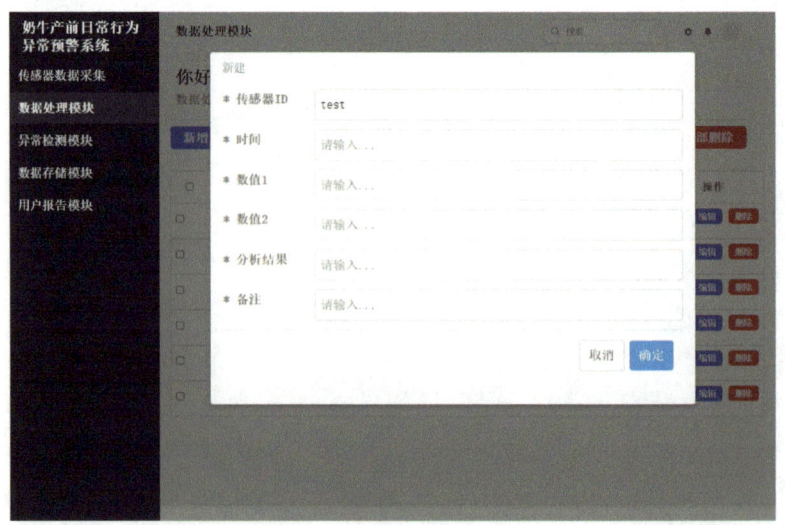

图3-79 奶牛产前日常行为异常预警系统数据处理模块新增页面

#### 3.4.3.2 修改

点击数据处理模块页面操作列表中的"编辑"按钮,就可以弹出编辑信息框(图3-80),可对信息框中的数据进行修改,点击"确定"按钮即可完成数据修改。

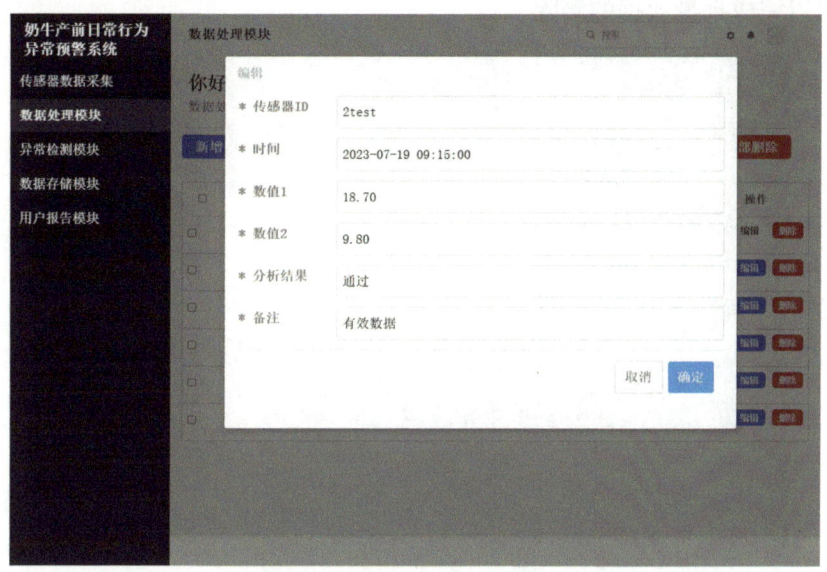

图3-80 奶牛产前日常行为异常预警系统数据处理模块修改页面

#### 3.4.3.3 删除

点击数据处理模块页面操作列表中的"删除"按钮,就会弹出删除确认提示(图3-81),点击"确定"按钮即可完成当前行数据的删除。

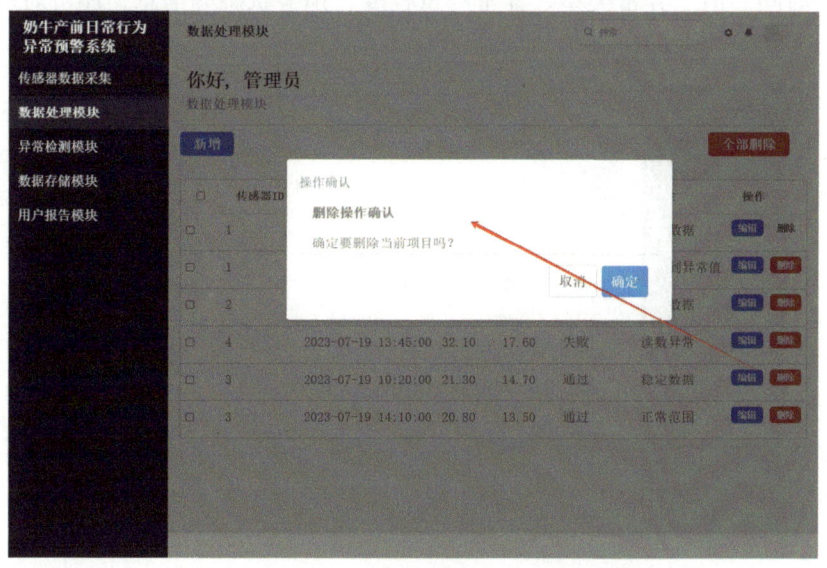

图3-81 奶牛产前日常行为异常预警系统数据处理模块删除页面

#### 3.4.3.4 批量删除

点击数据处理模块页面的"全选"按钮,即可选中全部数据,也可以通过数据行前面的复选框选中某一部分想删除的数据,然后点击页面右上方的"全部删除"按钮(图3-82),可以完成批量数据的删除。

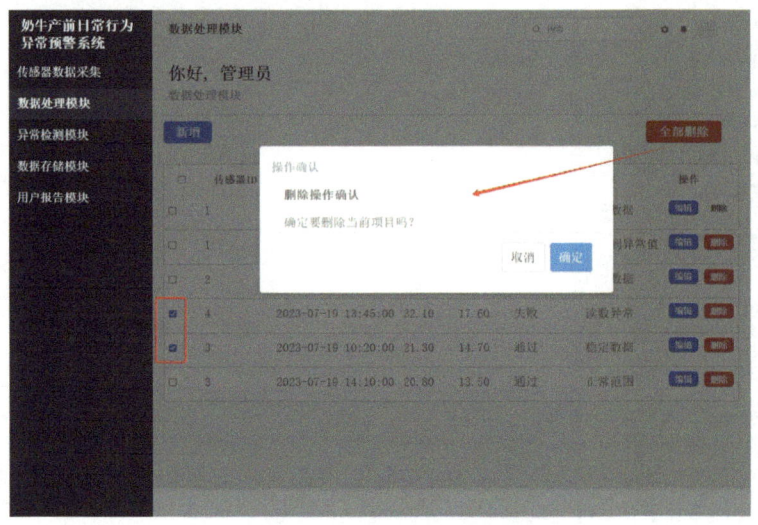

图3-82 奶牛产前日常行为异常预警系统数据处理模块批量删除页面

### 3.4.4 异常检测模块

异常检测模块用于当发现奶牛的行为存在异常时,触发预警机制。点击系统主页左侧菜单栏中的"异常检测模块",进入异常检测模块页面(图3-83)。该页面主要展示传感器ID、时间、值、异常类型、异常严重程度、预警状态等信息,还可对这些信息进行"编辑""删除"等操作。

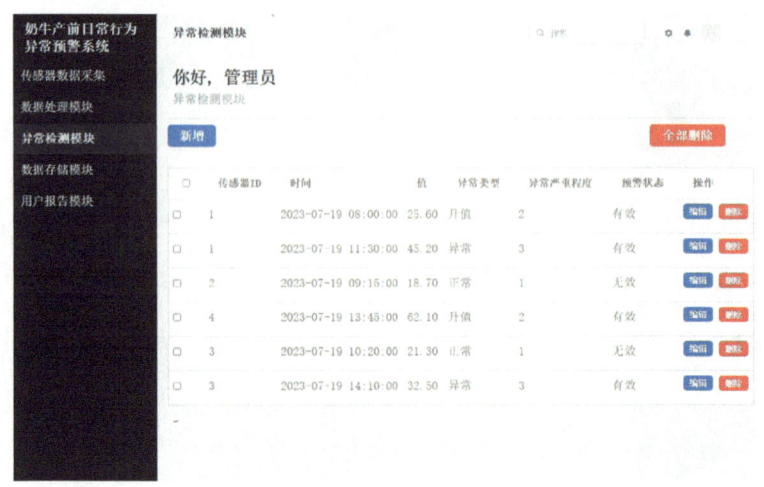

图3-83 奶牛产前日常行为异常预警系统异常检测模块页面

### 3.4.4.1 新增

点击异常检测模块页面中的"新增"按钮后,系统会自动弹出一个新建信息框(图3-84),输入传感器ID、时间、值、异常类型、异常严重程度、预警状态等信息,点击"确定"按钮即可完成异常检测模块数据的新增操作。

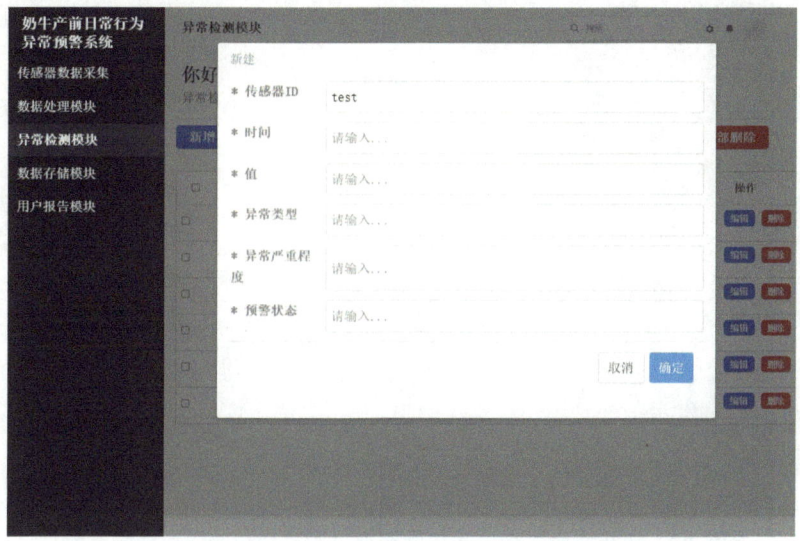

图3-84 奶牛产前日常行为异常预警系统异常检测模块新增页面

### 3.4.4.2 修改

点击异常检测模块页面操作列表中的"编辑"按钮,就可以弹出编辑信息框(图3-85),可在对应的输入框中修改相关内容,点击"确定"按钮即可完成数据修改。

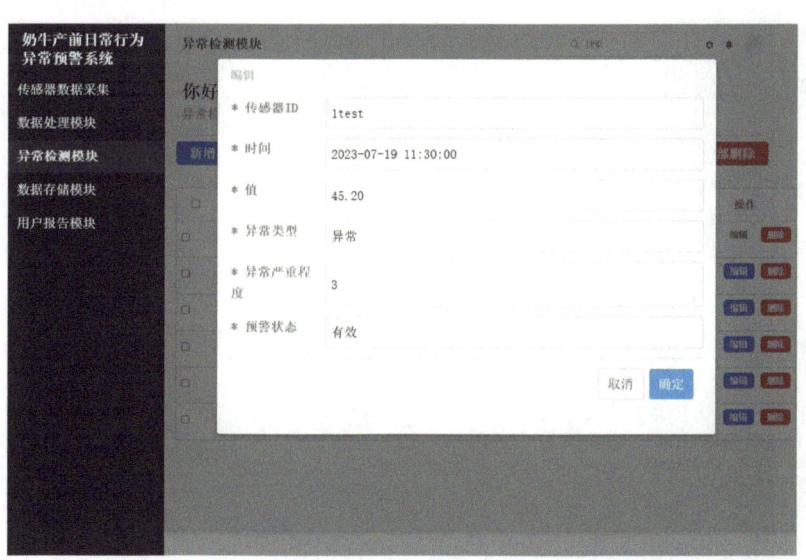

图3-85 奶牛产前日常行为异常预警系统异常检测模块修改页面

#### 3.4.4.3 删除

选中异常检测模块页面某一行数据操作列表中的"删除"按钮，就会弹出删除确认提示（图3-86），点击"确定"按钮即可完成当前行数据的删除。

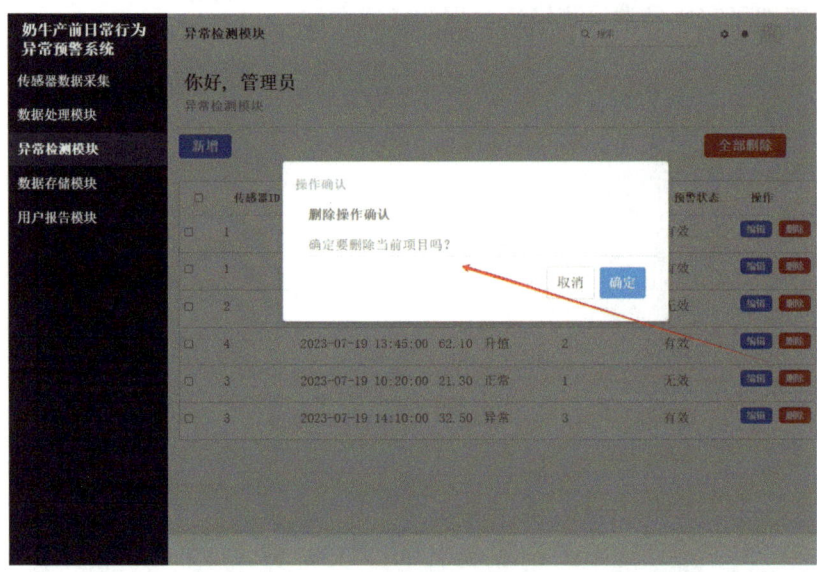

图3-86　奶牛产前日常行为异常预警系统异常检测模块删除页面

#### 3.4.4.4 批量删除

点击异常检测模块页面中的"全选"按钮或通过数据行前面的复选框进行全部选中或部分选中，然后点击页面右上方的"全部删除"按钮（图3-87），可以完成批量数据的删除。

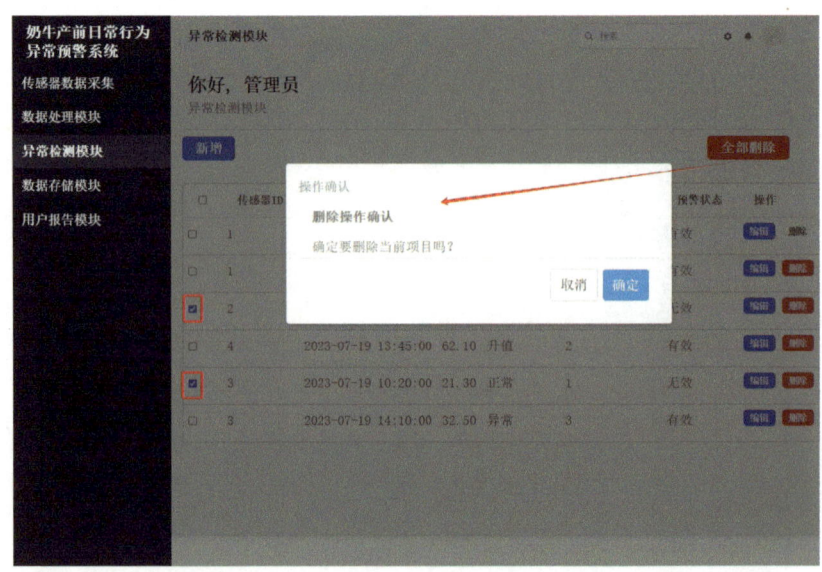

图3-87　奶牛产前日常行为异常预警系统异常检测模块批量删除页面

## 3.4.5 数据存储模块

数据存储模块是将采集的原始数据和处理后的结果进行存储和管理，确保数据的可靠性和完整性，便于后续的查询和分析。点击系统主页左侧菜单栏中的"数据存储模块"，进入数据存储模块页面（图3-88）。该页面主要展示数据名称、数据类型、时间、值、描述、单位等信息，还可对这些信息进行"编辑""删除"等操作。

图3-88 奶牛产前日常行为异常预警系统数据存储模块页面

### 3.4.5.1 新增

点击数据存储模块页面中的"新增"按钮后，系统会自动弹出一个新建信息框（图3-89），输入数据名称、数据类型、时间、值、描述、单位等信息，点击"确定"按钮即可完成新增操作。

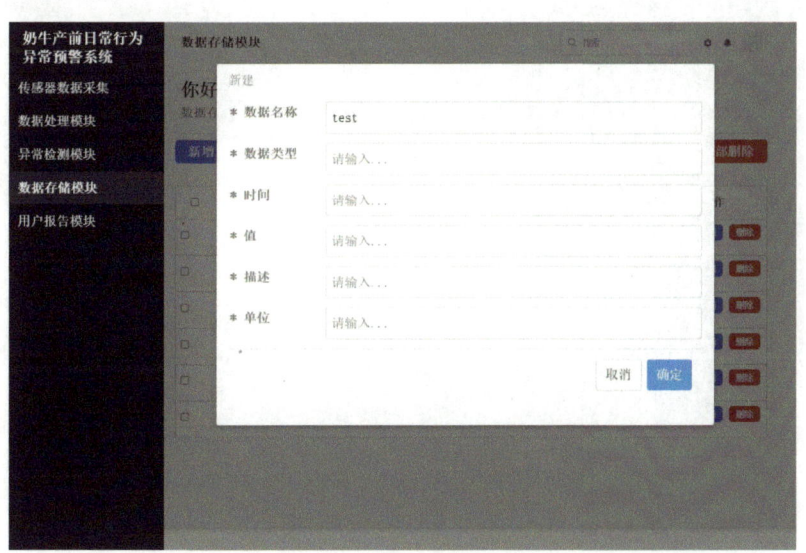

图3-89 奶牛产前日常行为异常预警系统数据存储模块新增页面

· 191 ·

### 3.4.5.2 修改

点击数据存储模块页面操作列表中的"编辑"按钮，就可以弹出编辑信息框（图3-90），可在对应的输入框中修改相关内容，点击"确定"按钮即可完成数据修改。

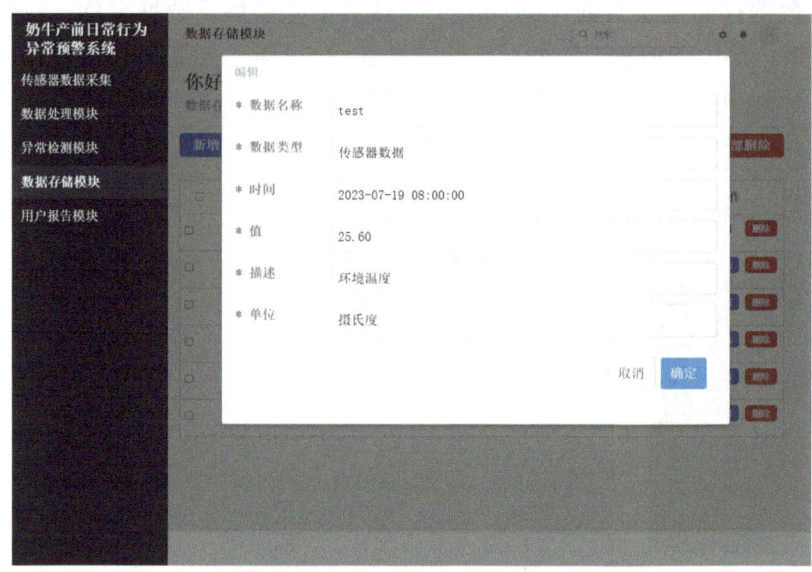

图3-90 奶牛产前日常行为异常预警系统数据存储模块修改页面

### 3.4.5.3 删除

选中数据存储模块页面某一行数据操作列表中的"删除"按钮，就会弹出删除确认提示（图3-91），点击"确定"按钮即可完成当前行数据的删除。

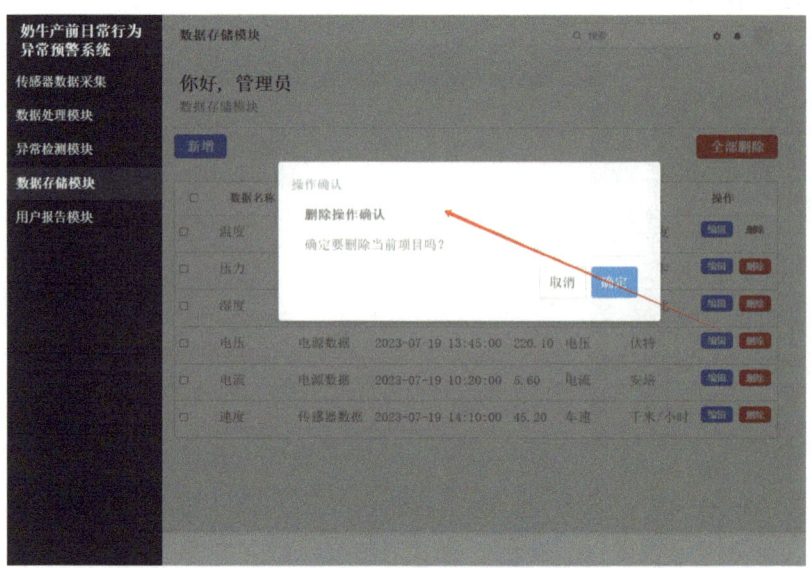

图3-91 奶牛产前日常行为异常预警系统数据存储模块删除页面

### 3.4.5.4 批量删除

点击数据存储模块页面中的"全选"按钮或通过数据行前面的复选框进行全部选中或部分选中，然后点击页面右上方的"全部删除"按钮（图3-92），可以完成批量数据的删除。

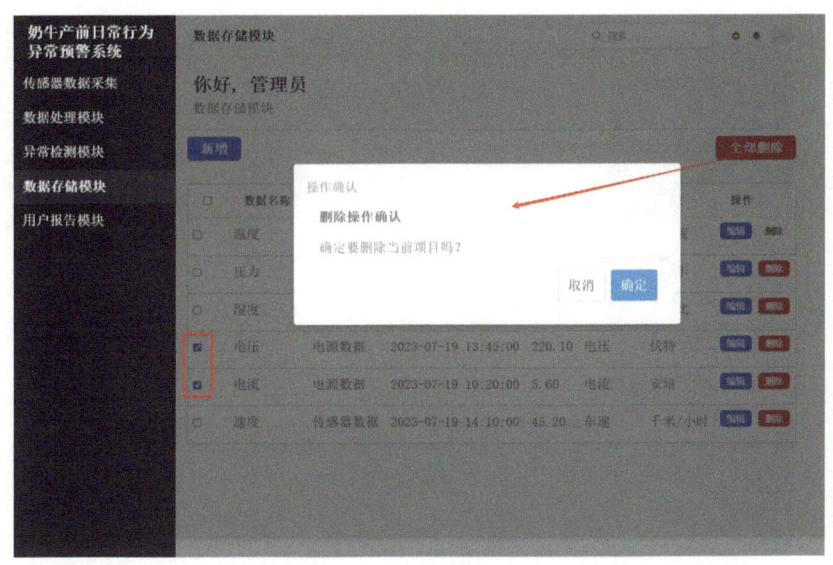

图3-92 奶牛产前日常行为异常预警系统数据存储模块批量删除页面

### 3.4.6 用户报告模块

用户报告模块展示了奶牛的行为数据和异常预警信息，支持查询历史数据，方便用户进行决策和管理。点击系统主页左侧菜单栏中的用户报告模块，进入用户报告模块页面（图3-93）。该页面主要展示报告名称、报告类型、时间、描述、状态、奶牛ID等信息，还可对这些信息进行"编辑""删除"等操作。

图3-93 奶牛产前日常行为异常预警系统用户报告模块页面

#### 3.4.6.1 新增

点击用户报告模块页面右上角的"新增"按钮后，系统会自动弹出一个新建信息框（图3-94），输入报告名称、报告类型、时间、描述、状态、奶牛ID等信息，点击"确定"按钮即可完成新增操作。

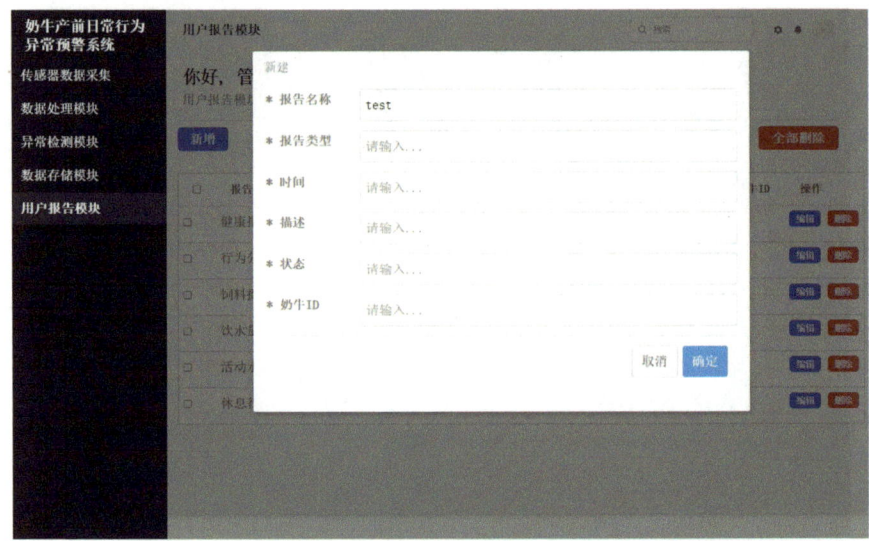

图3-94　奶牛产前日常行为异常预警系统用户报告模块新增页面

#### 3.4.6.2 修改

点击用户报告模块页面操作列表中的"编辑"按钮，会自动弹出编辑信息框（图3-95），可在对应的输入框中修改相关内容，点击"确定"按钮即可完成数据修改。

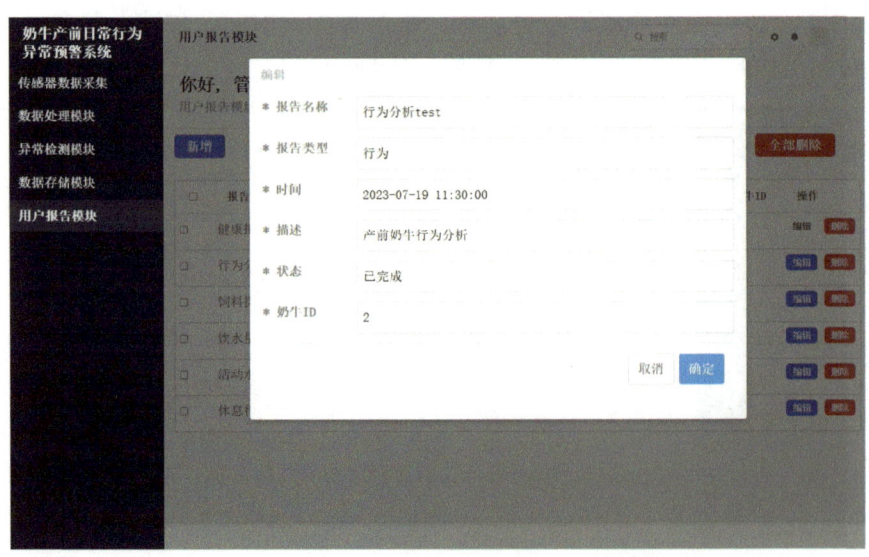

图3-95　奶牛产前日常行为异常预警系统用户报告模块修改页面

### 3.4.6.3 删除

点击用户报告模块页面某一行数据操作列表中的"删除"按钮,就会弹出删除确认提示(图3-96),点击"确定"按钮即可完成当前行数据的删除。

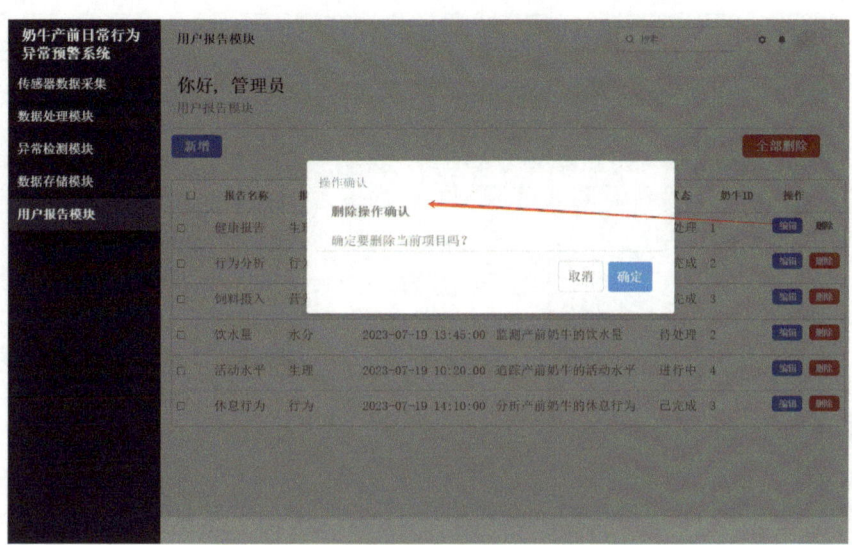

图3-96 奶牛产前日常行为异常预警系统用户报告模块删除页面

### 3.4.6.4 批量删除

点击用户报告模块页面中的"全选"按钮或通过数据行前面的复选框进行全部选中或部分选中,然后点击页面右上方的"全部删除"按钮(图3-97),可以完成批量数据的删除。

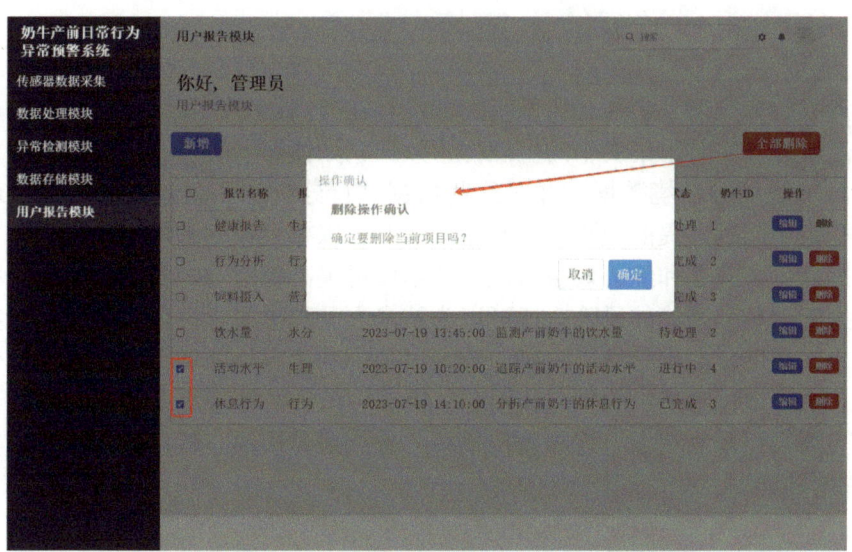

图3-97 奶牛产前日常行为异常预警系统用户报告模块批量删除页面

### 3.4.7　系统退出

将鼠标移到主页右上方的用户头像上，即可弹出退出系统选项，点击"退出"后弹出是否退出的提示（图3-98），点击"确定"按钮即可退出系统。

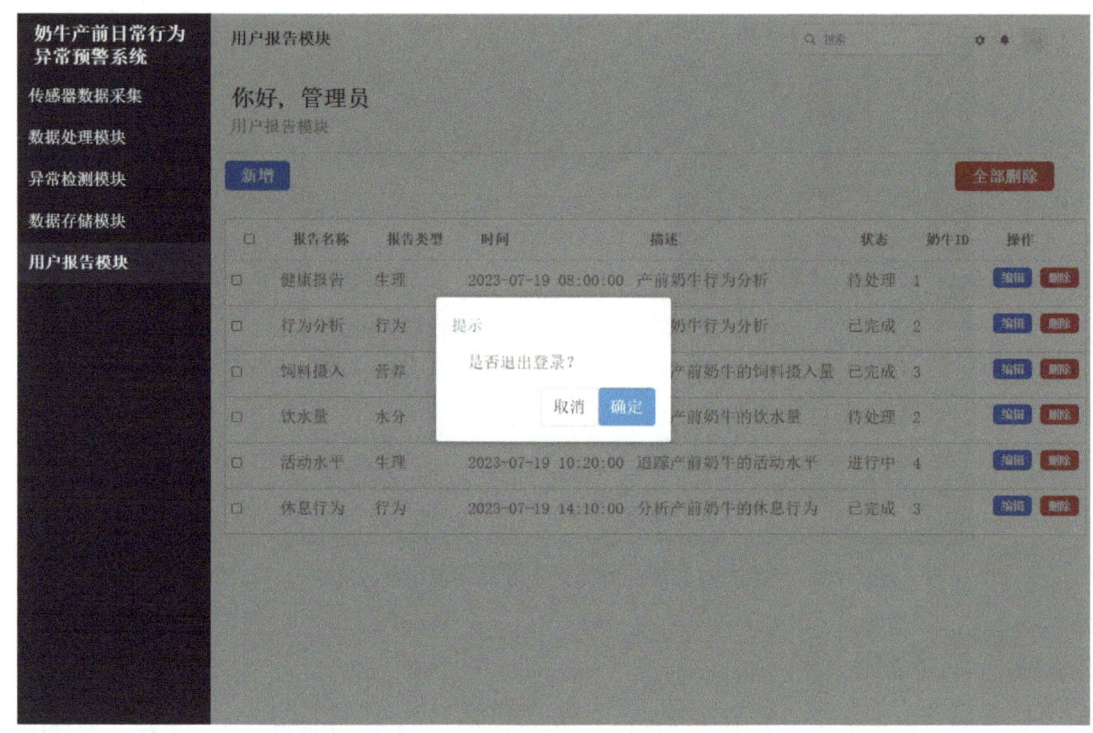

图3-98　奶牛产前日常行为异常预警系统退出页面

## 3.5　奶牛产犊行为智能采集与分析系统

奶牛产犊行为智能采集与分析系统的开发旨在提高奶牛产犊的安全性和生产效率。该系统通过传感器实时采集奶牛的生理行为数据，如体温、心率、呼吸频率等，以及位置信息、环境温度等环境数据，并对这些数据进行分析和预测，以便及时发现奶牛的异常行为和健康问题，提前预测难产和危险情况，以减少犊牛和母牛的死亡率、缩短分娩时间、提高生产效率和经济效益。该系统不仅可提高兽医和饲养员的工作效率和准确性，降低人工误判和漏诊的风险，还可以为技术人员和决策者提供大量的实时数据和统计分析结果，帮助他们更好地了解奶牛分娩过程中的生理特征和行为规律，优化养殖方案和决策，更好地保障奶牛的生产和福利，提高养殖场的管理水平和竞争力。

本节主要介绍系统登录、视频监控模块、数据采集模块、数据分析模块、报警提示模块、数据存储模块、系统退出等内容。

## 3.5.1 系统登录

奶牛产犊行为智能采集与分析系统的登录页面如图3-99所示。输入用户名和密码后，点击"登录"按钮即可登录成功。

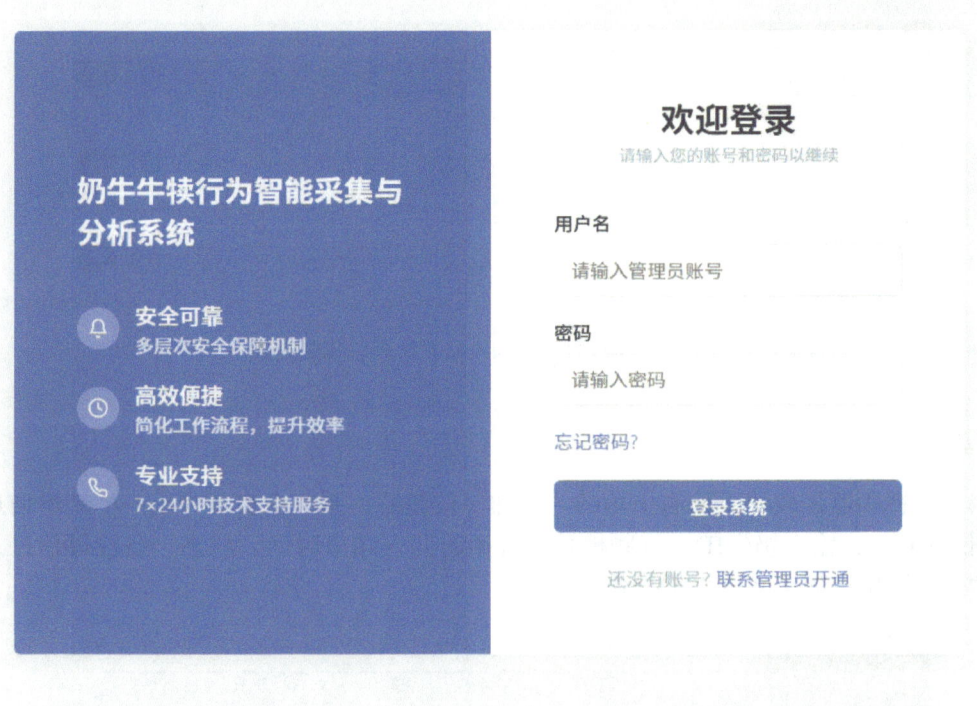

图3-99 奶牛产犊行为智能采集与分析系统登录页面

## 3.5.2 视频监控模块

视频监控模块通过安装在奶牛产房内的摄像头进行视频监控，实时记录奶牛产犊的全过程，可获取奶牛的行为习惯，以及产犊的时间和方式等信息。点击系统主页左侧菜单栏中的"视频监控模块"，进入视频监控模块页面（图3-100）。该页面展示了奶牛ID、视频地址、开始时间、结束时间、状态、备注等信息。这些数据都可以通过最上面一行的输入框进行条件筛选查询，并可对视频监控信息进行"编辑""删除"等操作。

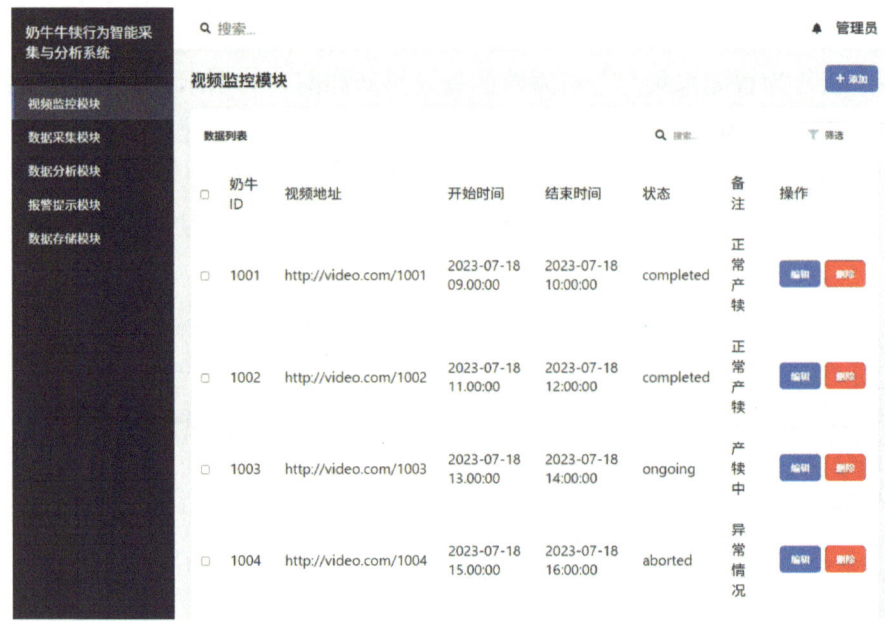

图3-100　奶牛产犊行为智能采集与分析系统视频监控模块页面

#### 3.5.2.1　新增

点击视频监控模块页面右上角的"添加"按钮后，系统会自动弹出一个新增信息框（图3-101），输入奶牛ID、视频地址、开始时间、结束时间、状态、备注等信息，点击"确定"按钮即可完成新增操作。

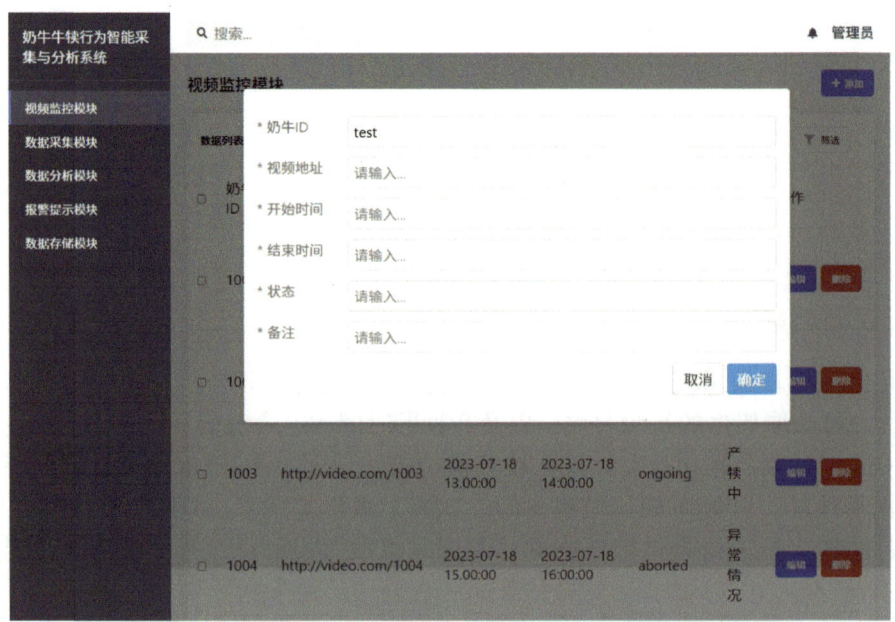

图3-101　奶牛产犊行为智能采集与分析系统视频监控模块新增页面

## 3.5.2.2 修改

点击视频监控模块页面操作列表中的"编辑"按钮,会自动弹出编辑信息框(图3-102),可在信息框中修改相应的内容,点击"确定"按钮即可完成数据修改。

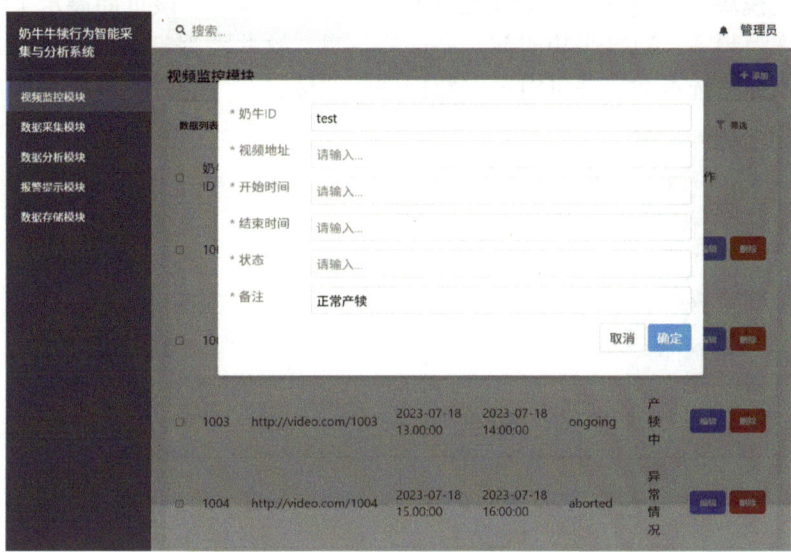

图3-102 奶牛产犊行为智能采集与分析系统视频监控模块修改页面

## 3.5.2.3 删除

点击视频监控模块页面需要删除的某一行数据操作列表中的"删除"按钮,就会弹出删除确认提示(图3-103),点击"确定"按钮即可完成当前行数据的删除。

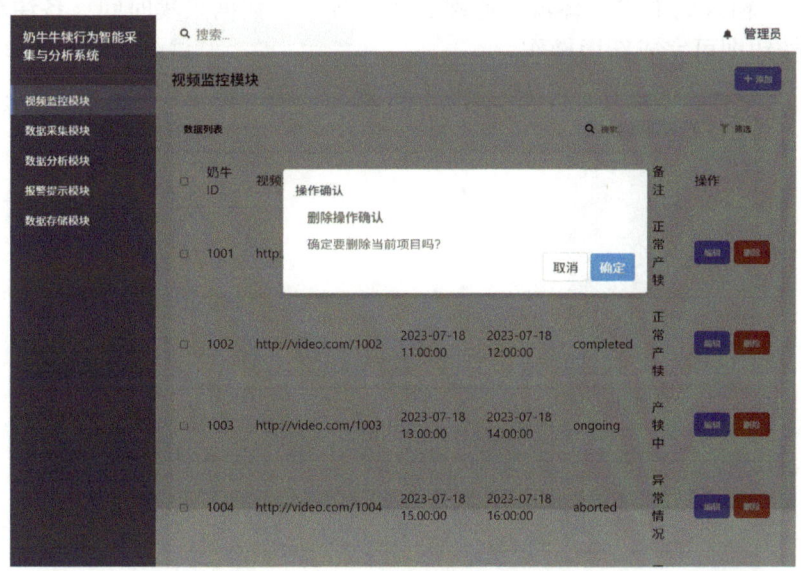

图3-103 奶牛产犊行为智能采集与分析系统视频监控模块删除页面

### 3.5.3 数据采集模块

数据采集模块通过安装在奶牛产房内的传感器，实时采集奶牛的体温、心率、呼吸等数据，有助于了解奶牛健康状况和生理状态等信息。点击系统主页左侧菜单栏中的"数据采集模块"，进入数据采集模块页面（图3-104）。该页面展示了奶牛ID、体温、心率、呼吸频率、数据采集时间、备注等信息。这些数据都可以通过最上面一行的输入框进行条件筛选查询，并可对这些数据进行"编辑""删除"等操作。

图3-104　奶牛产犊行为智能采集与分析系统数据采集模块页面

#### 3.5.3.1 新增

点击数据采集模块页面右上角的"添加"按钮后，系统会自动弹出一个新增信息框（图3-105），输入奶牛ID、体温、心率、呼吸频率、数据采集时间、备注等信息，点击"确定"按钮即可完成新增操作。

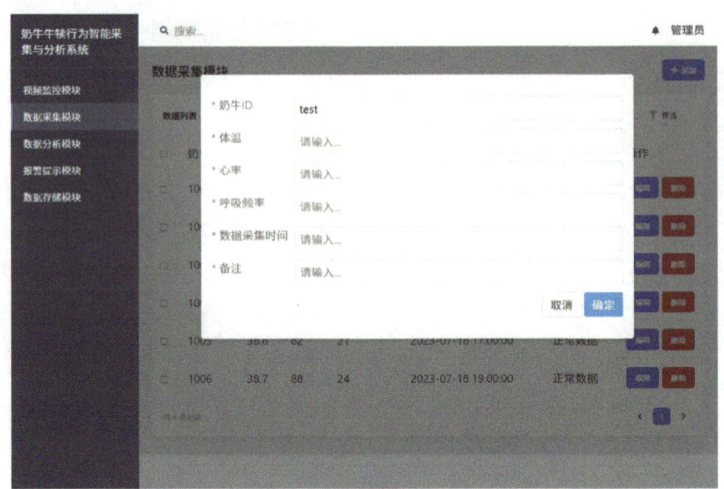

图3-105　奶牛产犊行为智能采集与分析系统数据采集模块新增页面

### 3.5.3.2 修改

点击数据采集模块页面操作列表中的"编辑"按钮，会自动弹出编辑信息框（图3-106），可在信息框中修改相应的内容，点击"确定"按钮即可完成数据修改。

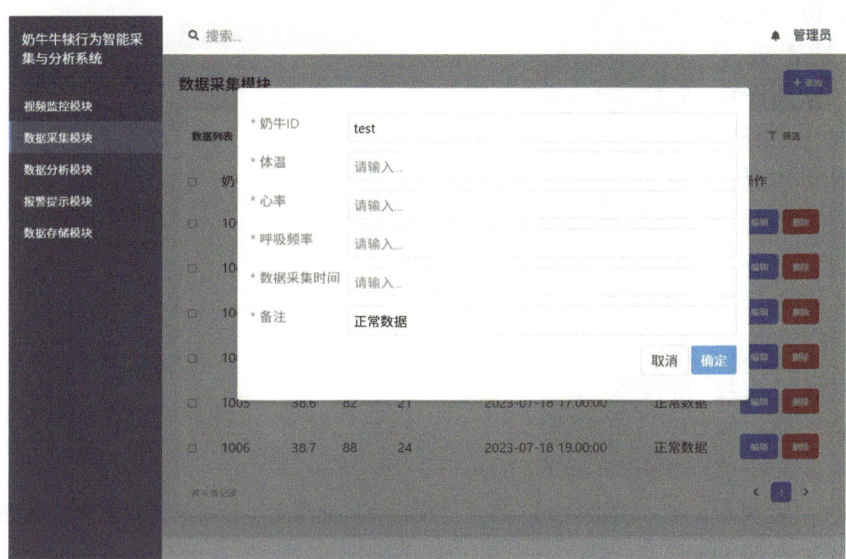

图3-106　奶牛产犊行为智能采集与分析系统数据采集模块修改页面

### 3.5.3.3 删除

点击数据采集模块页面需要删除的某一行数据操作列表中的"删除"按钮，就会弹出删除确认提示（图3-108），点击"确认"按钮即可完成当前行数据的删除。

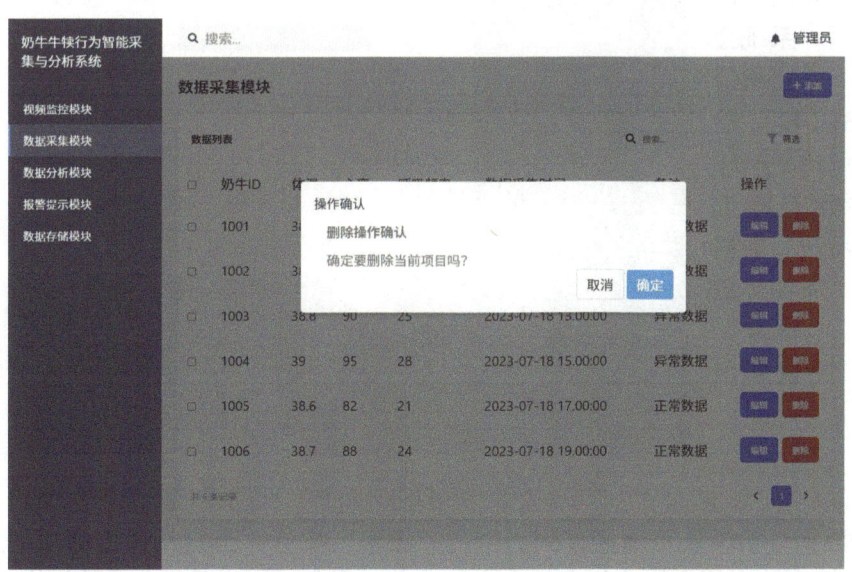

图3-107　奶牛产犊行为智能采集与分析系统数据采集模块删除页面

### 3.5.4 数据分析模块

数据分析模块通过对监控数据和采集数据进行分析，可以判断奶牛是否处于产犊状态，预测产犊时间和方式，及时发现问题和异常情况，以提高奶牛的生产效率和生产质量。点击系统主页左侧菜单栏中的"数据分析模块"，进入数据分析模块页面（图3-108）。该页面展示了奶牛ID、预测产犊时间、预测产犊方式、健康状况、数据分析时间、备注等信息。这些数据都可以通过最上面一行的输入框进行条件筛选查询，并可对这些数据进行"编辑""删除"等操作。

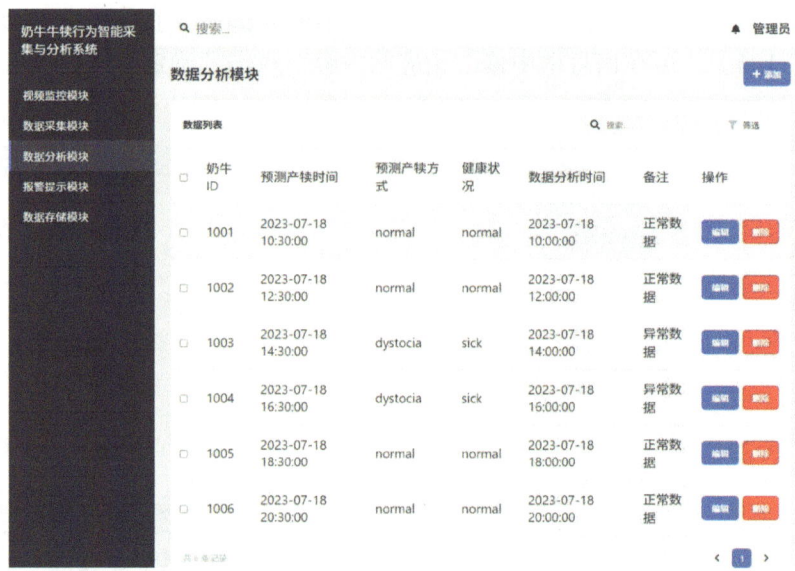

图3-108　奶牛产犊行为智能采集与分析系统数据分析模块页面

#### 3.5.4.1 新增

点击数据分析模块页面右上角的"添加"按钮后，系统会自动弹出一个新增信息框（图3-109），输入奶牛ID、预测产犊时间、预测产犊方式、健康状况、数据分析时间、备注等信息，点击"确定"按钮即可完成新增操作。

#### 3.5.4.2 修改

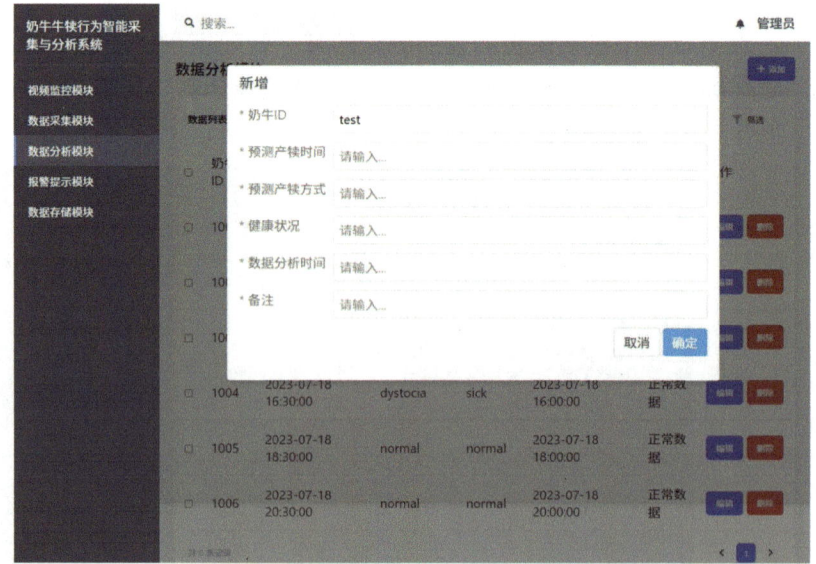

图3-109　奶牛产犊行为智能采集与分析系统数据分析模块新增页面

点击数据分析模块页面操作列表中的"编辑"按钮，会自动弹出编辑信息框（图3-110），可在信息框中修改相应的内容，点击"确定"按钮即可完成数据修改。

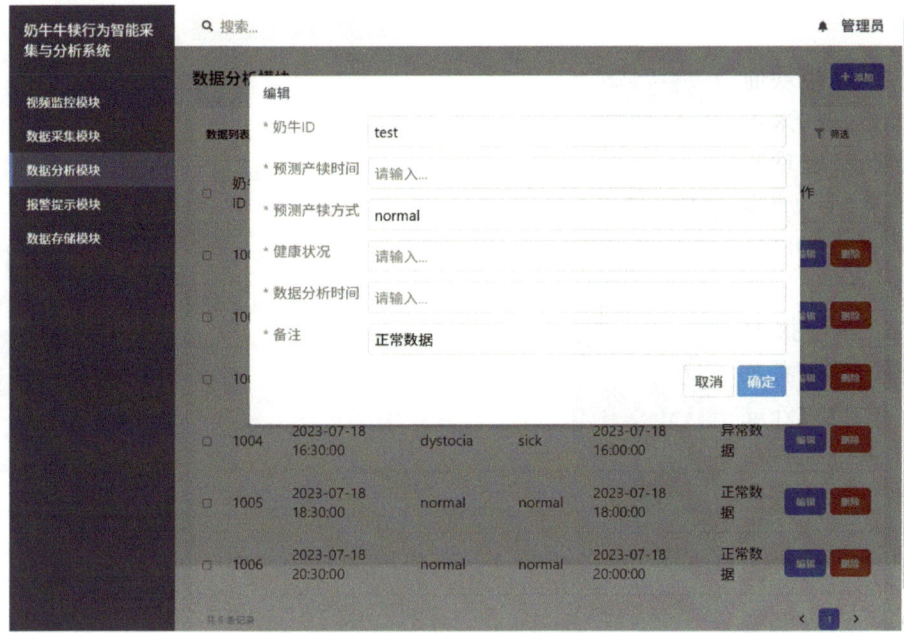

图3-110　奶牛产犊行为智能采集与分析系统数据分析模块修改页面

### 3.5.4.3　删除

点击数据分析页面需要删除的某一行数据操作列表中的"删除"按钮，就会弹出删除确认提示（图3-111），点击"确定"按钮即可完成当前行数据的删除。

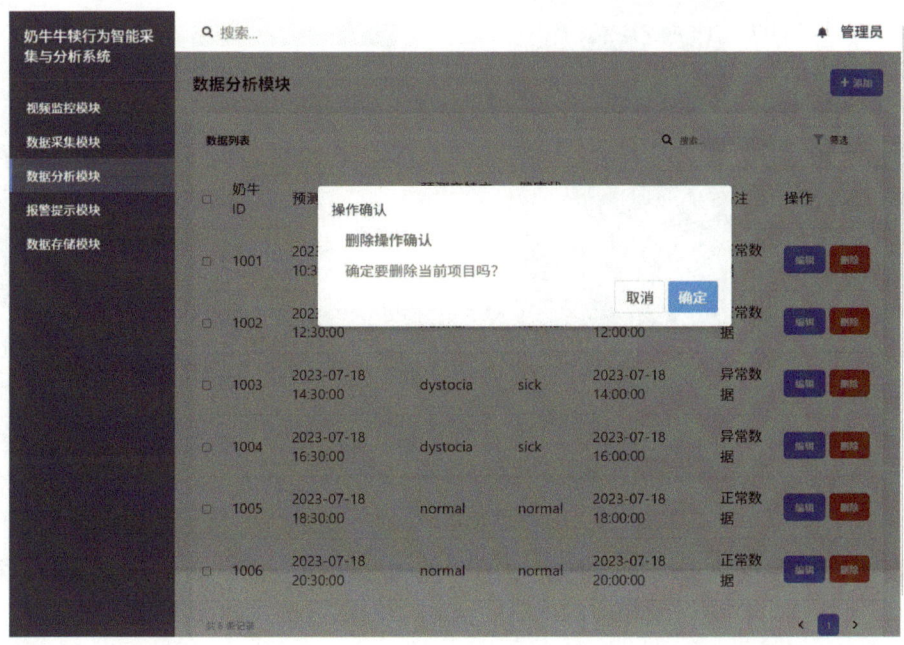

图3-111　奶牛产犊行为智能采集与分析系统数据分析模块删除页面

### 3.5.5 报警提示模块

报警提示模块通过对监控数据和采集数据的分析，发现奶牛出现异常情况或需要注意的情况时，可以通过短信、电话等方式进行报警提示，提醒养殖者及时处理，避免意外发生。点击系统主页左侧菜单栏中的"报警提示模块"，进入报警提示模块页面（图3-112）。该页面展示了奶牛ID、报警类

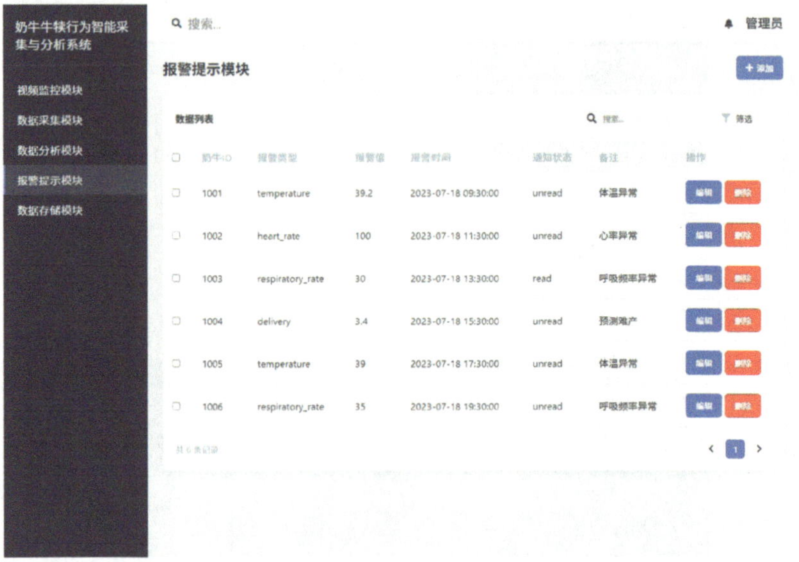

图3-112 奶牛产犊行为智能采集与分析系统报警提示模块页面

型、报警值、报警时间、通知状态、备注等信息。这些数据都可以通过最上面一行的输入框进行条件筛选查询，并可对这些数据进行"编辑""删除"等操作。

#### 3.5.5.1 新增

点击报警提示模块页面右上角的"添加"按钮后，系统会自动弹出一个新增信息框（图3-113），输入奶牛ID、报警类型、报警值、报警时间、通知状态、备注等信息，点击"确定"按钮即可完成新增操作。

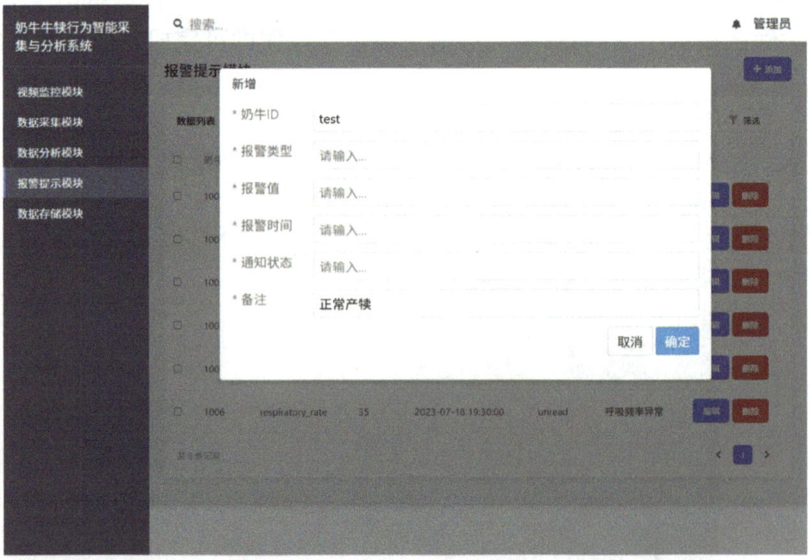

图3-113 奶牛产犊行为智能采集与分析系统报警提示模块新增页面

#### 3.5.5.2 修改

点击报警提示模块页面操作列表中的"编辑"按钮，会自动弹出编辑信息框（图3-114），可在信息框中修改相应的内容，点击"确定"按钮即可完成数据修改。

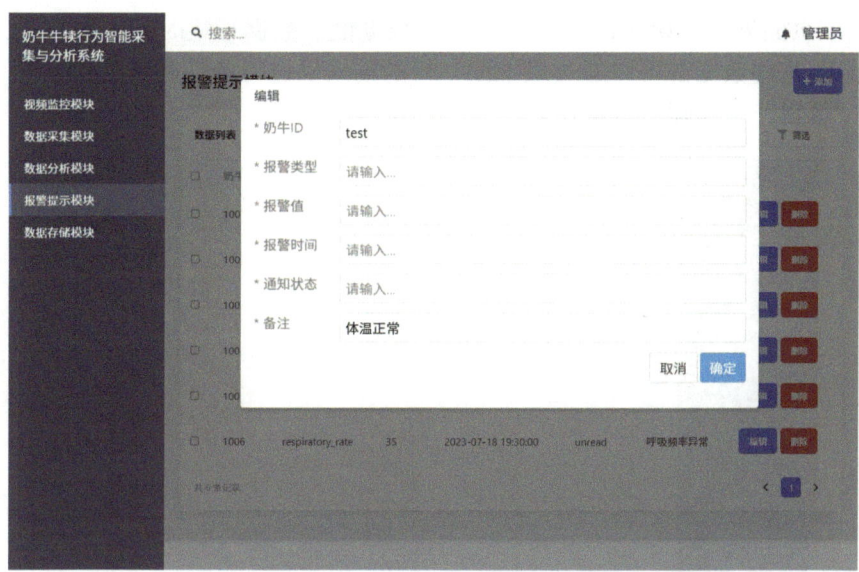

图3-114　奶牛产犊行为智能采集与分析系统报警提示模块修改页面

#### 3.5.5.3　删除

点击报警提示模块页面需要删除的某一行数据操作列表中的"删除"按钮，就会弹出删除确认提示（图3-115），点击"确定"按钮即可完成当前行数据的删除。

图3-115　奶牛产犊行为智能采集与分析系统报警提示模块删除页面

### 3.5.6　数据存储模块

点击系统主页左侧菜单栏中的"数据存储模块"，进入数据存储模块页面（图

3-116）。该页面展示了奶牛ID、数据类型、数据值、数据采集时间、数据插入时间、备注等信息。这些数据都可以通过最上面一行的输入框进行条件筛选查询，并可对这些数据进行"编辑""删除"等操作。

图3-116　奶牛产犊行为智能采集与分析系统数据存储模块页面

#### 3.5.6.1　新增

点击数据存储模块页面右上角的"添加"按钮后，系统会自动弹出一个新增信息框（图3-117），输入奶牛ID、数据类型、数据值、数据采集时间、数据插入时间、备注等信息，点击"确定"按钮即可完成新增操作。

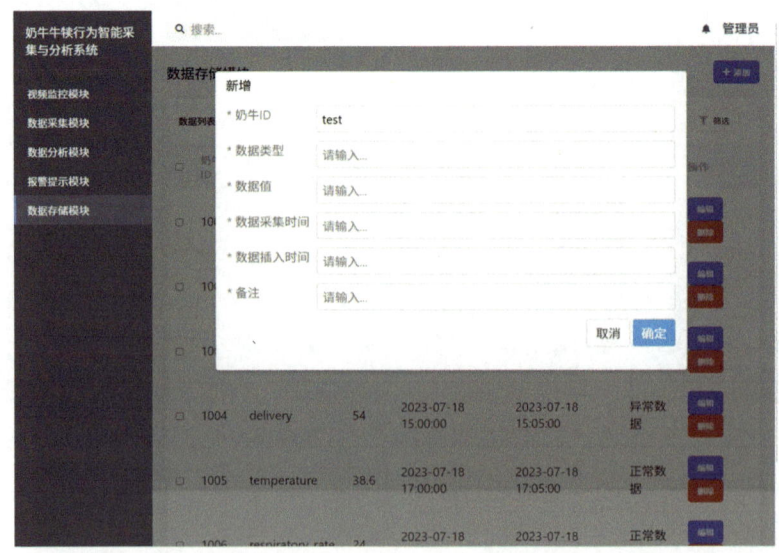

图3-117　奶牛产犊行为智能采集与分析系统数据存储模块新增页面

#### 3.5.6.2 修改

点击数据存储模块页面操作列表中的"编辑"按钮，会自动弹出编辑信息框（图3-118），可在信息框中修改相应的内容，点击"确定"按钮即可完成数据修改。

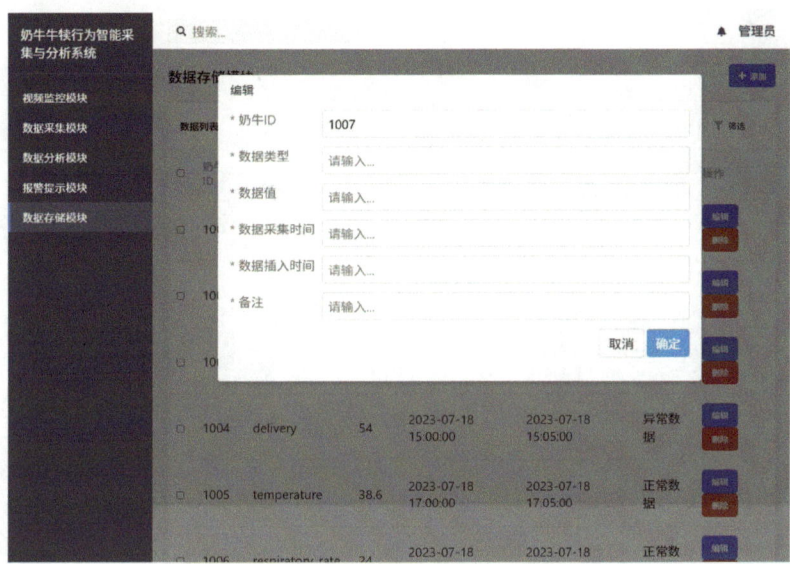

图3-118 奶牛产犊行为智能采集与分析系统数据存储模块修改页面

#### 3.5.6.3 删除

点击数据存储模块页面需要删除的某一行数据操作列表中的"删除"按钮，就会弹出删除确认提示（图3-119），点击"确定"按钮即可完成当前行数据的删除。

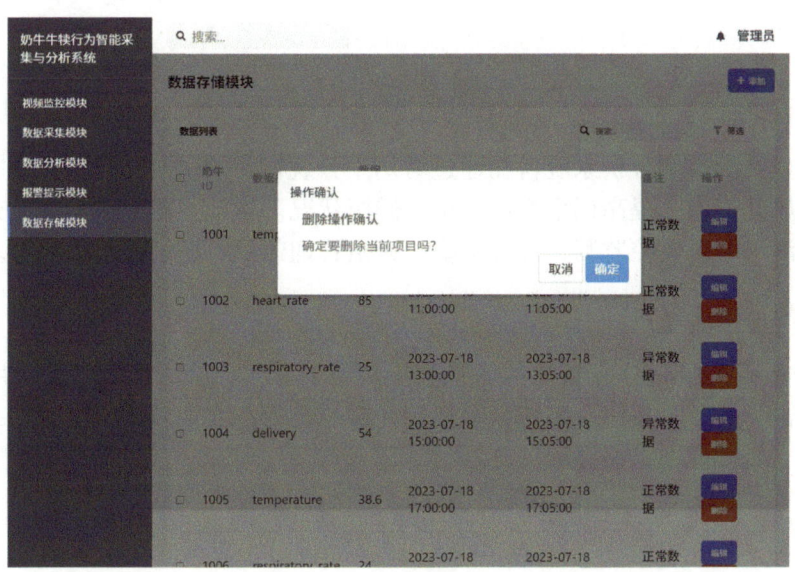

图3-119 奶牛产犊行为智能采集与分析系统数据存储模块删除页面

## 3.5.7 系统退出

点击系统主页右上方的管理员，即可弹出退出系统的选项（图3-120），点击"退出系统"后弹出是否退出的提示，点击"确定"按钮后可退出系统。

图3-120 奶牛产犊行为智能采集与分析系统退出页面

## 3.6 奶牛分娩行为监测分析系统

奶牛分娩行为监测分析系统旨在通过对奶牛分娩行为的监测和分析，及时发现异常情况，保障胎儿健康，提高奶牛生产效率和健康状况。本节主要介绍系统登录、实时监测、分娩预测、胎儿监控监测、报警系统、繁殖管理建议、系统退出等内容。

### 3.6.1 系统登录

奶牛分娩行为监测分析系统的登录页面如图3-121所示。首先需输入用户名和密码，随后点击"登录"按钮。系统会验证用户账号是否存在以及密码是否正确，若正确则登录成功，否则弹出错误提示信息。

图3-121　奶牛分娩行为监测分析系统登录页面

## 3.6.2　实时监测

实时监测用于监测奶牛分娩行为，包括活动水平、体温、呼吸等指标，并提供实时数据更新。点击系统主页左侧菜单栏中的"实时监测"，进入实时监测页面（图3-122）。该页面展示了监测时间、奶牛编号、活动水平、体温、呼吸频率、心率等信息。这些数据都可以通过最上面一行的输入框进行条件筛选查询，并可对这些数据进行"编辑""删除"等操作。

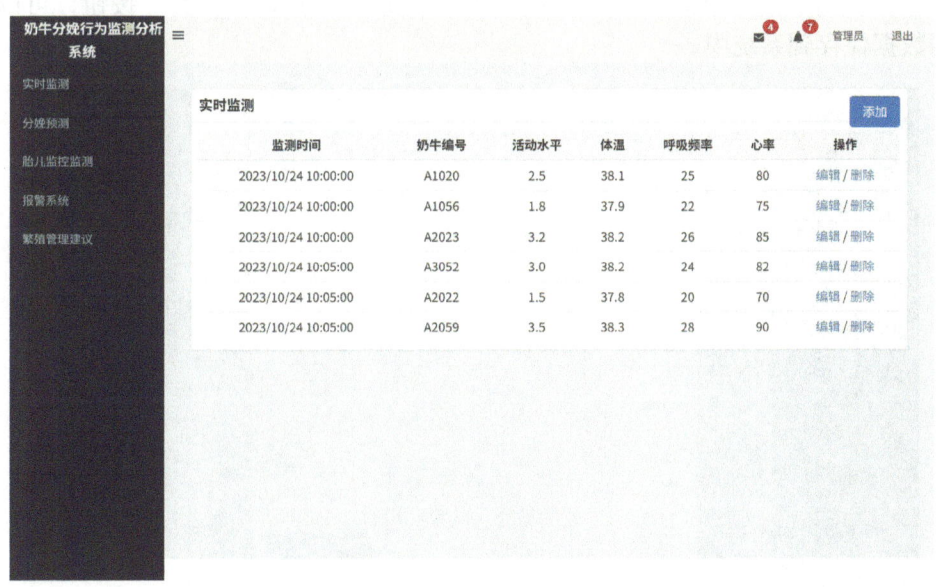

图3-122　奶牛分娩行为监测分析系统实时监测页面

#### 3.6.2.1 添加

点击实时监测页面右上角的"添加"按钮后,系统会自动弹出一个专门用于录入数据的交互页面(图3-123),可输入各项需要记录的数据,添加信息后点击"提交"按钮,系统将会完成数据的添加操作,并在相应的数据集合中进行存储和管理。

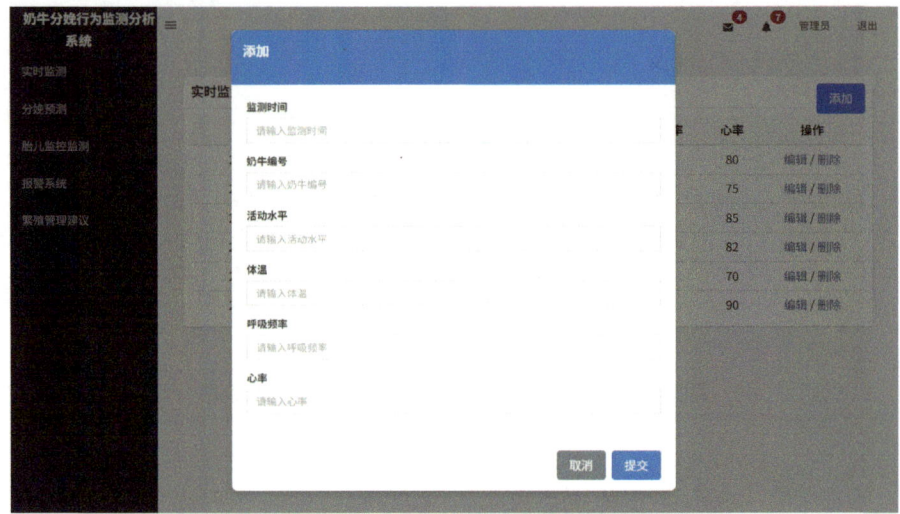

图3-123　奶牛分娩行为监测分析系统实时监测添加页面

#### 3.6.2.2 修改

点击实时监测页面操作列表中的"编辑"按钮,会自动弹出一个编辑信息框(图3-124),可在信息框中修改相应的内容。修改完成后,点击"提交"按钮,可以将修改后的数据保存到系统中。

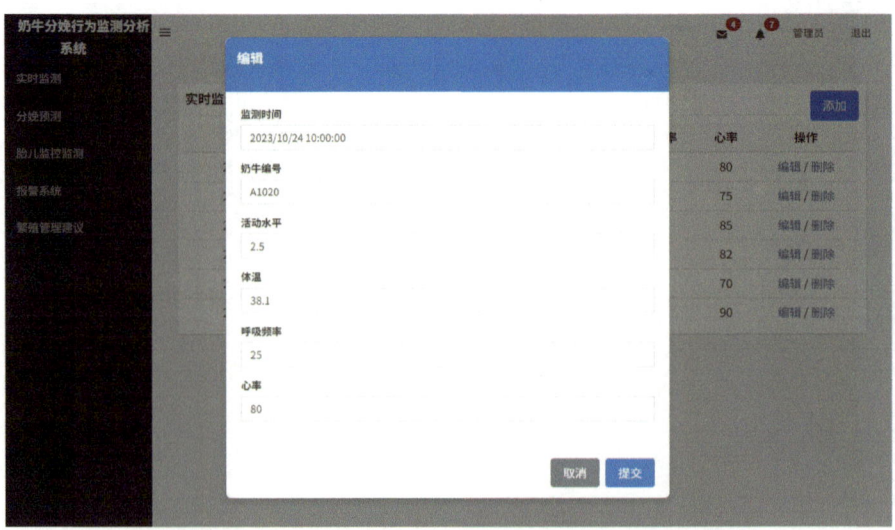

图3-124　奶牛分娩行为监测分析系统实时监测修改页面

### 3.6.2.3 删除

点击实时监测页面需要删除的某一行数据操作列表中的"删除"按钮,就会弹出删除确认提示(图3-125),点击"删除"按钮即可完成当前行数据的删除。

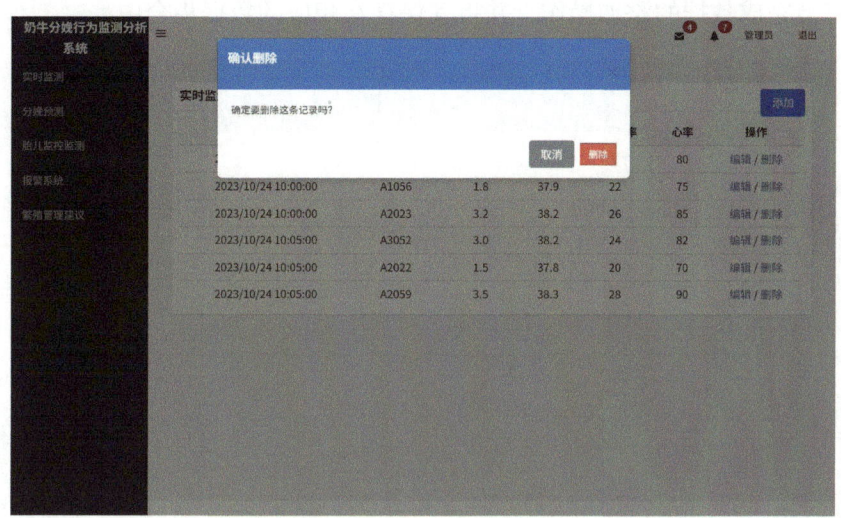

图3-125 奶牛分娩行为监测分析系统实时监测删除页面

### 3.6.3 分娩预测

分娩预测基于奶牛的行为和生理指标,通过算法预测分娩时间,帮助养殖者做好准备工作。点击系统主页左侧菜单栏中的"分娩预测",进入分娩预测页面(图3-126)。该页面展示了预测时间、奶牛编号、预产期、乳房肿胀、阴道黏液、抬尾等信息。这些数据都可以通过最上面一行的输入框进行条件筛选查询,并可对这些数据进行"编辑""删除"等操作。

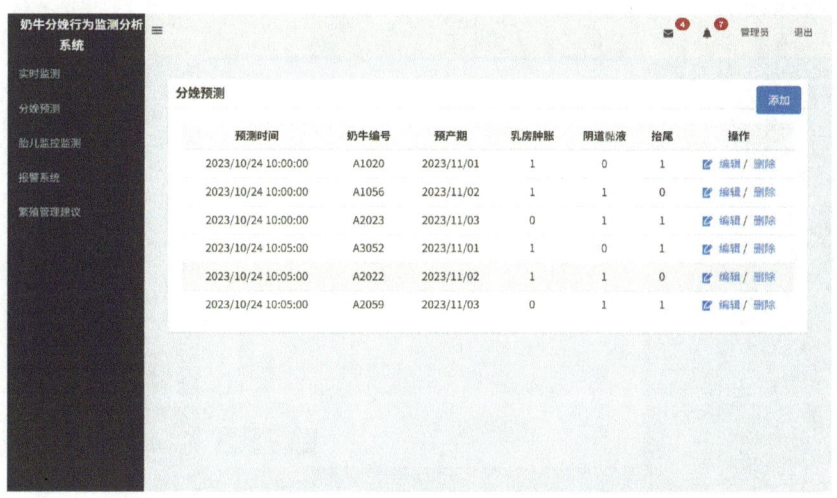

图3-126 奶牛分娩行为监测分析系统分娩预测页面

### 3.6.3.1 添加

点击分娩预测页面右上角的"添加"按钮后,系统会自动弹出一个专门用于录入数据的交互页面(图3-127),可输入各项需要记录的数据,添加信息后点击"提交"按钮,系统将会完成数据的添加操作,并将其保存在相应的数据集合中。

图3-127 奶牛分娩行为监测分析系统分娩预测添加页面

### 3.6.3.2 修改

点击分娩预测页面操作列表中的"编辑"按钮,会自动弹出一个编辑信息框(图3-128),可在信息框中修改相应的内容。修改完成后,点击"提交"按钮,可将修改后的数据保存到系统中。

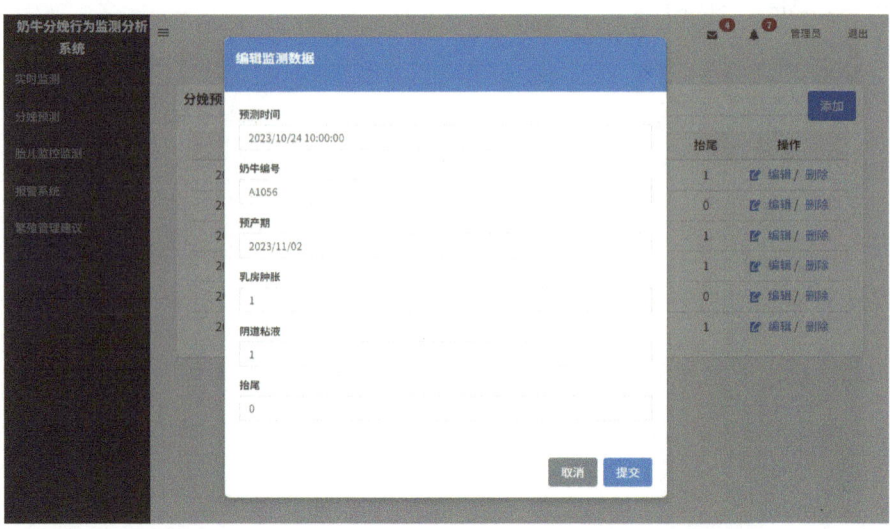

图3-128 奶牛分娩行为监测分析系统分娩预测修改页面

### 3.6.3.3 删除

点击分娩预测页面需要删除的某一行数据操作列表中的"删除"按钮,就会弹出删除确认提示(图3-129),点击"删除"按钮即可完成当前行数据的删除。

图3-129 奶牛分娩行为监测分析系统分娩预测删除页面

### 3.6.4 胎儿监控监测

胎儿监控监测用于监测胎儿的心率、胎动等指标,及时发现异常情况,保障胎儿健康。点击系统主页左侧菜单栏中的"胎儿监控监测",进入胎儿监控监测页面(图3-130)。该页面展示了监测时间、奶牛编号、胎儿位置、胎儿心率、羊水指数、子宫紧张度等信息。这些数据都可以通过最上面一行的输入框进行条件筛选查询,还可对这些数据进行"编辑""删除"等操作。

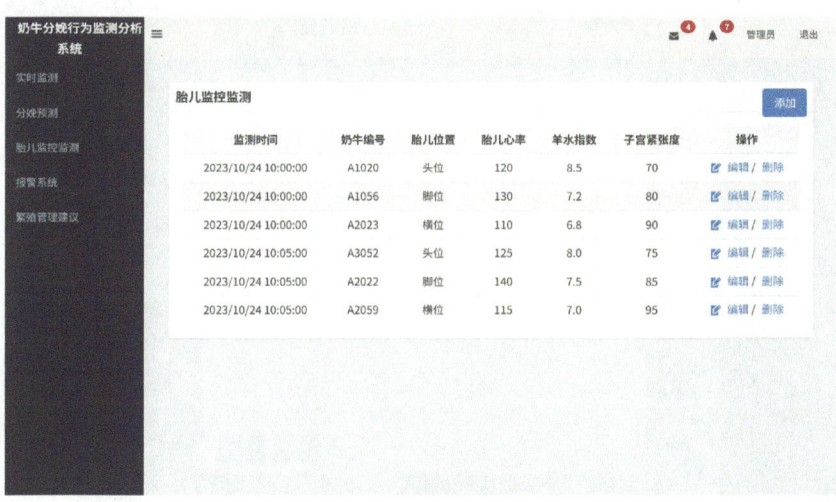

图3-130 奶牛分娩行为监测分析系统胎儿监控监测页面

#### 3.6.4.1 添加

点击胎儿监控监测页面右上角的"添加"按钮后,系统会自动弹出一个专门的数据录入页面(图3-131),可输入各项需要记录的数据,添加信息后点击"提交"按钮,系统将会完成数据的添加操作,并将其保存在相应的数据集合中。

图3-131　奶牛分娩行为监测分析系统胎儿监控监测添加页面

#### 3.6.4.2 修改

点击胎儿监控监测页面操作列表中的"编辑"按钮,会自动弹出一个编辑信息框(图3-132),可在信息框中修改相应的内容。修改完成后,点击"提交"按钮,可将修改后的数据保存到系统中。

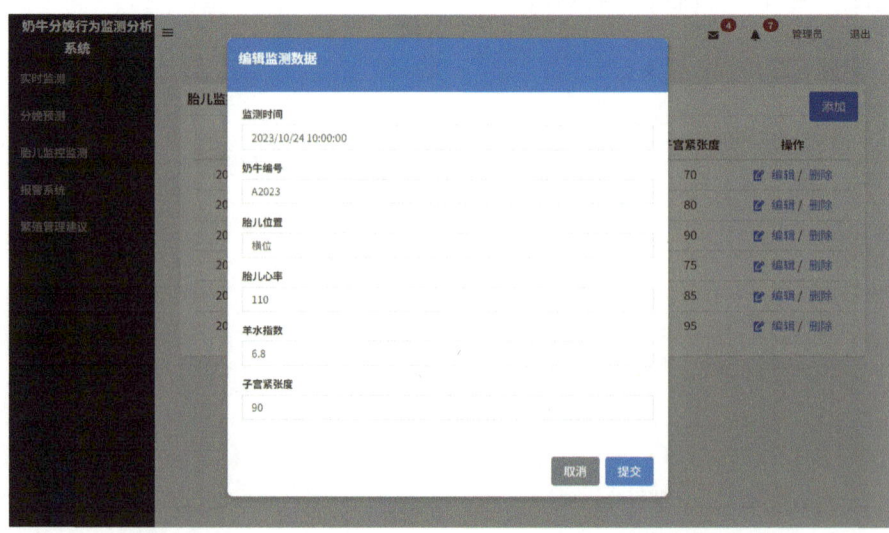

图3-132　奶牛分娩行为监测分析系统胎儿监控监测修改页面

### 3.6.4.3 删除

点击胎儿监控监测页面需要删除的某一行数据操作列表中的"删除"按钮，就会弹出删除确认提示（图3-133），点击"删除"按钮即可完成当前行数据的删除。

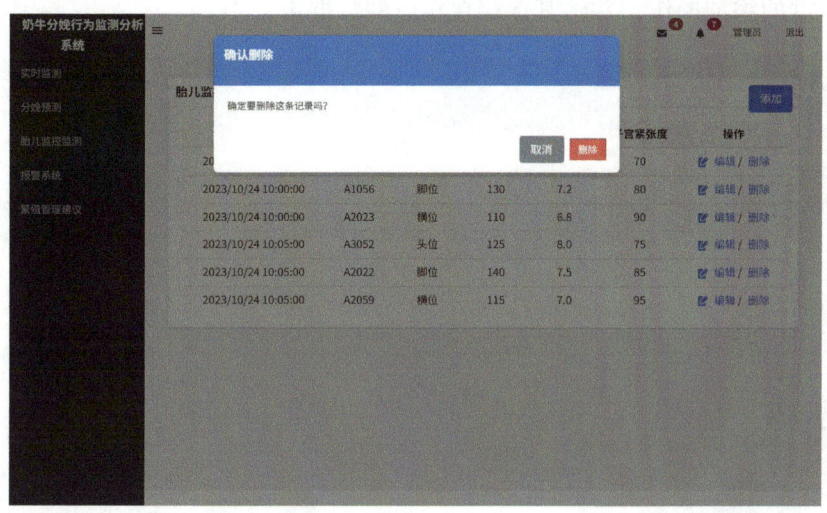

图3-133　奶牛分娩行为监测分析系统胎儿监控监测删除页面

## 3.6.5　报警系统

报警系统用于当奶牛分娩过程中出现异常或紧急情况时，能够发送报警信息给养殖员，以便及时采取措施。点击系统主页左侧菜单栏中的"报警系统"，进入报警系统页面（图3-134）。该页面展示了监测时间、奶牛编号、行为、严重程度、描述、状态等。这些数据都可以通过最上面一行的输入框进行条件筛选查询，还可对这些数据进行"编辑""删除"等操作。

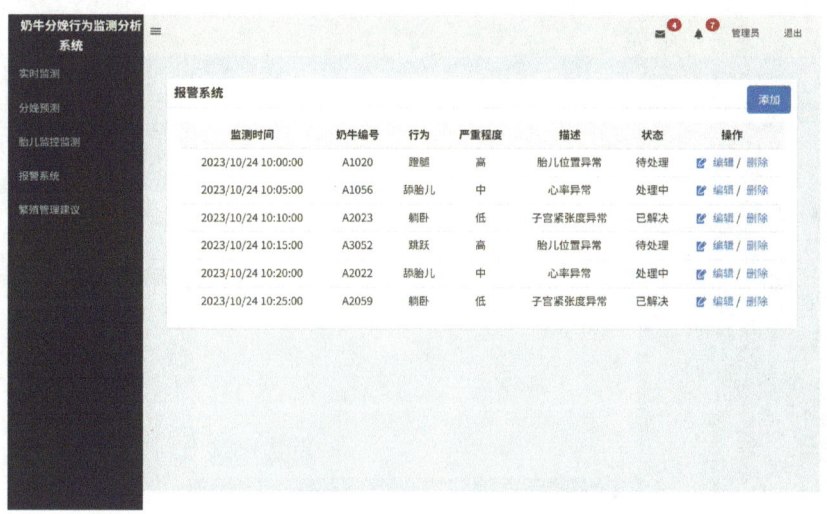

图3-134　奶牛分娩行为监测分析系统报警系统页面

#### 3.6.5.1 添加

点击报警系统页面右上角的"添加"按钮后，系统会自动弹出一个专门的数据录入页面（图3-135），可输入各项需要记录的数据，添加信息后点击"提交"按钮，系统将会完成数据的添加操作，并将其保存在相应的数据集合中。

图3-135　奶牛分娩行为监测分析系统报警系统添加页面

#### 3.6.5.2 修改

点击报警系统页面操作列表中的"编辑"按钮，会自动弹出一个编辑信息框（图3-136），可在信息框中修改相应的内容。修改完成后，点击"提交"按钮，可将修改后的数据保存到系统中。

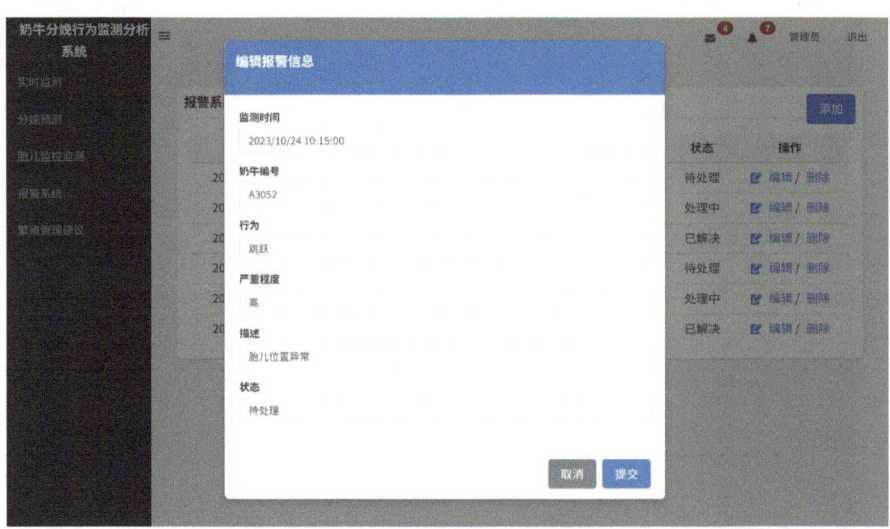

图3-136　奶牛分娩行为监测分析系统报警系统修改页面

### 3.6.5.3 删除

点击报警系统页面需要删除的某一行数据操作列表中的"删除"按钮,就会弹出删除确认提示(图3-137),点击"删除"按钮即可完成当前行数据的删除。

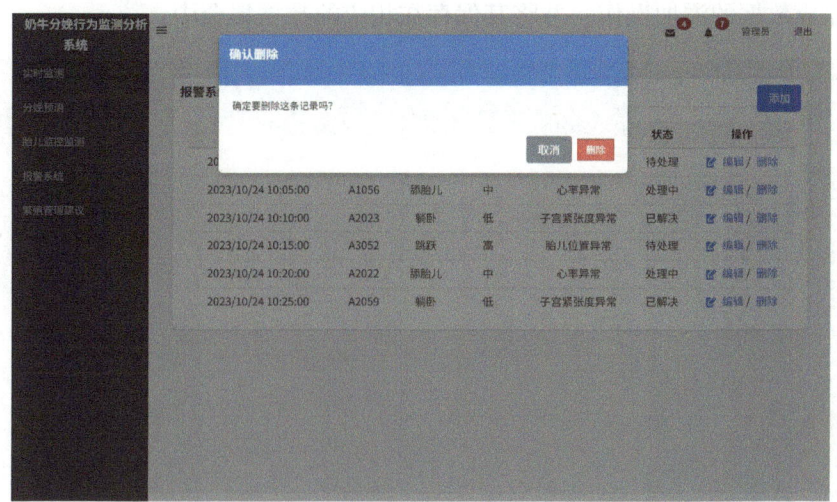

图3-137 奶牛分娩行为监测分析系统报警系统删除页面

## 3.6.6 繁殖管理建议

繁殖管理建议基于分析结果,能够提供繁殖管理方面的建议,包括配种时间、选育策略等。点击系统主页左侧菜单栏中的"繁殖管理建议",进入繁殖管理建议页面(图3-138)。该页面展示了奶牛编号、配种日期、预产期、妊娠状态、建议、状态等信息。这些信息都可以通过最上面一行的输入框进行条件筛选查询,还可对这些信息进行"编辑""删除"等操作。

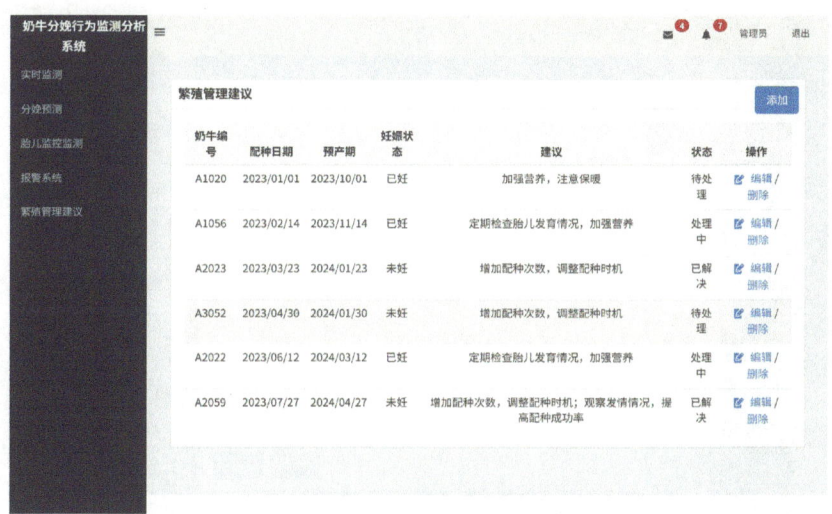

图3-138 奶牛分娩行为监测分析系统繁殖管理建议页面

#### 3.6.6.1 添加

点击繁殖管理建议页面右上角的"添加"按钮后,系统会自动弹出一个专门的数据录入页面(图3-139),可输入各项需要记录的数据,添加信息后点击"提交"按钮,系统将会完成数据的添加操作,并将其保存在相应的数据集合中。

图3-139 奶牛分娩行为监测分析系统繁殖管理建议添加页面

#### 3.6.6.2 修改

点击繁殖管理建议页面操作列表中的"编辑"按钮,会自动弹出一个编辑信息框(图3-140),可在信息框中修改相应的内容。修改完成后,点击"提交"按钮,可将修改后的数据保存到系统中。

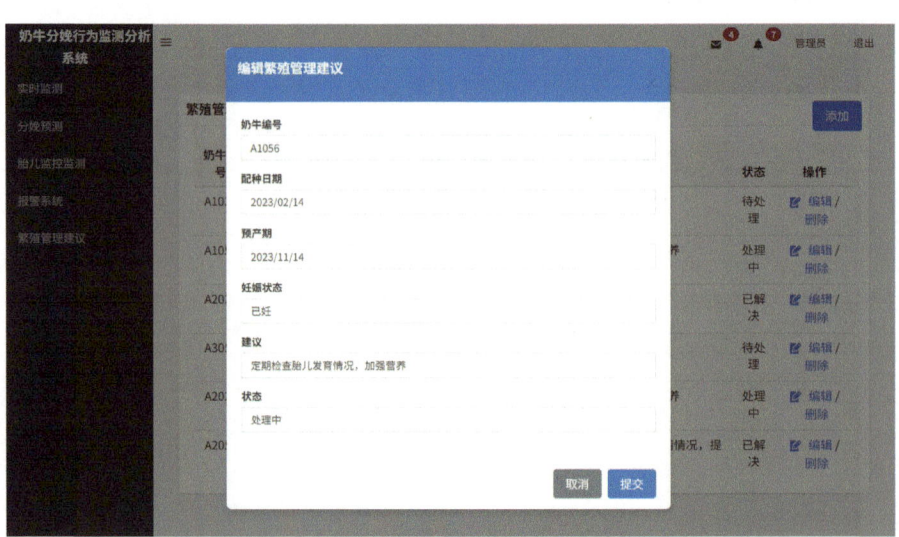

图3-140 奶牛分娩行为监测分析系统繁殖管理建议修改页面

### 3.6.6.3 删除

点击繁殖管理建议页面需要删除的某一行数据操作列表中的"删除"按钮，就会弹出删除确认提示（图3-141），点击"确定"按钮即可完成当前行数据的删除。

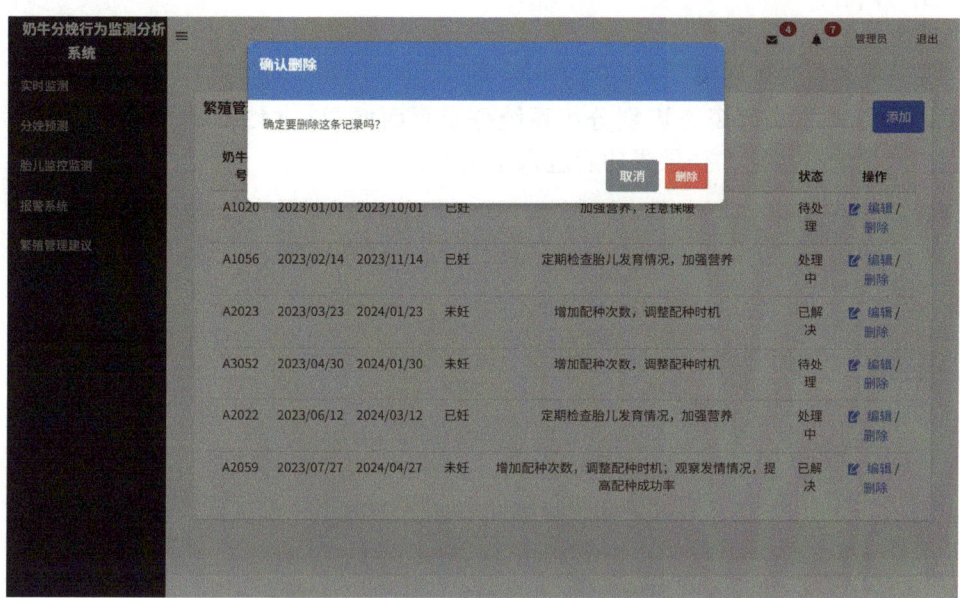

图3-141 奶牛分娩行为监测分析系统繁殖管理建议删除页面

### 3.6.7 系统退出

点击系统主页右上角的"退出"按钮（图3-142），可执行退出系统的操作。

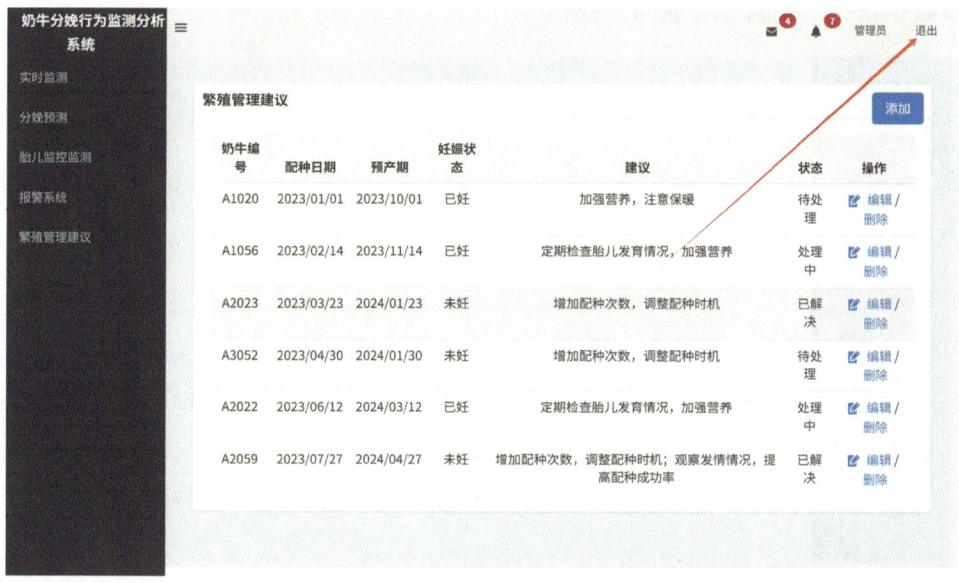

图3-142 奶牛分娩行为监测分析系统退出页面

## 3.7 躺卧分娩奶牛头部姿态识别分析系统

本节主要介绍系统登录、数据采集、姿态识别、分析报告、个人中心、权限管理、系统退出等内容。

### 3.7.1 系统登录

躺卧分娩奶牛头部姿态识别分析系统登录页面如图3-143所示。输入用户名、密码，点击"登录"按钮，登录成功后进入系统首页。

图3-143 躺卧分娩奶牛头部姿态识别分析系统登录页面

### 3.7.2 数据采集

点击系统主页左侧菜单栏中的"数据采集"，进入数据采集页面（图3-144）。该页面展示了数据ID、数据名称、数据简介、统计人等数据采集信息，并可通过操作列表对每条数据进行"编辑""删除"操作。

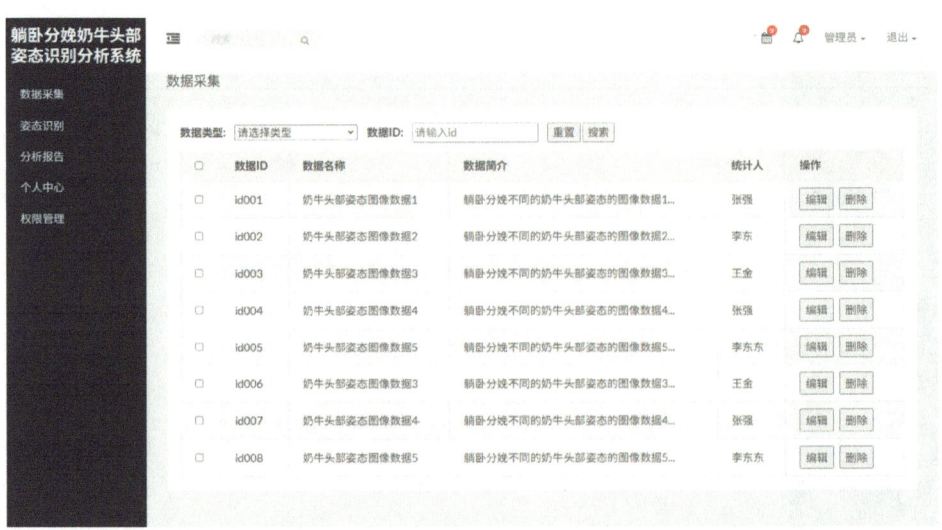

图3-144 躺卧分娩奶牛头部姿态识别分析系统数据采集页面

### 3.7.2.1 搜索

选择需要搜索的数据类型，或输入数据ID，点击数据采集页面的"搜索"按钮，将根据信息进行对应的查找并弹窗提示搜索成功（图3-145）。

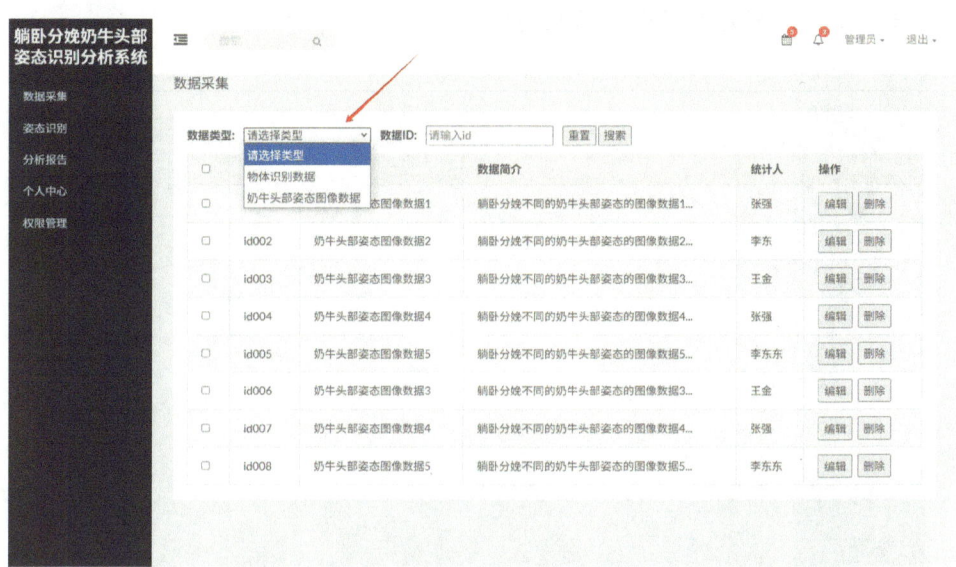

**图3-145 躺卧分娩奶牛头部姿态识别分析系统数据采集搜索页面**

### 3.7.2.2 重置

在数据采集页面选择相关信息后点击"重置"按钮，系统将弹窗询问是否重置选择（图3-146），点击"确定"按钮将重置信息，同时系统将输入框内容清空并作出提醒。

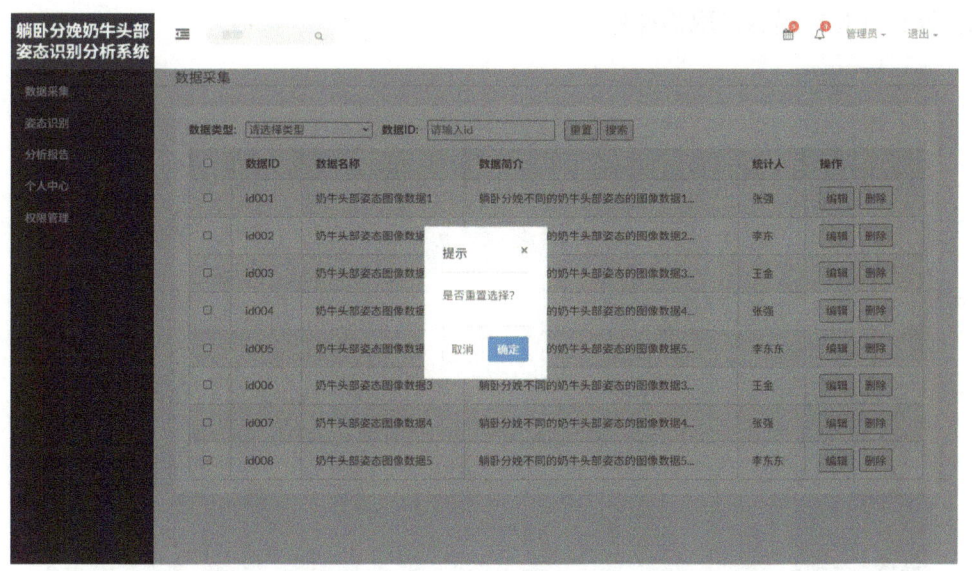

**图3-146 躺卧分娩奶牛头部姿态识别分析系统数据采集重置页面**

#### 3.7.2.3 修改

点击数据采集页面操作列表中的"编辑"按钮,就会弹出输入信息的弹窗(图3-147),输入信息后点击"保存"按钮,就完成数据编辑并弹出提示操作成功。点击"取消"按钮,将取消并弹出提示已取消编辑。

图3-147 躺卧分娩奶牛头部姿态识别分析系统数据采集修改页面

#### 3.7.2.4 删除

点击数据采集页面操作列表中的"删除"按钮,将会弹出是否继续删除的弹窗(图3-148),点击"确定删除"按钮,将删除信息并弹出提示操作成功。点击取消按钮,将取消操作并弹出提示已取消操作。

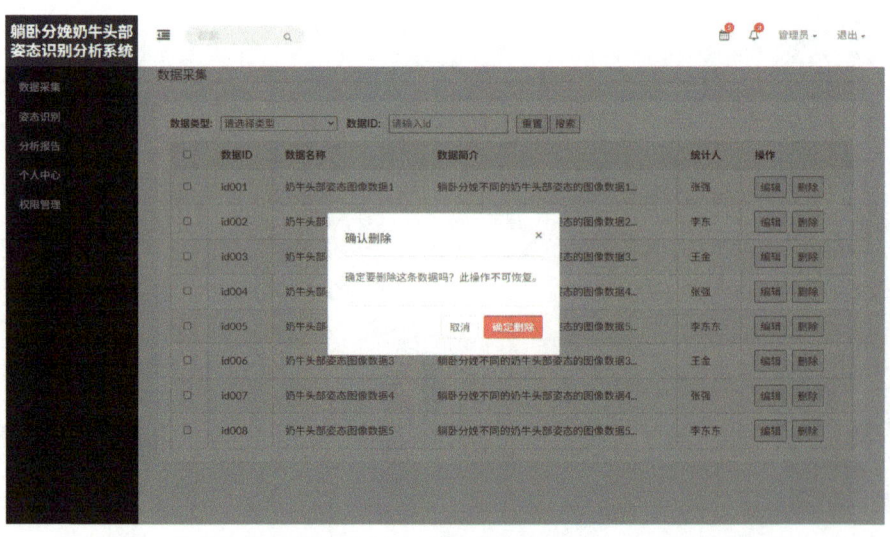

图3-148 躺卧分娩奶牛头部姿态识别分析系统数据采集删除页面

### 3.7.3 姿态识别

点击系统主页左侧菜单栏中的"姿态识别",进入姿态识别页面(图3-149)。该页面展示了数据ID、数据名称、数据简介、统计人、标签等姿态识别信息,并且可对列表每条数据进行"删除""编辑"等操作。

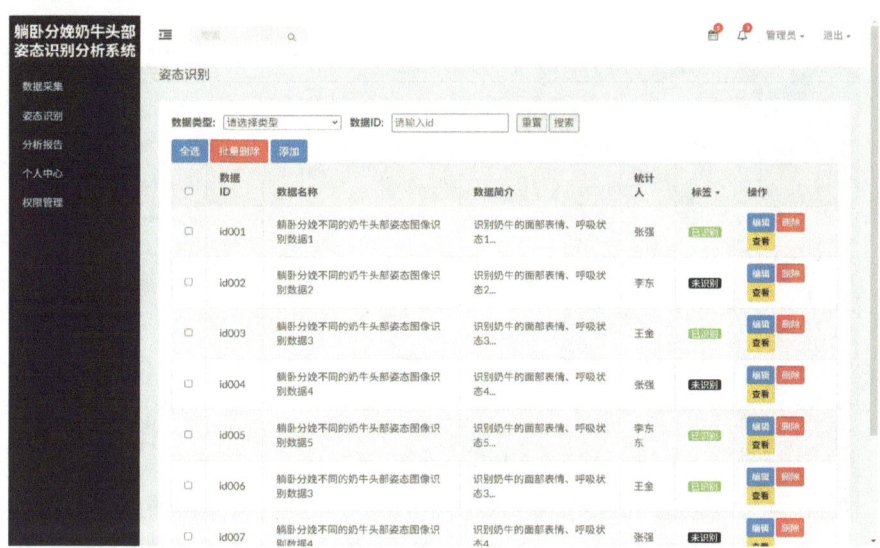

图3-149 躺卧分娩奶牛头部姿态识别分析系统姿态识别页面

#### 3.7.3.1 全选

点击姿态识别页面中的"全选"按钮,弹窗询问是否全选(图3-150),点击"确定全选"按钮将选择所有项目并提示选择成功,点击"取消"将弹窗提示取消全选。

图3-150 躺卧分娩奶牛头部姿态识别分析系统姿态识别全选页面

#### 3.7.3.2 批量删除

点击姿态识别页面中的"批量删除"按钮，将会弹出询问的弹窗，是否批量删除信息（图3-151）。点击"确定删除"按钮，将批量删除信息并弹出提示操作成功。点击"取消"按钮，将取消操作并弹出提示已取消操作。

图3-151　躺卧分娩奶牛头部姿态识别分析系统姿态识别批量删除页面

#### 3.7.3.3 添加

点击姿态识别页面中的"添加"按钮后，就会弹出一个添加信息框（图3-152）。输入姿态识别信息后点击"确定"按钮，就会完成添加并弹出提示操作成功。点击"取消"按钮，将取消并弹出提示已取消添加。

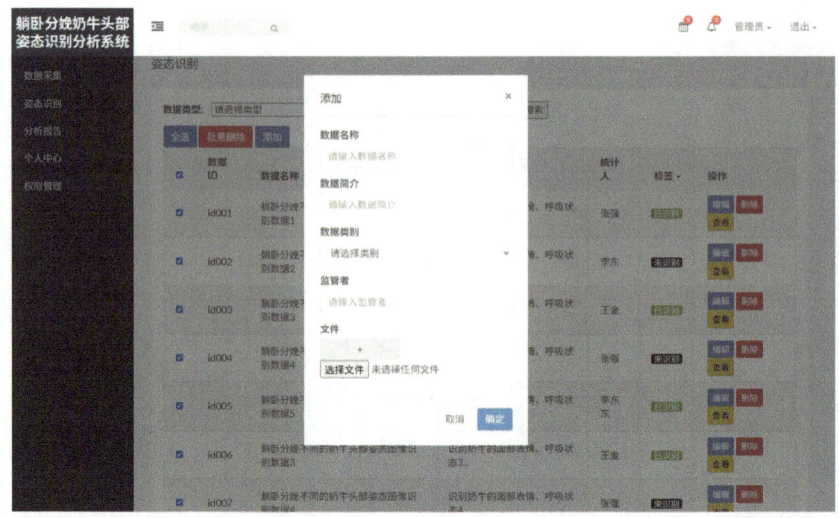

图3-152　躺卧分娩奶牛头部姿态识别分析系统姿态识别添加页面

### 3.7.3.4 修改

点击姿态识别页面操作列表中的"编辑"按钮,就会弹出编辑数据的弹窗(图3-153),输入修改信息后点击"保存"按钮,完成编辑并弹出提示操作成功。点击"取消"按钮,将取消修改并弹出提示已取消修改。

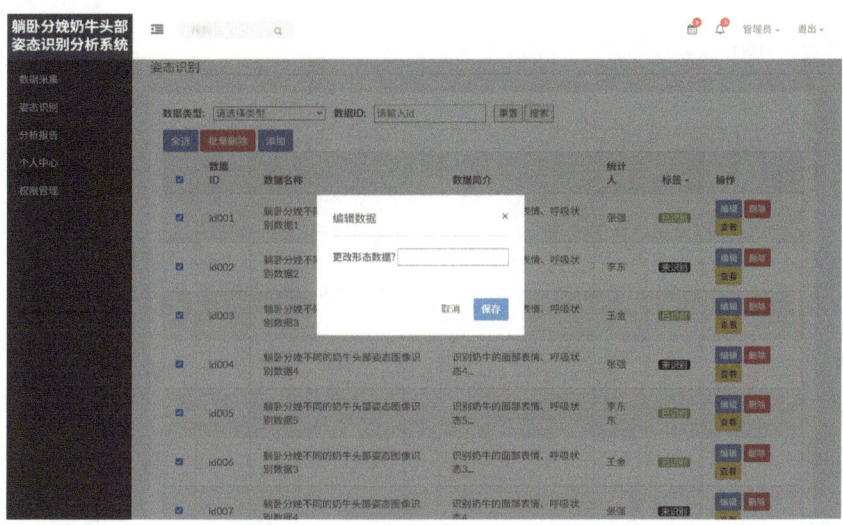

图3-153 躺卧分娩奶牛头部姿态识别分析系统姿态识别修改页面

### 3.7.3.5 删除

点击姿态识别页面操作列表中的"删除"按钮,将会弹出确认删除信息的弹窗(图3-154),点击"确定删除"按钮,将删除信息并弹出提示操作成功。点击"取消"按钮则取消操作并弹出提示已取消。

图3-154 躺卧分娩奶牛头部姿态识别分析系统姿态识别删除页面

### 3.7.3.6 标签筛选

点击姿态识别页面的标签图标弹出选项，用户可根据需要进行精准查找（图3-155），筛选后效果如图3-156所示。

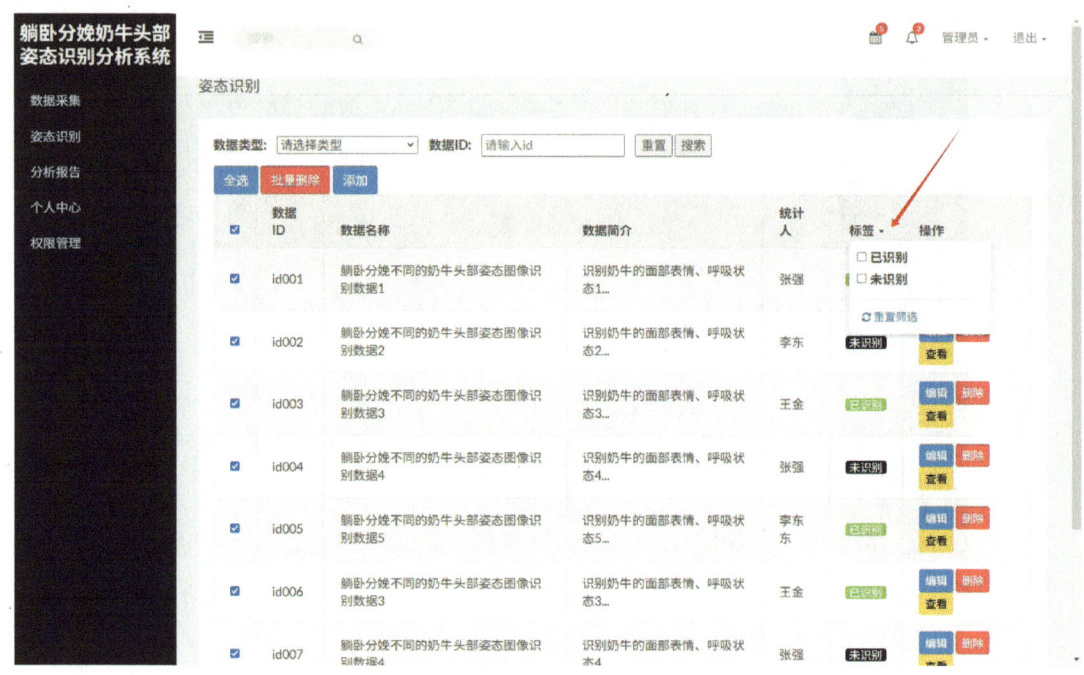

图3-155　躺卧分娩奶牛头部姿态识别分析系统姿态识别筛选页面

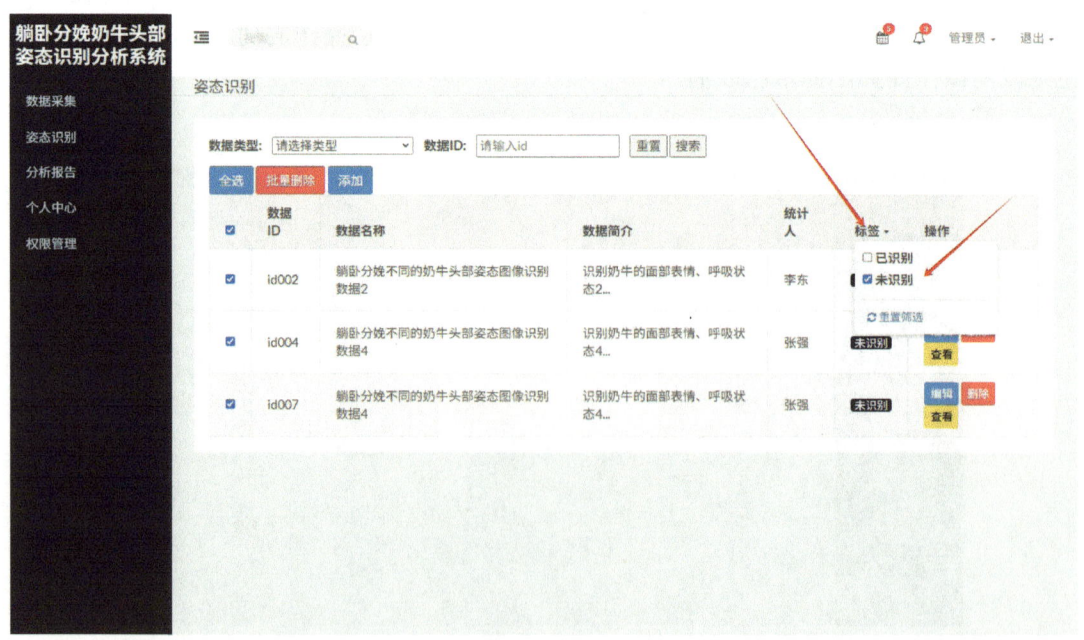

图3-156　躺卧分娩奶牛头部姿态识别分析系统姿态识别筛选结果页面

### 3.7.3.7 查看详情

点击姿态识别页面中的"查看"按钮后,就会弹出相应的信息弹窗(图3-157),可查看数据的详细信息。

图3-157 躺卧分娩奶牛头部姿态识别分析系统姿态识别查看详情页面

### 3.7.4 分析报告

点击系统主页左侧菜单栏中的"分析报告",进入分析报告页面(图3-158)。该页面展示了报告编号、报告名称、报告关键词、报告详情、更新报告时间等信息,并且可对列表每条数据进行"删除""编辑"等操作。

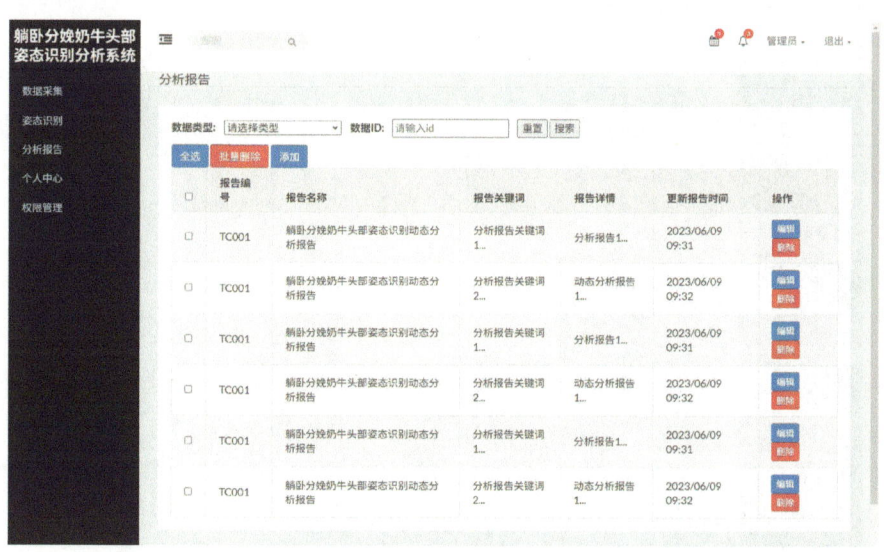

图3-158 躺卧分娩奶牛头部姿态识别分析系统分析报告页面

#### 3.7.4.1 添加

用户点击分析报告页面中的"添加"按钮后，就会弹出一个添加信息框（图3-159），输入相关信息后点击"确定"按钮，就完成添加并弹出提示操作成功。点击"取消"按钮，将取消并弹出提示已取消添加。

图3-159 躺卧分娩奶牛头部姿态识别分析系统分析报告添加页面

#### 3.7.4.2 删除

点击分析报告页面操作列表中的"删除"按钮，将会弹出确认删除的提示（图3-160）。点击"确定删除"按钮，将删除信息并弹出提示操作成功。点击"取消"按钮，将取消操作并弹出提示已取消操作。

图3-160 躺卧分娩奶牛头部姿态识别分析系统分析报告删除页面

### 3.7.4.3 修改

点击分析报告页面操作列表中的"编辑"按钮，将弹出编辑信息的弹窗（图3-161），输入信息后点击"保存"按钮，就完成数据编辑并弹出提示操作成功。点击"取消"按钮，将取消数据编辑。

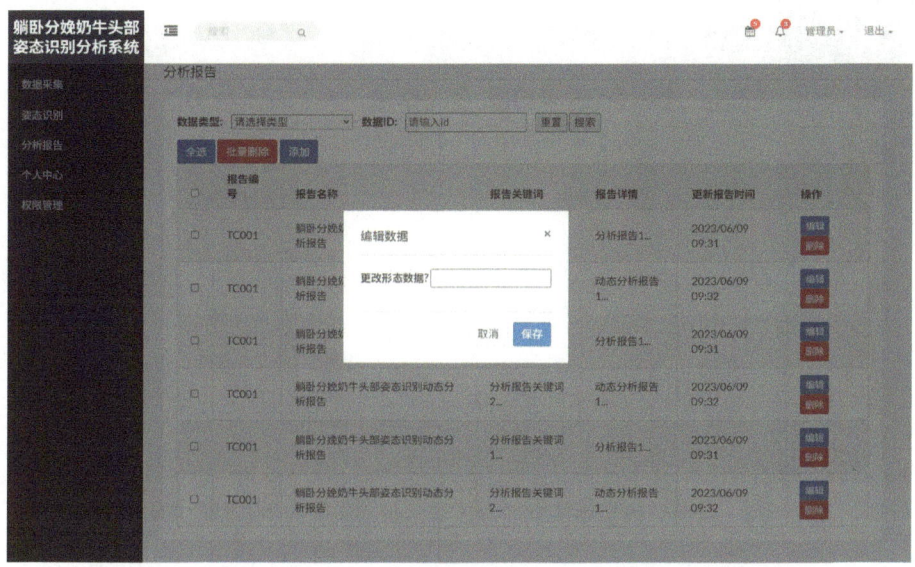

图3-161 躺卧分娩奶牛头部姿态识别分析系统分析报告修改页面

### 3.7.5 个人中心

点击系统主页左侧菜单栏中的"个人中心"，进入个人中心页面（图3-162）。该页面展示了姓名、性别、电话、邮箱、地址等用户信息，并且可进行"修改密码""修改个人信息"等操作。

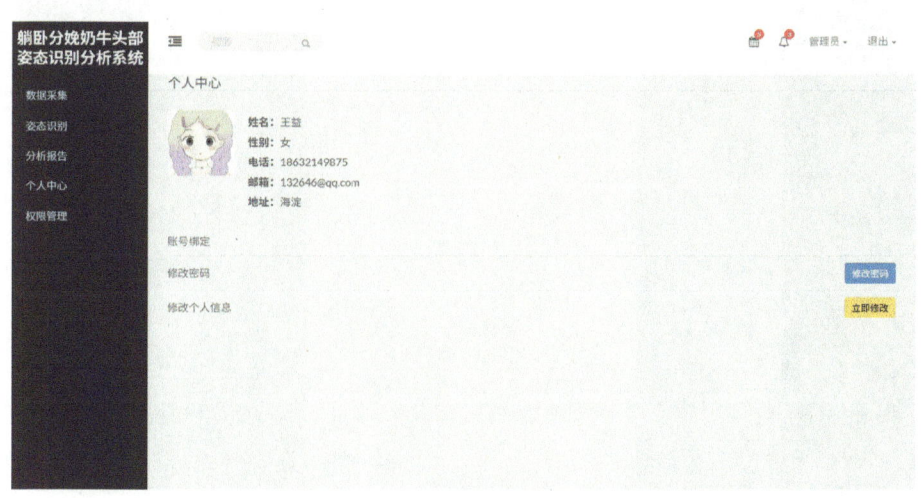

图3-162 躺卧分娩奶牛头部姿态识别分析系统个人中心页面

### 3.7.5.1 修改密码

点击个人中心页面中的"修改密码"按钮后,弹出修改密码弹窗(图3-163)。根据提示输入原始密码、新密码以及确认密码后点击"确定"按钮,即可修改密码信息。

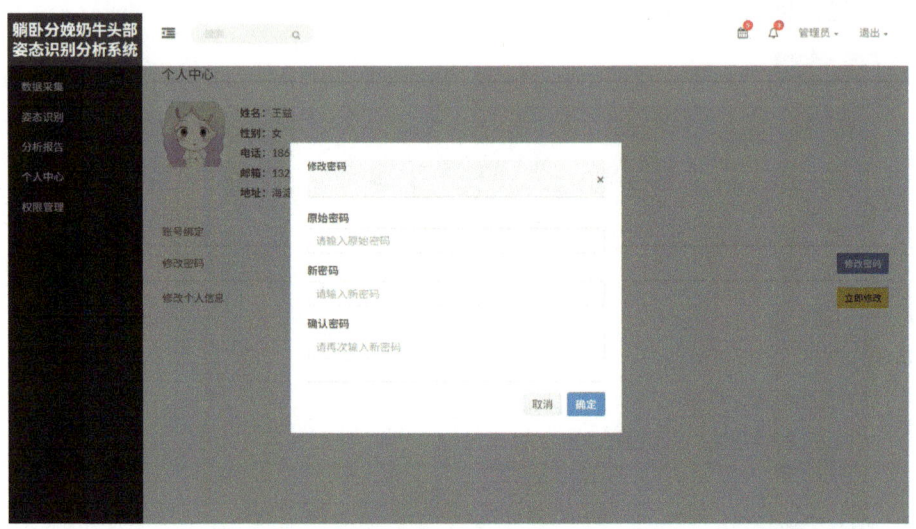

图3-163　躺卧分娩奶牛头部姿态识别分析系统个人中心修改密码页面

### 3.7.5.2 修改个人信息

点击个人中心页面中的"修改个人信息"按钮后,将弹出修改个人信息弹窗(图3-164)。输入修改信息后点击"确定"按钮,就完成个人信息修改并弹出提示修改成功。点击"取消"按钮,将取消修改并弹出提示已取消修改。

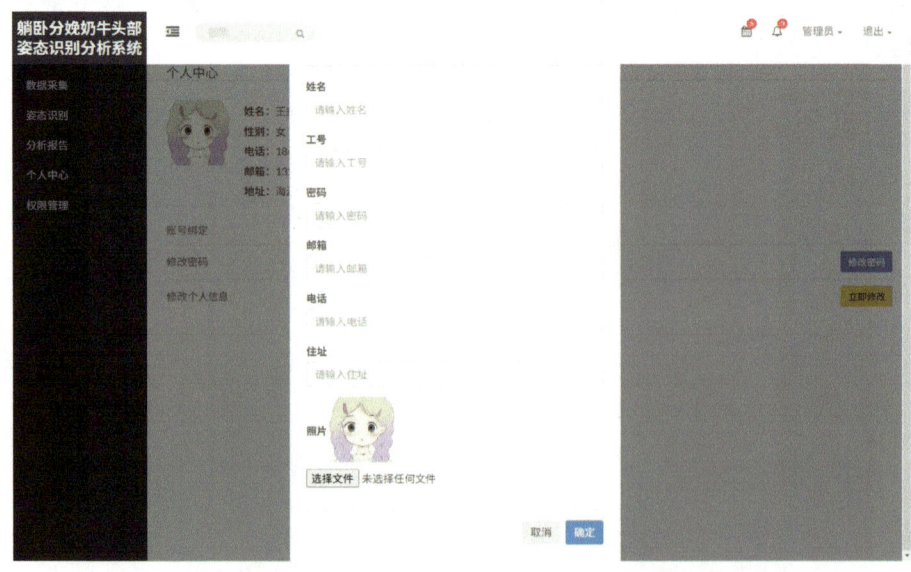

图3-164　躺卧分娩奶牛头部姿态识别分析系统修改个人信息页面

## 3.7.6 权限管理

点击系统主页左侧菜单栏中的"权限管理",进入权限管理页面(图3-165)。该页面展示了序号、账号、姓名、角色权限、状态等信息,并且可对列表内容的每条数据进行"编辑""停用"操作。

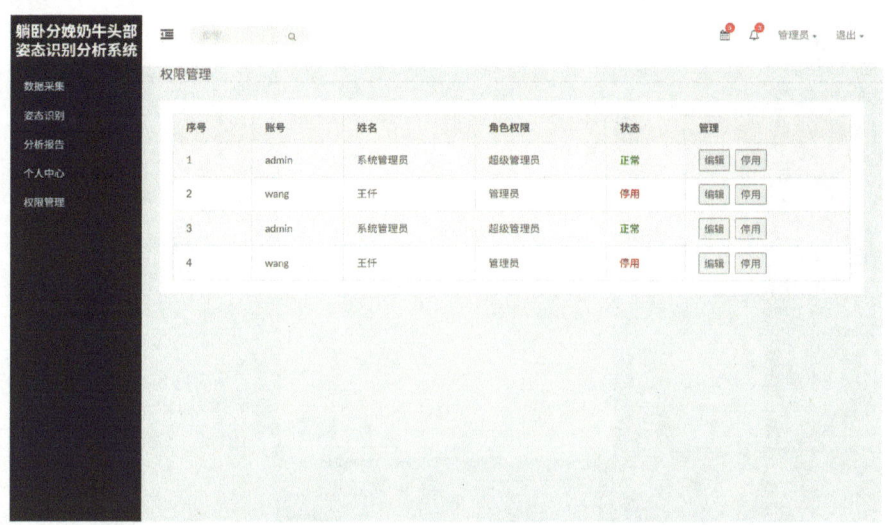

图3-165 躺卧分娩奶牛头部姿态识别分析系统权限管理页面

### 3.7.6.1 停用

点击权限管理页面中的"停用"按钮后,就会弹出确认停用弹窗(图3-166)。点击"确定停用"按钮,就完成选中账号的停用并弹出提示操作成功。点击"取消"按钮,将取消停用并弹出提示已取消停用。

图3-166 躺卧分娩奶牛头部姿态识别分析系统权限管理停用页面

#### 3.7.6.2 修改

点击权限管理页面中的"编辑"按钮后,就会弹出编辑信息的提示(图3-167)。输入信息后点击"保存"按钮,就完成编辑并弹出提示操作成功。点击"取消"按钮,将取消用户消息编辑。

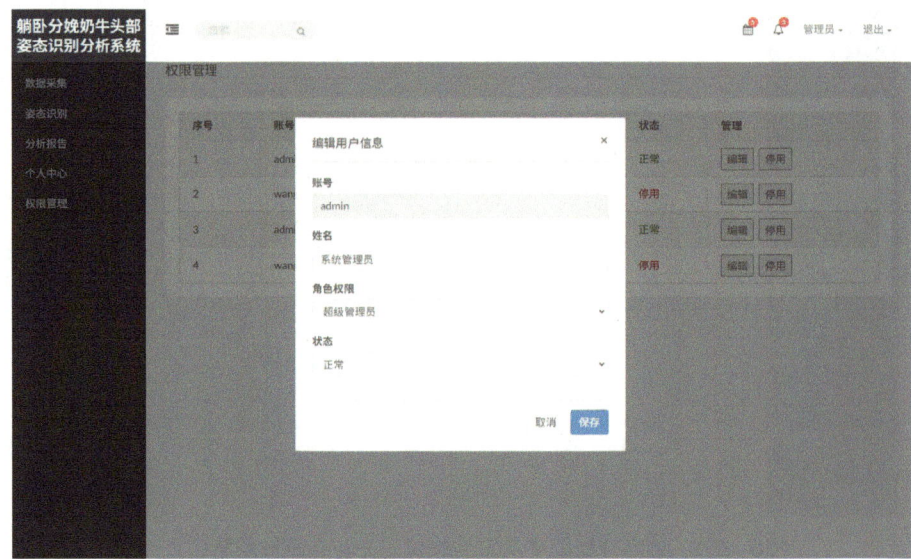

图3-167 躺卧分娩奶牛头部姿态识别分析系统权限管理修改页面

### 3.7.7 系统退出

点击系统主页右上角的"管理员"下拉按钮,将显示退出系统选项(图3-168),点击"退出系统",将回到系统的登录页面。

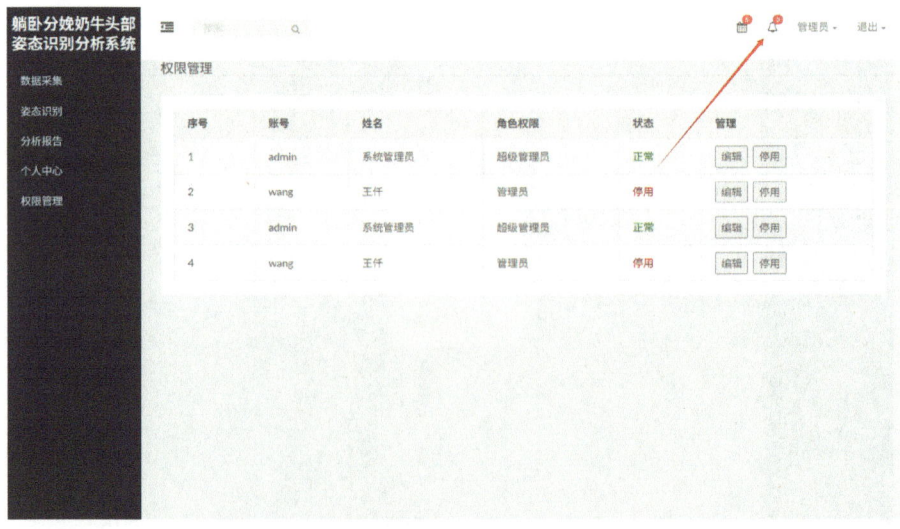

图3-168 躺卧分娩奶牛头部姿态识别分析系统退出页面

## 3.8 躺卧分娩奶牛腿部姿态识别分析系统

躺卧分娩奶牛腿部姿态识别分析系统通过图像或视频采集设备获取奶牛分娩过程中的图像或视频，并利用图像处理和机器学习算法对奶牛的腿部姿态进行自动化识别和分析，可提高对奶牛分娩过程的监控和管理水平，减少潜在的风险和损失，提高奶牛的生产效益和福利。本节主要介绍系统登录、腿部姿态识别、生理指标、分娩记录、繁殖分析、角色权限、系统退出等内容。

### 3.8.1 系统登录

躺卧分娩奶牛腿部姿态识别分析系统的登录页面如图3-169所示。输入用户号、密码后点击"登录"按钮，登录成功则跳转至系统首页（图3-170）。当用户名、密码与系统不一致时，要求重新登录。

图3-169 躺卧分娩奶牛腿部姿态识别分析系统登录页面

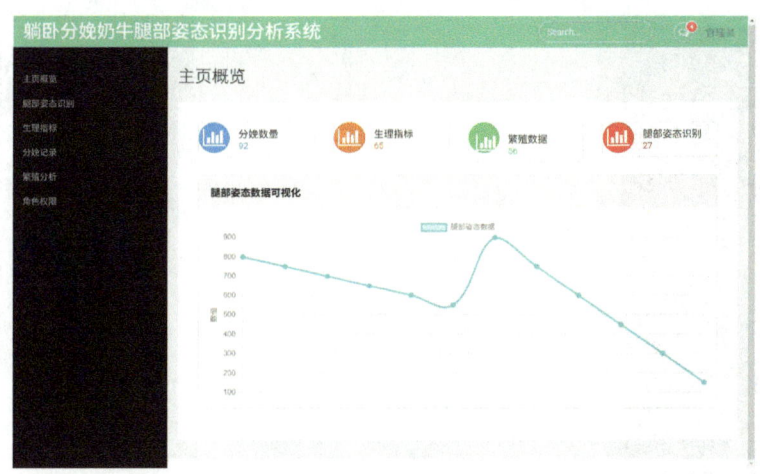

图3-170 躺卧分娩奶牛腿部姿态识别分析系统首页

## 3.8.2 腿部姿态识别

点击系统首页左侧菜单栏中的"腿部姿态识别",进入腿部姿态识别页面(图3-171)。该页面展示了识别信息、识别画面、腿部姿态、分娩安全等信息,还可对腿部姿态识别列表中的信息进行"修改""删除"等操作。

图3-171　躺卧分娩奶牛腿部姿态识别分析系统腿部姿态识别页面

### 3.8.2.1 新增

点击腿部姿态识别页面中的"新增"按钮,可直接跳转到信息新增输入页面(图3-172),在表格中分别填写识别信息、识别画面、腿部姿态、分娩安全信息内容后,点击"保存"按钮提交新增内容,系统弹窗确认新增信息,点击"确定"按钮则新增成功,并返回上一级页面,数据会展示在当前页面上。

图3-172　躺卧分娩奶牛腿部姿态识别分析系统腿部姿态识别新增页面

## 3.8.2.2 修改

点击腿部姿态识别页面操作列表中的"修改"按钮,可直接跳转到数据修改页面(图3-173),对识别信息、识别画面、腿部姿态、分娩安全信息内容修改后,点击"确定"按钮,系统会弹窗提示是否确认修改,点击"保存更改"按钮即可修改成功,并返回上一级页面,修改后的数据会展示在当前页面上。

图3-173 躺卧分娩奶牛腿部姿态识别分析系统腿部姿态识别修改页面

## 3.8.2.3 删除

点击腿部姿态识别页面操作列表中的"删除"按钮,将会弹出确认删除的提示(图3-174)。点击"删除"按钮即可删除成功,并返回上一级页面,删除数据不会展示在当前页面。

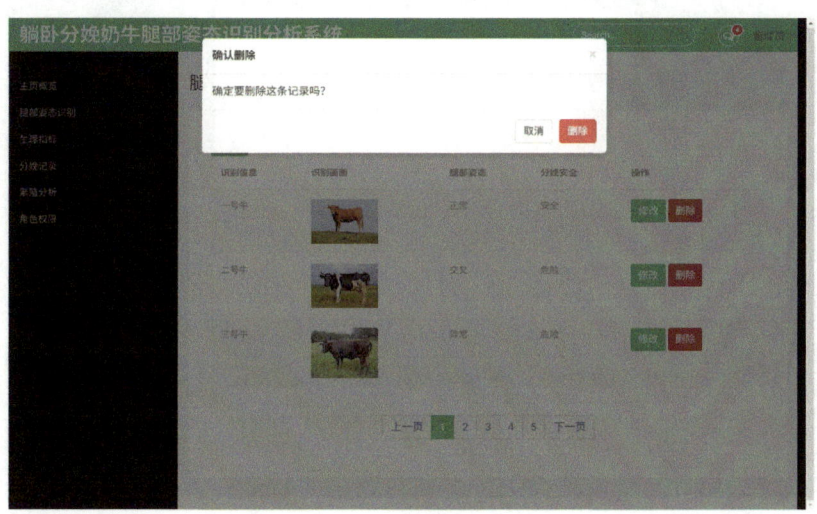

图3-174 躺卧分娩奶牛腿部姿态识别分析系统腿部姿态识别修改页面

### 3.8.3 生理指标

点击系统首页左侧菜单栏中的"生理指标",进入生理指标页面(图3-175)。该页面展示了监测目标、活动性、食欲、体温、呼吸频率等信息,还可对生理指标列表中的信息进行"修改""删除"等操作。

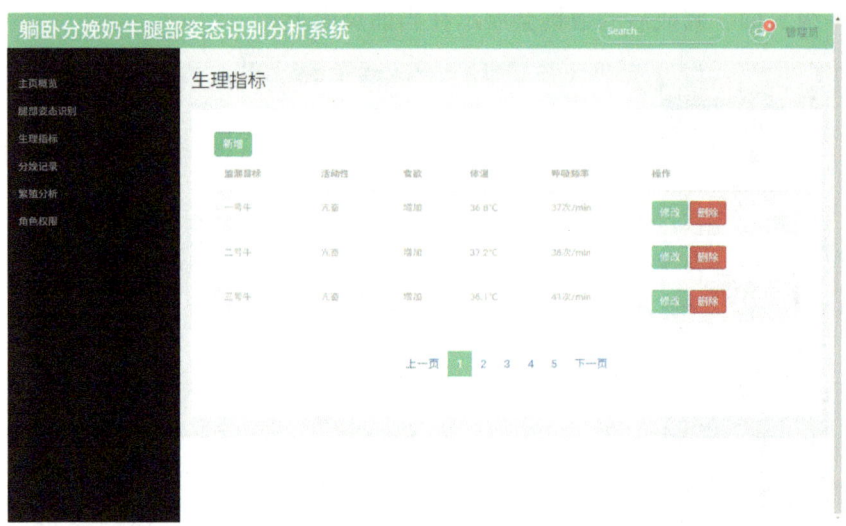

图3-175 躺卧分娩奶牛腿部姿态识别分析系统生理指标页面

#### 3.8.3.1 新增

点击生理指标页面中的"新增"按钮,可直接跳转到新增生理指标页面(图3-176),在表格中分别填写监测目标、活动性、食欲、体温、呼吸频率信息内容后,点击"保存"按钮进行新增操作。

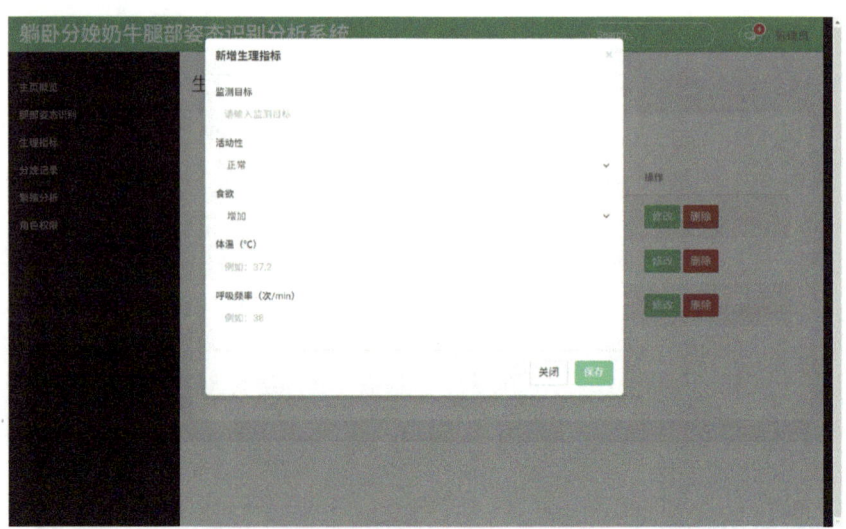

图3-176 躺卧分娩奶牛腿部姿态识别分析系统生理指标新增页面

### 3.8.3.2 修改

点击生理指标页面操作列表中的"修改"按钮，可直接跳转到对应的数据修改页面（图3-177），分别填写相关修改内容后，点击"保存更改"按钮可完成修改并提示修改成功。

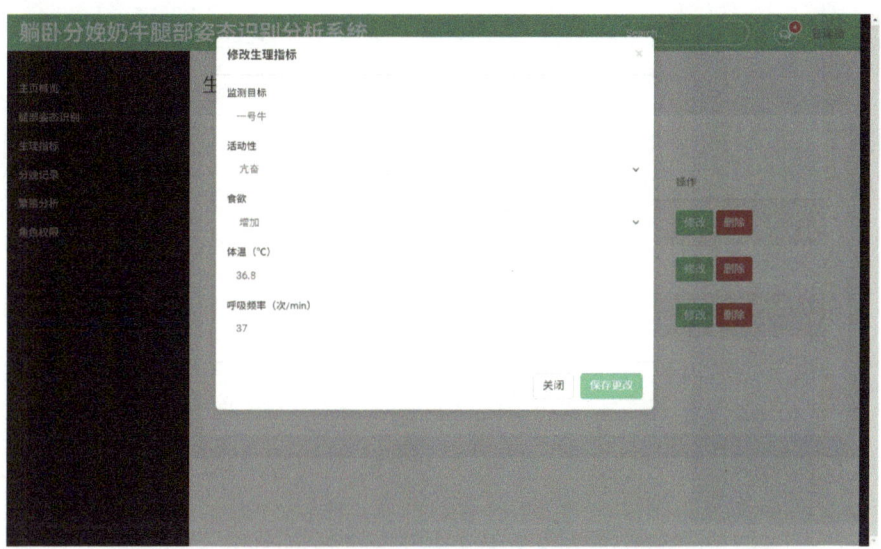

图3-177　躺卧分娩奶牛腿部姿态识别分析系统生理指标修改页面

### 3.8.3.3 删除

点击生理指标页面操作列表中的"删除"按钮，将会弹出确认删除的提示（图3-178）。点击"删除"按钮即可删除成功。

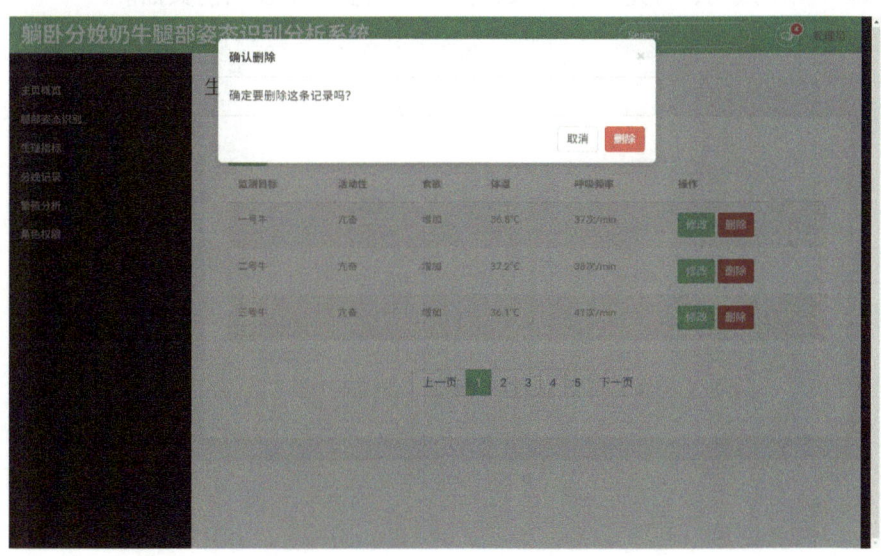

图3-178　躺卧分娩奶牛腿部姿态识别分析系统生理指标删除页面

### 3.8.4 分娩记录

点击系统首页左侧菜单栏中的"分娩记录",进入分娩记录页面(图3-179)。该页面展示了发情记录、行为特征、发情周期、添加时间等信息,还可对分娩记录列表中的信息进行"修改""删除"等操作。

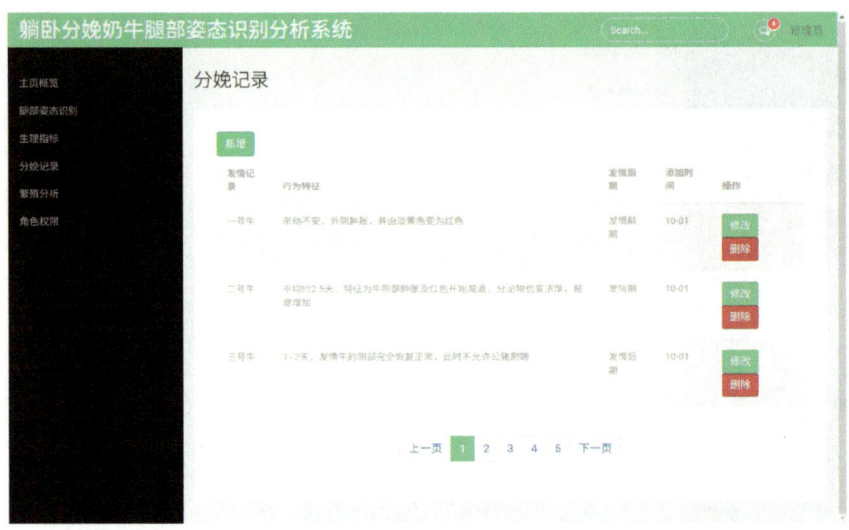

图3-179 躺卧分娩奶牛腿部姿态识别分析系统分娩记录页面

#### 3.8.4.1 新增

点击分娩记录页面中的"新增"按钮,可直接跳转到新增发情记录页面(图3-180),在表格中分别填写发情记录、行为特征、发情周期、添加时间等信息内容后,点击"保存"按钮即可新增成功,并返回上一级页面,数据会展示在当前页面。

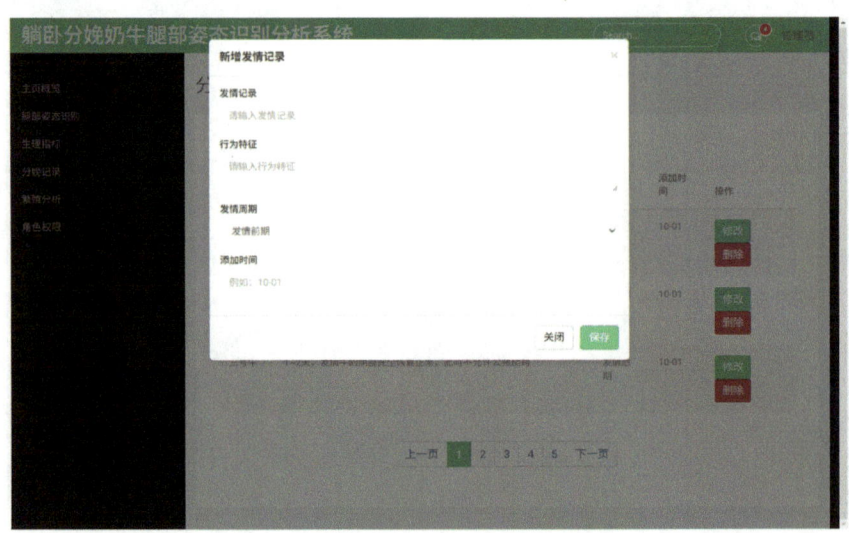

图3-180 躺卧分娩奶牛腿部姿态识别分析系统分娩记录新增页面

### 3.8.4.2 修改

点击分娩记录页面操作列表中的"修改"按钮，可直接跳转到对应的数据修改页面（图3-181），分别填写相关修改信息后，点击"保存更改"按钮可完成修改并提示修改成功。

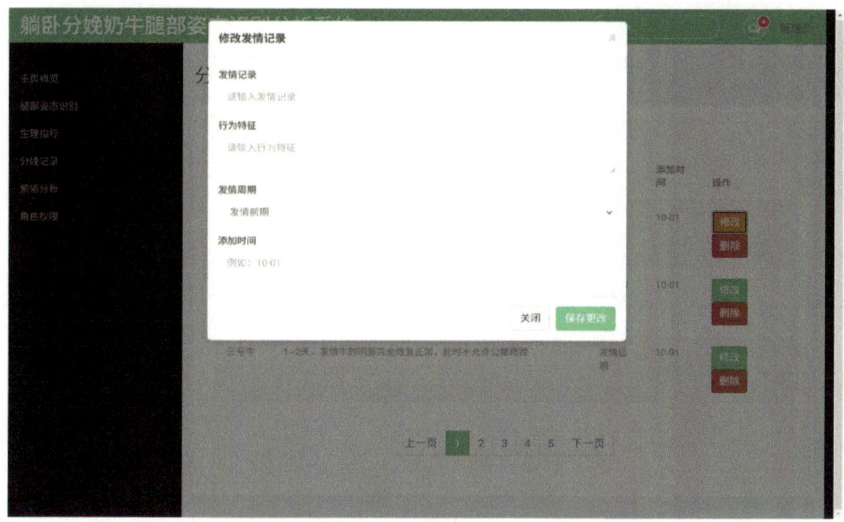

图3-181　躺卧分娩奶牛腿部姿态识别分析系统分娩记录修改页面

### 3.8.4.3 删除

点击分娩记录页面操作列表中的"删除"按钮，将会弹框提示是否删除信息（图3-182）。点击"删除"按钮即可删除成功，并返回上一级页面，删除数据不会展示在当前页面。

图3-182　躺卧分娩奶牛腿部姿态识别分析系统分娩记录删除页面

### 3.8.5 繁殖分析

点击系统首页左侧菜单栏中的"繁殖分析",进入繁殖分析页面(图3-183)。该页面展示了产仔记录、产仔数量、疫苗防疫、管理时间等信息,还可对繁殖分析页面中的信息进行"修改""删除"等操作。

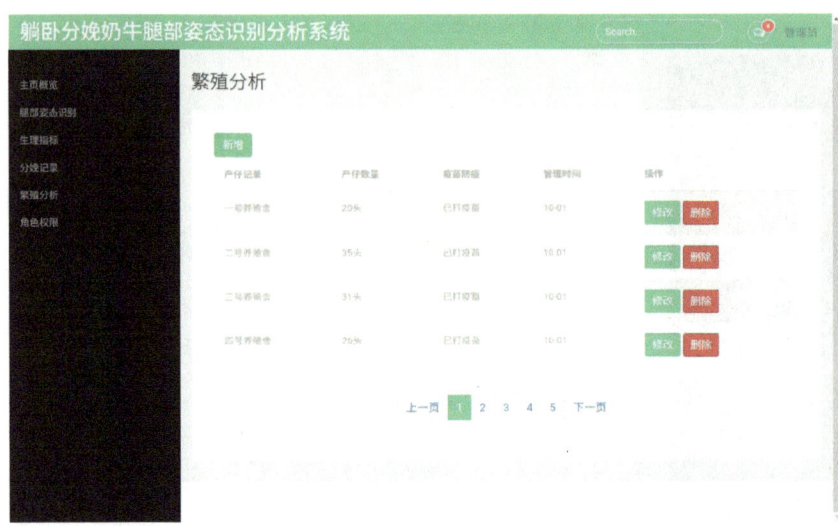

图3-183 躺卧分娩奶牛腿部姿态识别分析系统繁殖分析页面

#### 3.8.5.1 新增

点击繁殖分析页面中的"新增"按钮,可直接跳转到新增记录输入页面(图3-184),在表格中分别填写产仔记录、产仔数量、疫苗防疫、管理时间等信息内容后,点击"保存"按钮即可新增成功,并返回上一级页面,数据会展示在当前页面。

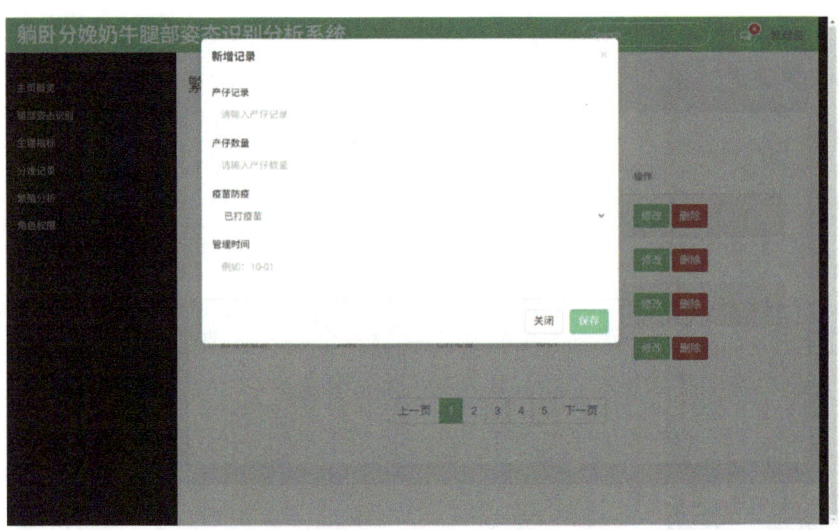

图3-184 躺卧分娩奶牛腿部姿态识别分析系统繁殖分析新增页面

### 3.8.5.2 修改

点击繁殖分析页面操作列表中的"修改"按钮，可直接跳转到对应的数据修改页面（图3-185），分别填写相关修改信息后，点击"保存更改"按钮可完成修改并提示修改成功，并返回上一级页面。

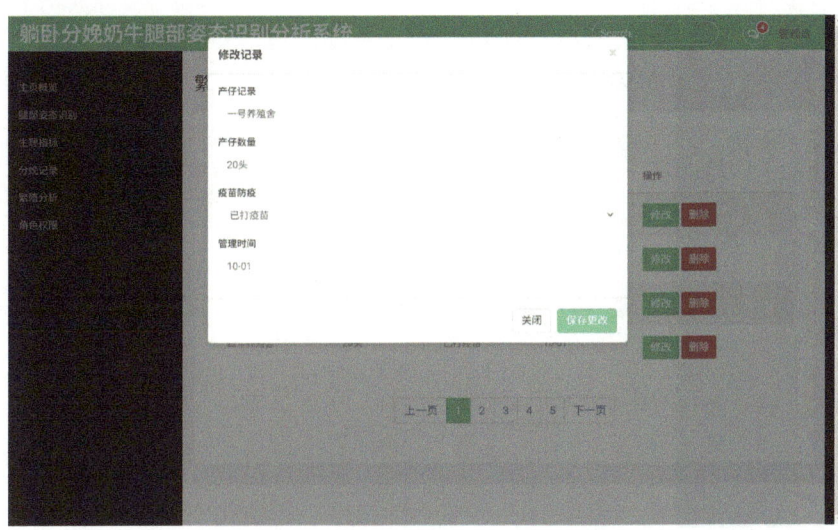

图3-185　躺卧分娩奶牛腿部姿态识别分析系统繁殖分析修改页面

### 3.8.5.3 删除

点击繁殖分析页面操作列表中的"删除"按钮，将会弹框提示是否删除信息（图3-186）。点击"删除"按钮提示删除成功，并返回上一级页面。点击"取消"按钮则取消本次删除，并返回上一级页面。

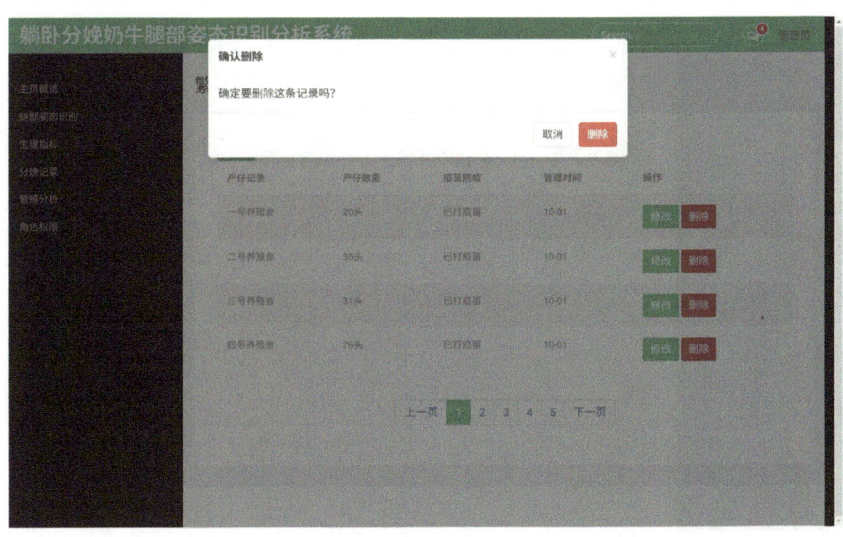

图3-186　躺卧分娩奶牛腿部姿态识别分析系统繁殖分析删除页面

### 3.8.6 角色权限

点击系统首页左侧菜单栏中的"角色权限",进入角色权限页面(图3-187)。该页面展示了用户名、登录密码、拥有权限、分配时间等信息,还可对角色权限页面中的信息进行"修改""删除"等操作。

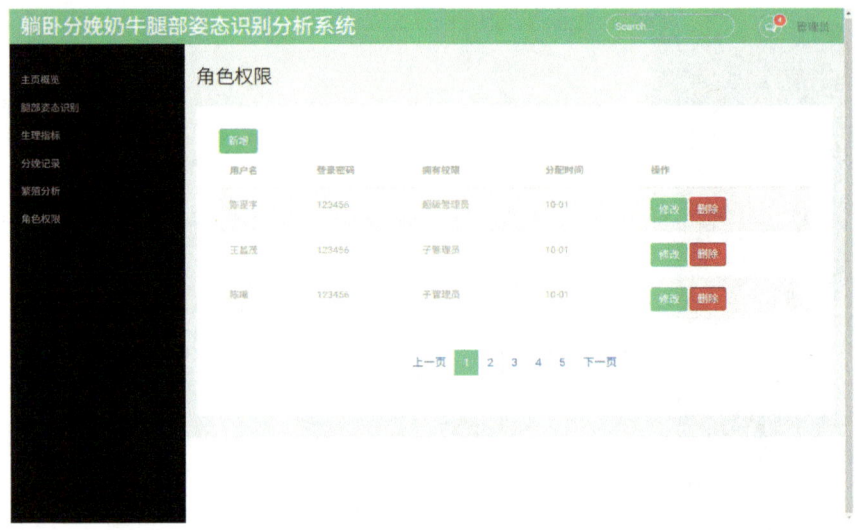

图3-187 躺卧分娩奶牛腿部姿态识别分析系统角色权限页面

### 3.8.7 系统退出

点击系统主页右上角管理员下拉选项中的"退出登录"按钮(图3-188),系统会弹框提示是否选择退出系统,点击"确定"按钮后成功退出系统,并返回到系统的登录页面。

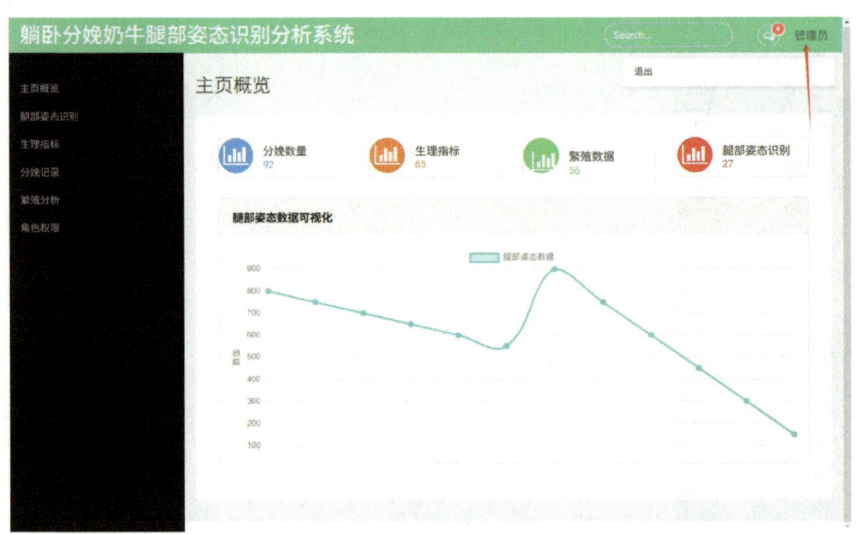

图3-188 躺卧分娩奶牛腿部姿态识别分析系统退出系统页面

## 3.9 奶牛产后代谢异常多维度智能分析系统

本节主要介绍系统登录、奶牛产前体检—信息管理、分娩处理分析—信息管理、影响产仔因素—信息管理、奶牛病理数据—信息管理、系统管理信息—信息管理等内容。

### 3.9.1 系统登录

奶牛产后代谢异常多维度智能分析系统的登录页面如图3-189所示。输入登录邮箱、登录密码和验证码，点击"登录"，经系统查询验证通过后登录成功。登录成功后进入系统主页。

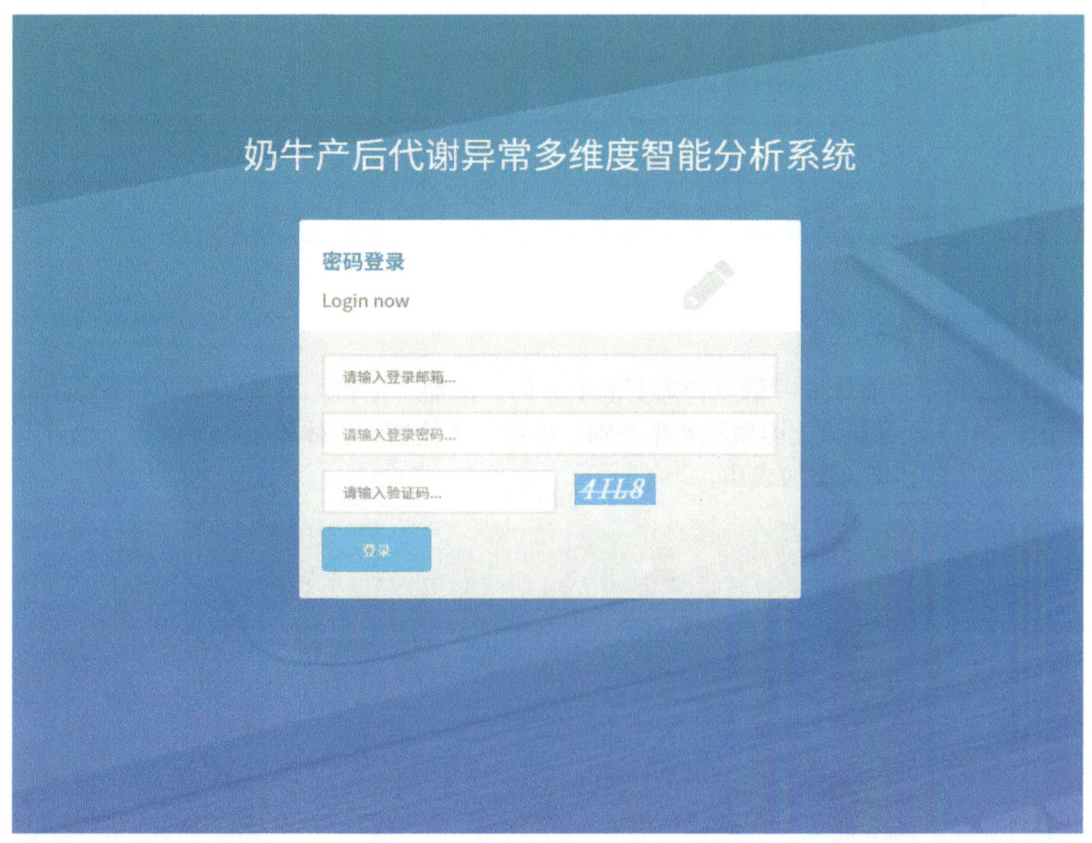

图3-189 奶牛产后代谢异常多维度智能分析系统登录页面

### 3.9.2 奶牛产前体检—信息管理

点击系统主页左侧菜单栏中的"奶牛产前体检"下的"信息管理"，进入奶牛产前体检—信息管理页面（图3-190）。该页面记录了创建时间、奶牛类别、体重、体检信息、体检指标等信息，并可对这些信息进行"编辑""删除"等操作。

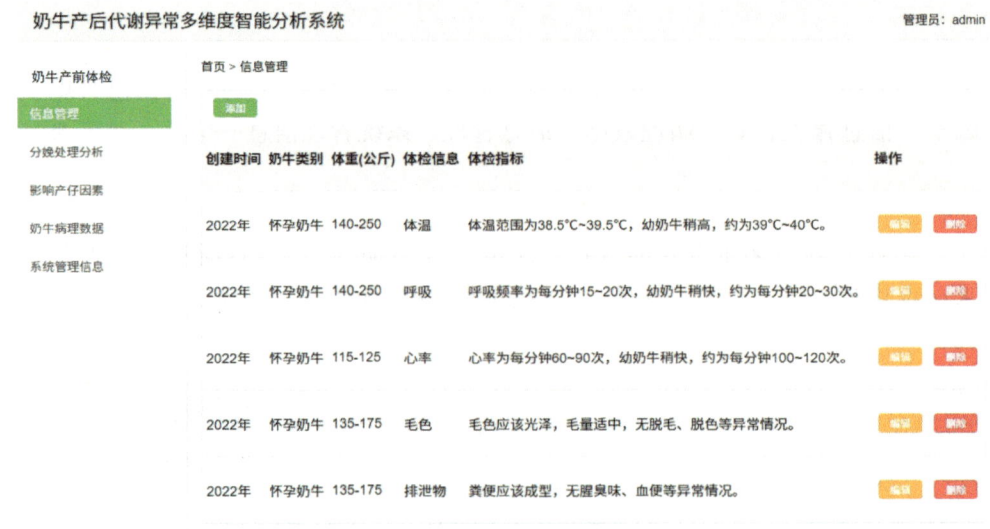

图3-190　奶牛产后代谢异常多维度智能分析系统奶牛产前体检—信息管理页面

### 3.9.2.1　添加

点击奶牛产前体检—信息管理页面上方的"添加"按钮,会自动弹出一个添加框（图3-191）。可在该框内填写奶牛类别、体重、体检信息、体检指标等信息,然后点击"确定"按钮即可添加成功。

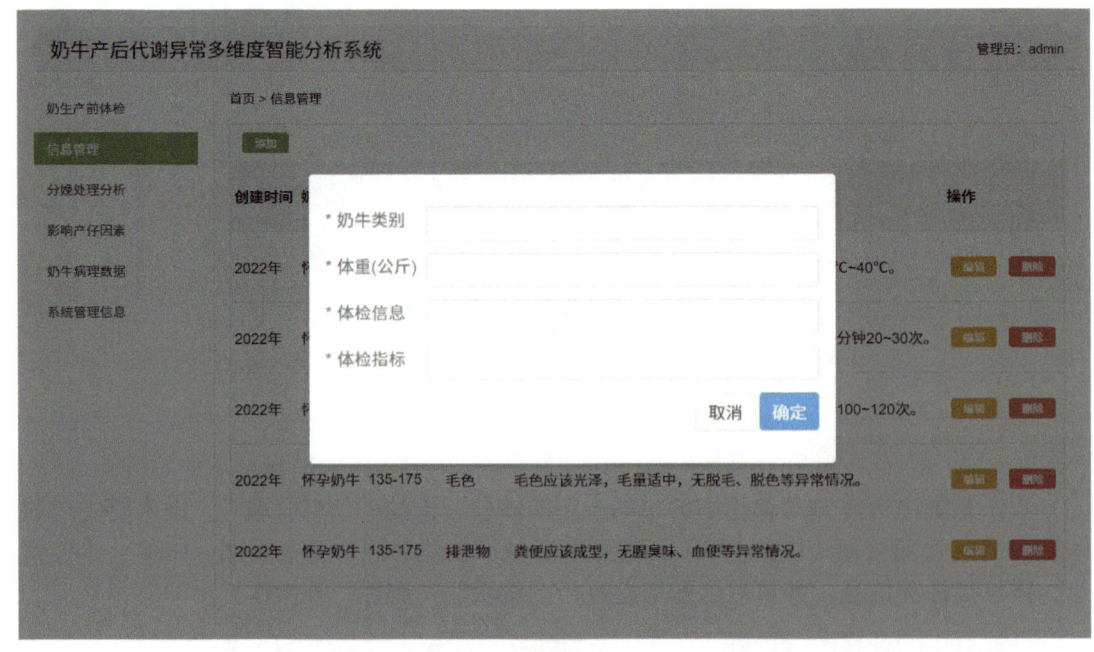

图3-191　奶牛产后代谢异常多维度智能分析系统奶牛产前体检—信息管理添加页面

### 3.9.2.2 修改

点击奶牛产前体检—信息管理页面操作列表中的"编辑"按钮，会自动弹出一个编辑框（图3-192）。可在该框内对奶牛类别、体重、体检信息、体检指标等信息进行编辑修改，当内容填写完毕后点击"确定"按钮即可修改成功。

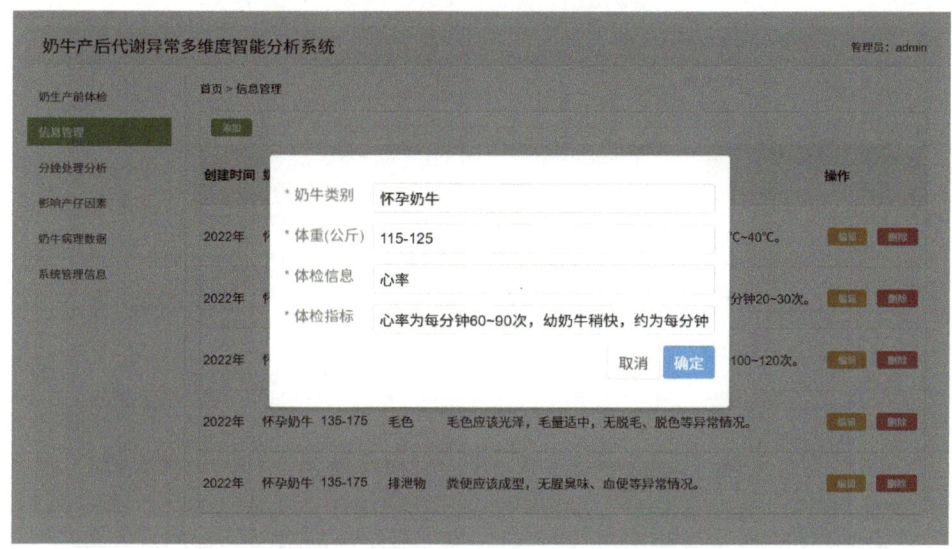

图3-192　奶牛产后代谢异常多维度智能分析系统奶牛产前体检—信息管理修改页面

### 3.9.2.3 删除

点击奶牛产前体检—信息管理页面操作列表中的"删除"按钮，会弹出提示管理员是否继续进行删除的操作（图3-193），点击"确定"按钮则完成信息删除。

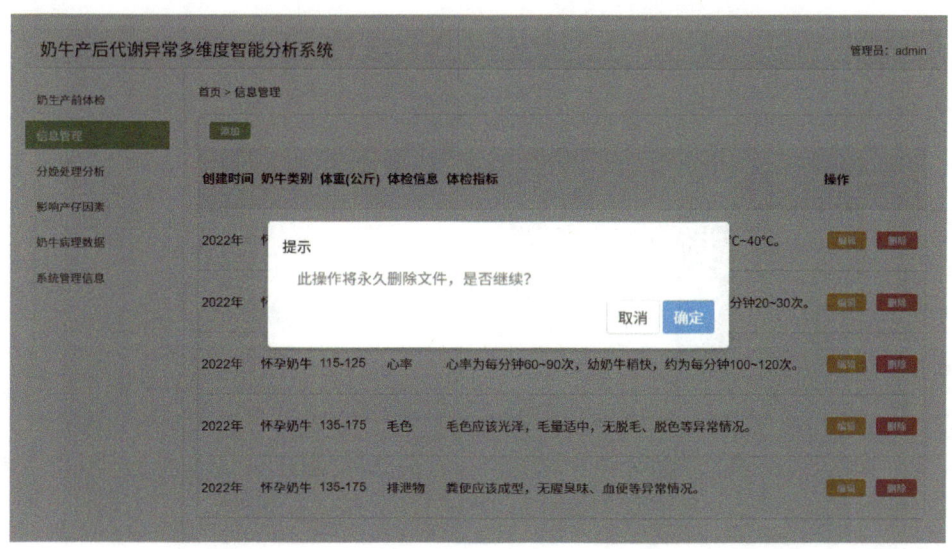

图3-193　奶牛产后代谢异常多维度智能分析系统奶牛产前体检—信息管理删除页面

### 3.9.3 分娩处理分析—信息管理

点击系统主页左侧菜单栏中的"分娩处理分析"下的"信息管理",进入分娩处理分析—信息管理页面(图3-194)。该页面记录了创建时间、信息处理、详情等信息,并可对这些信息进行"编辑""删除"等操作。

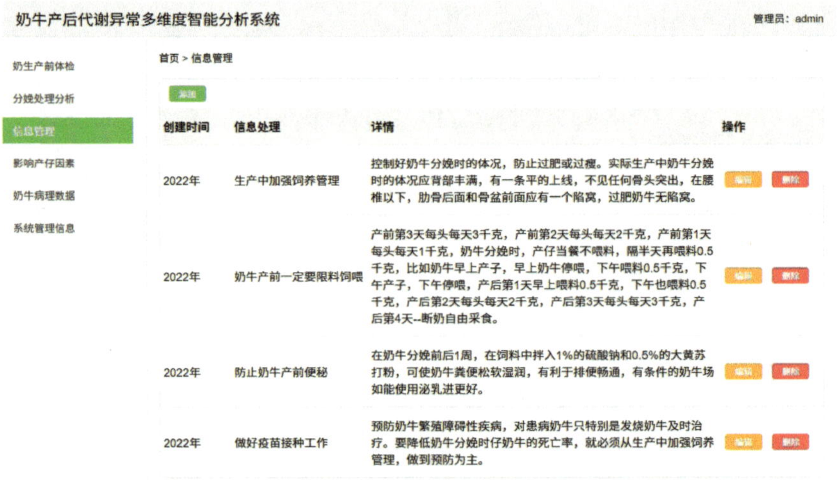

图3-194 奶牛产后代谢异常多维度智能分析系统分娩处理分析信息管理页面

#### 3.9.3.1 添加

点击分娩处理分析—信息管理页面上方的"添加"按钮,会自动弹出一个添加框(图3-195)。可在该框内填写阶段、比例等信息,然后点击"确定"按钮即可添加成功。

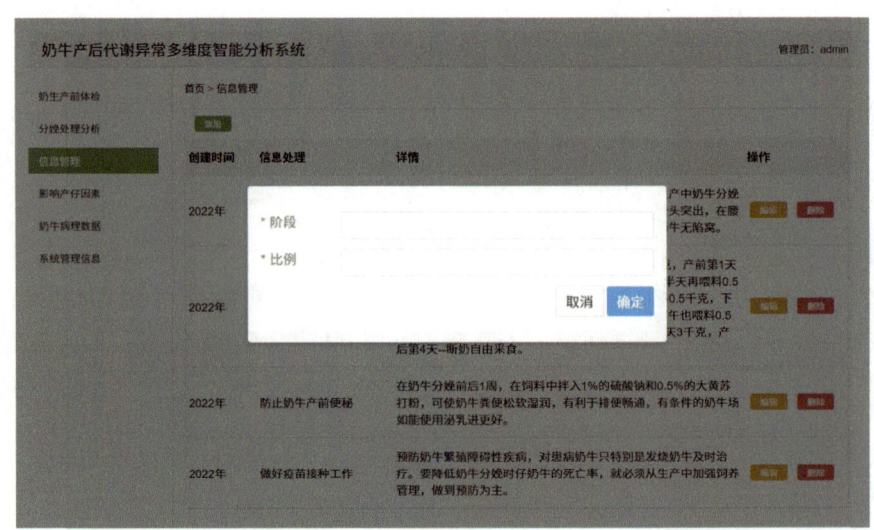

图3-195 奶牛产后代谢异常多维度智能分析系统分娩处理分析—信息管理添加页面

### 3.9.3.2 修改

点击分娩处理分析—信息管理页面操作列表中的"编辑"按钮，会自动弹出一个编辑框（图3-196）。可在该框内对分娩处理信息进行编辑修改，完成后点击"确定"按钮即可修改成功。

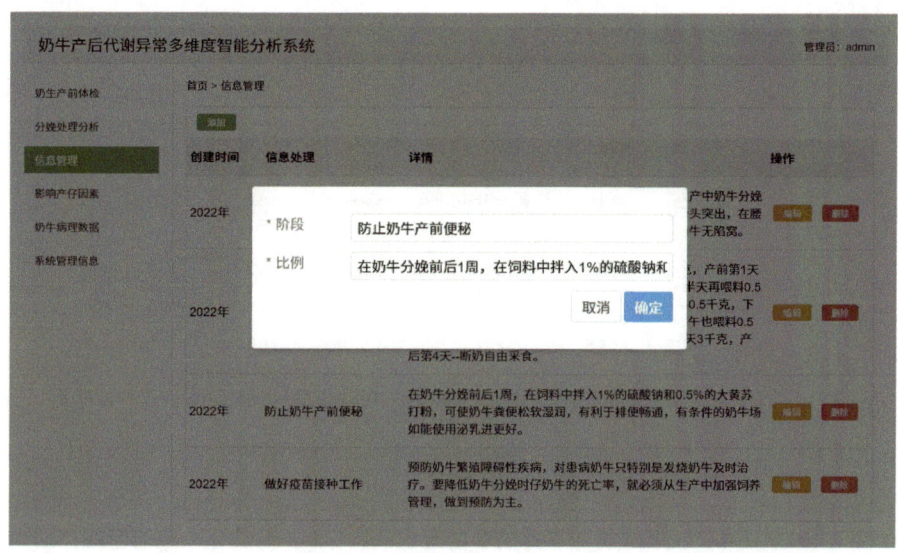

图3-196 奶牛产后代谢异常多维度智能分析系统分娩处理分析—信息管理修改页面

### 3.9.3.3 删除

点击分娩处理分析—信息管理页面操作列表中的"删除"按钮，会弹出提示管理员是否继续进行删除的操作（图3-197），点击"确定"按钮则完成信息删除。

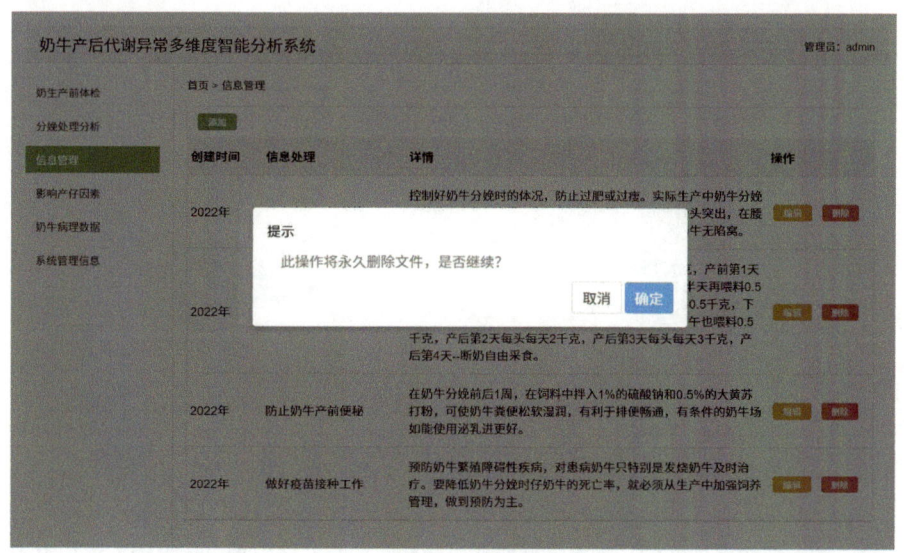

图3-197 奶牛产后代谢异常多维度智能分析系统分娩处理分析—信息管理删除页面

### 3.9.4 影响产仔因素—信息管理

点击系统主页左侧菜单栏中的"影响产仔因素"下的"信息管理",进入影响产仔因素—信息管理页面(图3-198)。该页面记录了创建时间、影响数据、数据详情等信息,并可对这些信息进行"编辑""删除"等操作。

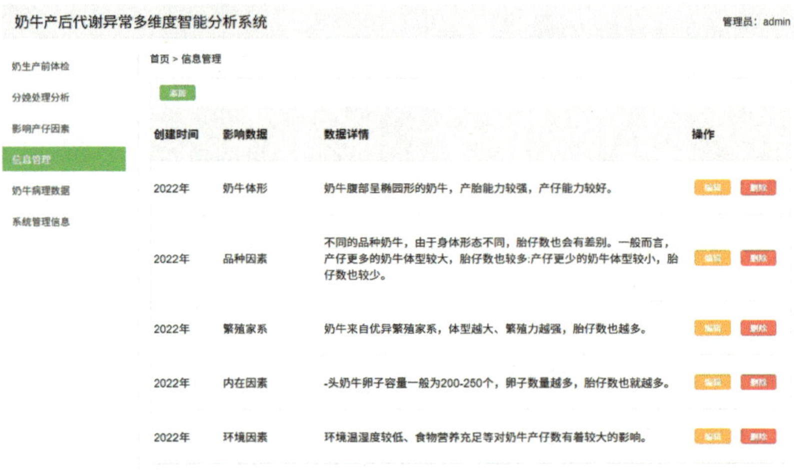

图3-198　奶牛产后代谢异常多维度智能分析系统影响产仔因素—信息管理页面

#### 3.9.4.1 添加

点击影响产仔因素—信息管理页面上方的"添加"按钮,会自动弹出一个添加框(图3-199)。可在该框内填写影响数据、影响详情等信息,然后点击"确定"按钮即可添加成功。

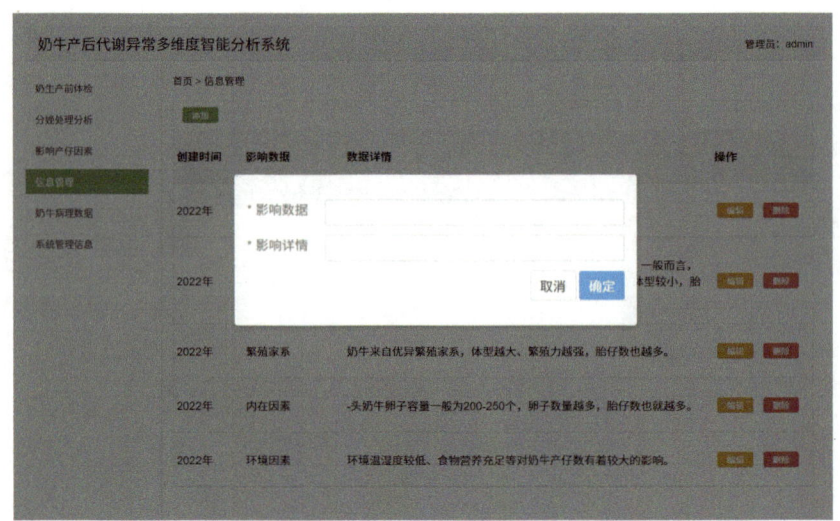

图3-199　奶牛产后代谢异常多维度智能分析系统影响产仔因素—信息管理添加页面

### 3.9.4.2 修改

点击影响产仔因素—信息管理页面操作列表中的"编辑"按钮，会自动弹出一个编辑框（图3-200）。可在该框内对影响产仔信息进行编辑修改，完成后点击"确定"按钮即可修改成功。

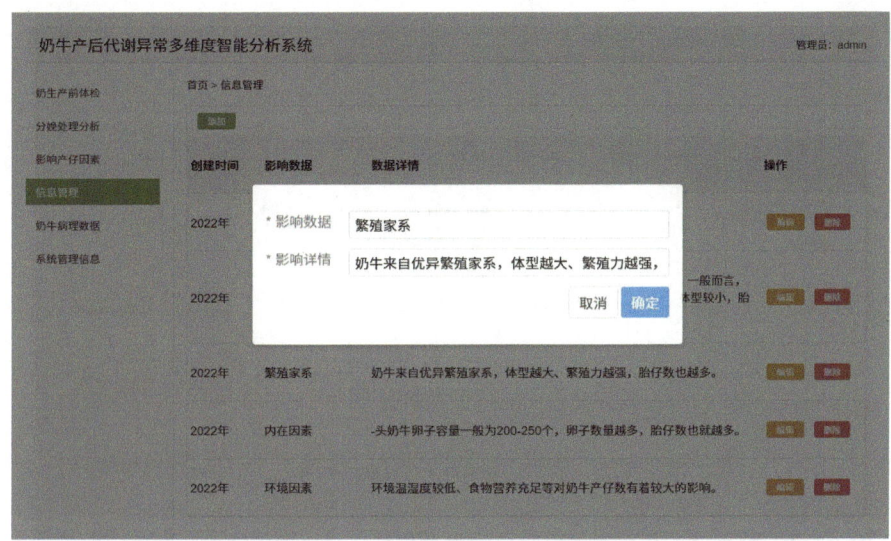

**图3-200　奶牛产后代谢异常多维度智能分析系统影响产仔因素—信息管理修改页面**

### 3.9.4.3 删除

点击影响产仔因素—信息管理页面操作列表中的"删除"按钮，会弹出提示管理员是否继续进行删除的操作（图3-201），点击"确定"按钮则完成信息删除。

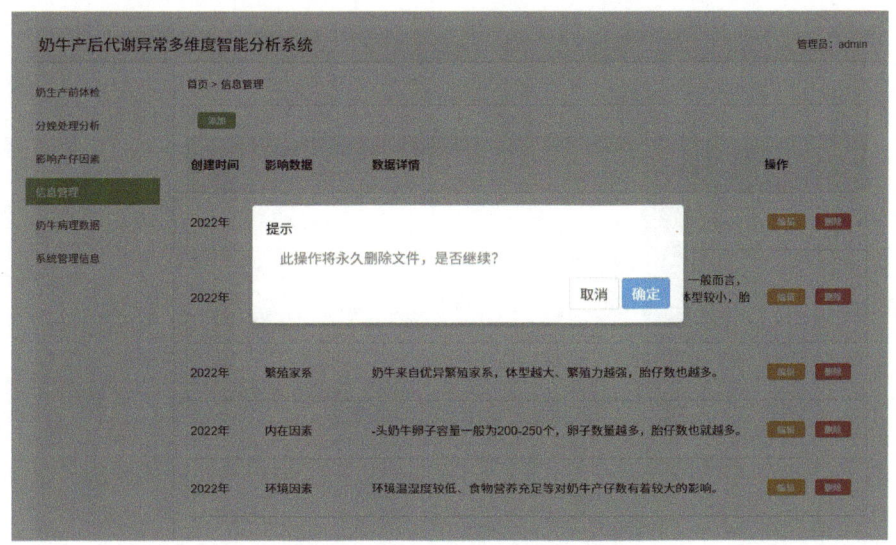

**图3-201　奶牛产后代谢异常多维度智能分析系统影响产仔因素—信息管理删除页面**

### 3.9.5 奶牛病理数据—信息管理

点击系统主页左侧菜单栏中的"奶牛病理数据"下的"信息管理",进入奶牛病理数据—信息管理页面(图3-202)。该页面记录了创建时间、病因、发病年龄、临床症状、诊断等信息,并可对这些信息进行"编辑""删除"等操作。

图3-202 奶牛产后代谢异常多维度智能分析系统奶牛病理数据—信息管理页面

#### 3.9.5.1 添加

点击奶牛病理数据—信息管理页面上方的"添加"按钮,会自动弹出一个添加框(图3-203)。可在该框内填写病因、发病年龄、临床症状、诊断等信息,然后点击"确定"按钮即可添加成功。

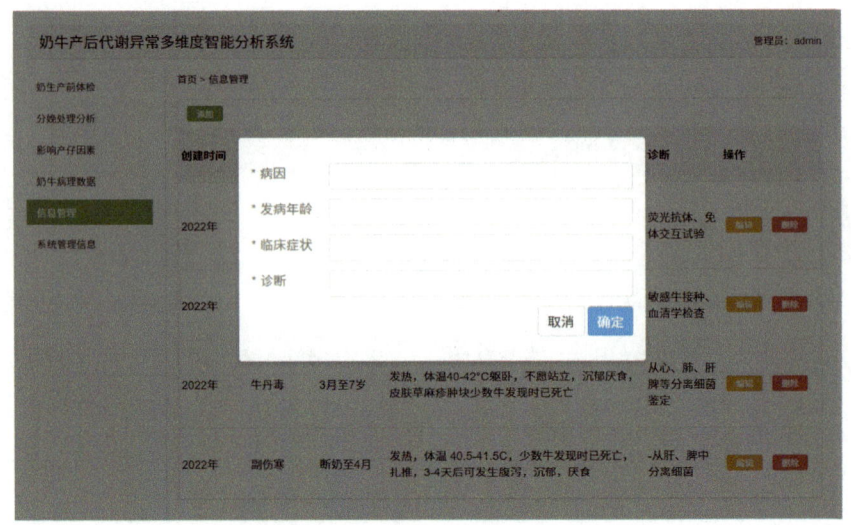

图3-203 奶牛产后代谢异常多维度智能分析系统奶牛病理数据—信息管理添加页面

## 3.9.5.2 修改

点击奶牛病理数据—信息管理页面操作列表中的"编辑"按钮，会自动弹出一个编辑框（图3-204）。可在该框内对奶牛病理数据进行编辑修改，完成后点击"确定"按钮即可修改成功。

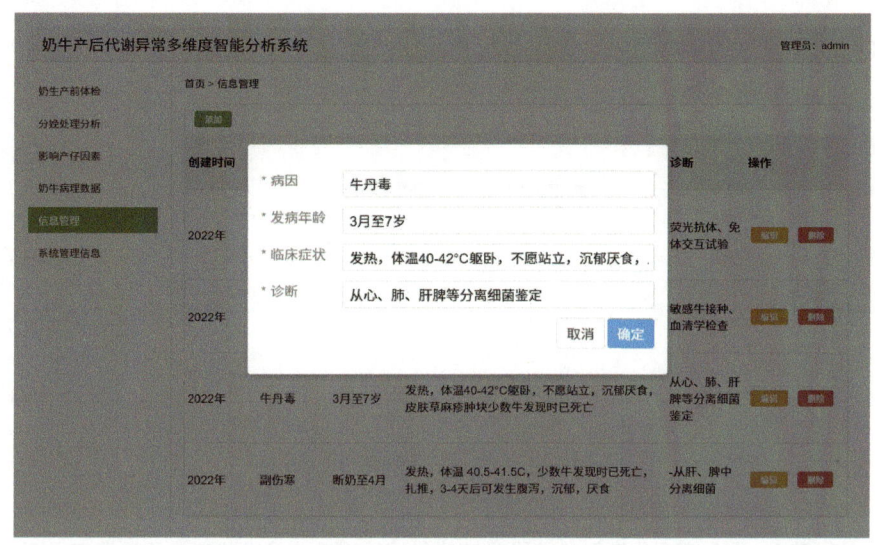

图3-204　奶牛产后代谢异常多维度智能分析系统奶牛病理数据—信息管理修改页面

## 3.9.5.3 删除

点击奶牛病理数据—信息管理页面操作列表中的"删除"按钮，会弹出提示管理员是否继续进行删除的操作（图3-205），点击"确定"按钮则完成信息删除。

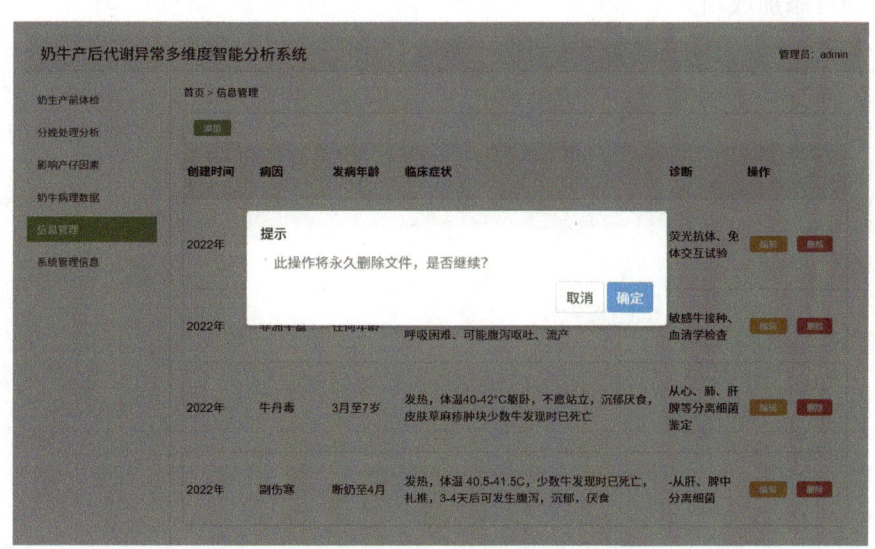

图3-205　奶牛产后代谢异常多维度智能分析系统奶牛病理数据—信息管理删除页面

### 3.9.6　系统管理信息—信息管理

点击系统主页左侧菜单栏中的"系统管理信息"下的"信息管理",进入信息管理页面(图3-206)。该页面记录了管理员、最近登录时间、权限等信息,并可对这些信息进行"编辑""删除"等操作。

图3-206　奶牛产后代谢异常多维度智能分析系统系统管理信息—信息管理页面

#### 3.9.6.1　添加

点击系统管理信息—信息管理页面上方的"添加"按钮,会自动弹出一个添加框(图3-207)。可在该框内填写管理员、最近登录时间、权限等信息,然后点击"确定"按钮即可添加成功。

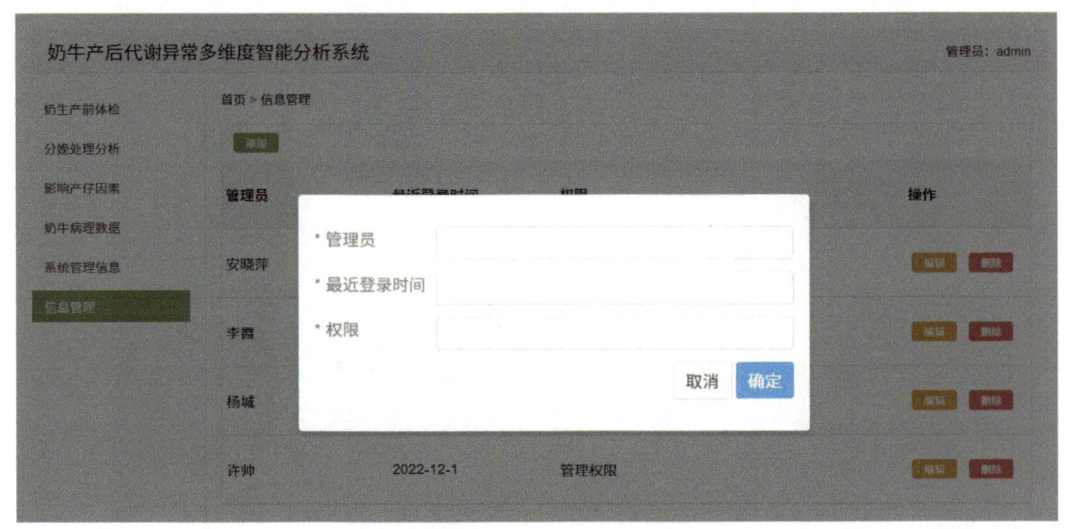

图3-207　奶牛产后代谢异常多维度智能分析系统系统管理信息—信息管理添加页面

### 3.9.6.2 修改

点击系统管理信息—信息管理页面操作列表中的"编辑"按钮，会自动弹出一个编辑框（图3-208）。可在该框内对管理人员信息进行修改，完成后点击"确定"按钮即可修改成功。

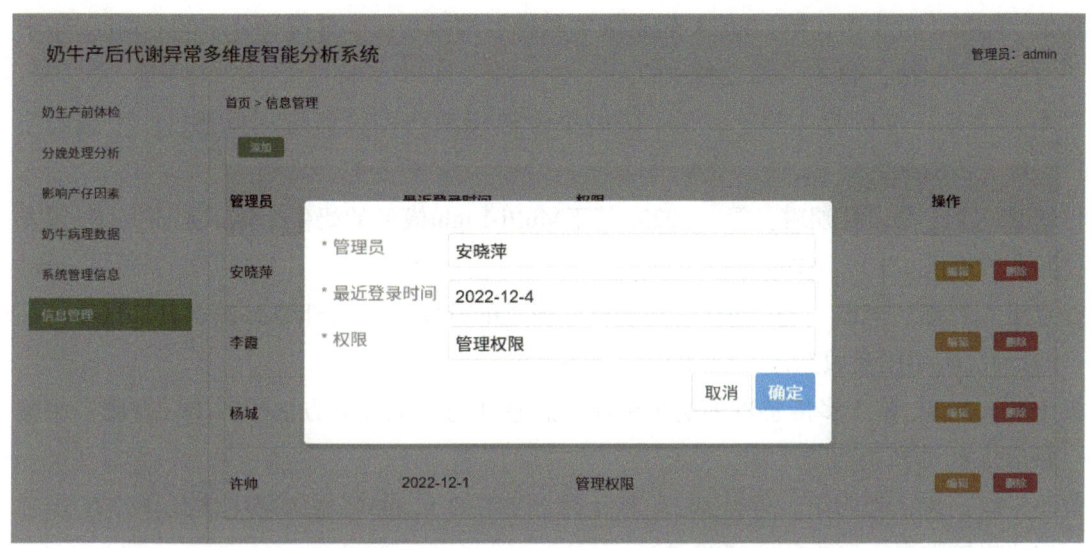

图3-208　奶牛产后代谢异常多维度智能分析系统系统管理信息—信息管理修改页面

### 3.9.6.3 退出

点击右上角管理员头像，会弹出一个下拉菜单，内有退出选项（图3-209），点击"退出"按钮即可退出当前登录。

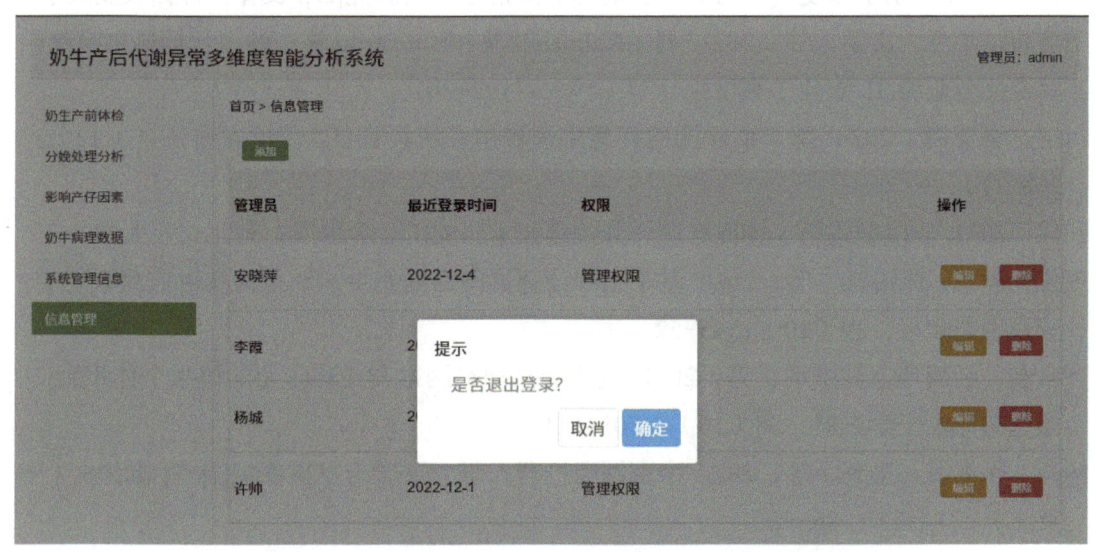

图3-209　奶牛产后代谢异常多维度智能分析系统退出页面

# 参考文献

程灿，冯涛，黄小平，等，2024. 轻量级卷积神经网络在奶牛体况评分中的应用[J]. 华中农业大学学报，43（1）：249-257.

邓军，丁芳，付玲芳，等，2024. 国内牛舍热应激防控设备应用概述[J]. 中国奶牛（11）：62-67.

付丽丽，李士军，孔朔琳，等，2023. 基于Multi-Light模型的奶牛个体识别研究[J]. 黑龙江畜牧兽医（3）：41-45.

谷家旭，刘娜，李霞，等，2025. 基于机器视觉的分娩奶牛头部姿态识别及其行为特征的研究[J]. 中国畜牧杂志，61（2）：311-320.

黄小平，2020. 基于多传感器的奶牛个体信息感知与体况评分方法研究[D]. 合肥：中国科学技术大学.

黄小平，冯涛，郭阳阳，等，2023. 基于改进YOLO v5s的轻量级奶牛体况评分方法[J]. 农业机械学报，54（6）：287-296.

蒯立军，任重义，鱼乾，等，2024. 面向集群化奶牛养殖的智能饲喂系统设计与开发[J]. 徐州工程学院学报（自然科学版），39（4）：86-92.

李昊玥，陈桂芬，裴傲，2020. 基于改进Mask R-CNN的奶牛个体识别方法研究[J]. 华南农业大学学报，41（6）：161-168.

李昊玥，2021. 基于深度学习的奶牛识别与个体指标检测研究[D]. 长春：吉林农业大学.

毛燕茹，牛童，王鹏，等，2021. 利用Kalman滤波和Hungarian算法的多目标奶牛嘴部跟踪及反刍监测[J]. 农业工程学报，37（19）：192-201.

剡宁，秦亚森，2024. 基于物联网的智慧牛舍养殖系统设计[J]. 现代农业科技（22）：168-170.

孙佳，2021. 非接触式奶牛体况自动评分关键技术研究[D]. 哈尔滨：东北农业大学.

王俊，谭骥，张海洋，等，2018. 基于无线传感器网络的奶牛运动行为实时监测系统[J]. 家畜生态学报，39（10）：45-52.

邢永鑫，吴碧巧，吴松平，等，2021. 基于卷积神经网络和迁移学习的奶牛个体识别[J]. 激光与光电子学进展，58（16）：503-511.

杨亮，熊本海，王辉，等，2022. 家畜饲喂机器人研究进展与发展展望[J]. 智慧农业（中英文），4（2）：86-98.

杨蜀秦，刘杨启航，王振，等，2021. 基于融合坐标信息的改进YOLO v4模型识别奶牛面部[J]. 农业工程学报, 37（15）: 129-135.

张勤, 胡嘉辉, 任海林, 2022. 饲喂辅助机器人的智能推料方法与试验研究[J]. 华南理工大学学报（自然科学版）, 50（6）: 111-120.

赵凯旋, 刘晓航, 姬江涛, 2021. 基于EfficientNet与点云凸包特征的奶牛体况自动评分[J]. 农业机械学报, 52（5）: 192-201, 73.

ALSAAOD M, NIEDERHAUSER J J, BEER G, et al., 2015. Development and validation of a novel pedometer algorithm to quantify extended characteristics of the locomotor behavior of dairy cows[J]. Journal of Dairy Science, 98（9）: 6236-6242.

DAROS R R, ERIKSSON H K, WEARY D M, et al., 2022. The relationship between transition period diseases and lameness, feeding time, and body condition during the dry period [J]. J Dairy Sci, 103（1）: 649-665.

HU H, DAI B, SHEN W, et al., 2020. Cow identification based on fusion of deep parts features[J]. Biosyst Eng, 192: 245-256.

HUANG X, HU Z, WANG X, et al., 2019. An improved single shot multibox detector method applied in body condition score for dairy cows[J]. Animals, 9（7）: 470-480.

KUMAR S, PANDEY A, SATWIK K S R, et al., 2018. Deep learning framework for recognition of cattle using muzzle point image pattern[J]. Measurement, 116: 1-17.

MARTINS B M, MENDES A L C, SILVA L F, et al., 2020. Estimating body weight, body condition score, and type traits in dairy cows using three dimensional cameras and manual body measurements[J]. Livest Sci, 236: 104054-104064.

RODRIGUEZ ALVAREZ J, ARROQUI M, MANGUDO P, et al., 2019. Estimating body condition score in dairy cows from depth images using convolutional neural networks, transfer learning and model ensembling techniques[J]. Agronomy, 9（2）: 90-100.

SHEN W, HU H, DAI B, et al., 2020. Individual identification of dairy cows based on convolutional neural networks [J]. Multimedia Tools Appl, 79: 14711-14724.

SHI W, DAI B, SHEN W, et al., 2023. Automatic estimation of dairy cow body condition score based on attention-guided 3D point cloud feature extraction[J]. Comput Electron Agric, 206: 107666-107676.

SIAN C, JIYE W, RU Z, et al., 2020. Cattle identification using muzzle print images based on feature fusion[C]// 2020 IOP Conference Series: Materials Science and Engineering. Xiamen: IOP Publishing, 853（1）: 012051-012061.

SPOLIANSKY R, EDAN Y, PARMET Y, et al., 2016. Development of automatic body condition scoring using a low-cost 3-dimensional Kinect camera[J]. J Dairy Sci, 99（9）:

7714-7725.

TASSINARI P, BOVO M, BENNI S, et al., 2021. A computer vision approach based on deep learning for the detection of dairy cows in free stall barn[J]. Comput Electron Agric, 182: 106030-106040.

UMEGA R, RAJA M A, 2017. Design and implementation of livestock barnmonitoring system[C]// International Conference on Innovations in Green Energy and Healthcare Technologies (IGEHT): 1-6.

WENG Z, FAN L, ZHANG Y, et al., 2022. Facial recognition of dairy cattle based on improved convolutional neural network [J]. IEICE Trans. Inf. Syst, 105 (6): 1234-1238.

WHAY H R, MAIN D C J, GREEN L E, et al., 2003. Assessment of the welfare of dairy cattle using animal-based measurements: direct observations and investigation of farm records [J]. Vet Rec, 153 (7): 197-202.

XIAO J, LIU G, WANG K, et al., 2022. Cow identification in free-stall barns based on an improved Mask R-CNN and an SVM [J]. Comput Electron Agric, 194: 106738-106748.

YU Z, LIU Y, YU S, et al., 2022. Automatic detection method of dairy cow feeding behaviour based on YOLO improved model and edge computing[J]. Sensors, 22 (9): 3271-3281.

YUKUN S, PENGJU H, YUJIE W, et al., 2019. Automatic monitoring system for individual dairy cows based on a deep learning framework that provides identification via body parts and estimation of body condition score[J]. J Dairy Sci, 102 (11): 10140-10151.

ZHAO K, JIN X, JI J, et al., 2019. Individual identification of Holstein dairy cows based on detecting and matching feature points in body images[J]. Biosyst Eng, 181: 128-139.